Hilbert 空间中线性算子数值域及其应用

吴德玉　阿拉坦仓　黄俊杰　海国君　编著

科学出版社

北京

内 容 简 介

本书以 Hilbert 空间中线性算子数值域以及相关问题为主线, 对线性算子数值域基本性质以及应用进行阐述. 本书的内容框架如下: 第 1 章主要介绍 Hilbert 空间中线性算子数值域. 第 2 章主要介绍 Hilbert 空间中有界线性算子数值半径. 第 3 章主要介绍 Hilbert 空间中一些特殊算子的数值域. 第 4 章主要介绍由 Hilbert 空间中线性算子数值域推广得到的一些特殊数值域, 将 Hilbert 空间中线性算子数值域的研究提升到一个新的高度. 第 5 章介绍 Hilbert 空间中线性算子的扩张理论, 为 Hilbert 空间中线性算子数值域的应用提供平台.

本书可供具有一定算子理论基础的读者阅读, 也可供数学专业高年级本科生或者数学专业研究生、教师使用.

图书在版编目 (CIP) 数据

Hilbert 空间中线性算子数值域及其应用/吴德玉等编著. —北京: 科学出版社, 2018. 11
ISBN 978-7-03-059577-5

Ⅰ. ①H⋯　Ⅱ. ①吴⋯　Ⅲ. ①希尔伯特空间–线性算子理论–数值–域(数学)–研究　Ⅳ. ①O177.1

中国版本图书馆 CIP 数据核字 (2018) 第 260743 号

责任编辑: 王　静 / 责任校对: 彭珍珍
责任印制: 吴兆东 / 封面设计: 陈　敬

科学出版社 出版
北京东黄城根北街 16 号
邮政编码: 100717
http://www.sciencep.com

北京捷迅佳彩印刷有限公司 印刷
科学出版社发行　各地新华书店经销
*
2018 年 11 月第 一 版　开本: 720 × 1000　1/16
2019 年 10 月第二次印刷　印张: 11 1/4
字数: 227 000
定价: 69.00 元

前　言

不管数学的任一分支是多么抽象, 总有一天会应用在这实际世界上.

—— 罗巴切夫斯基

二次型的系统研究起源于对二次曲线和二次曲面的分类问题的讨论, Hilbert, Hellinger, Toeplitz 和 Hausdorff 等数学家都曾系统地研究过二次型. 经典的实二次型是形如

$$f(x) = x^{\mathrm{T}} A x \tag{0.0.1}$$

的 n 元函数, 其中 x^{T} 是向量 x 的转置, A 是实对称矩阵. 二次型在数学及其他学科中有非常广泛的应用. 比如, 数论领域的 Fermat 定理、群论领域的 Witt 定理、微分几何中的 Riemann 度规和 Lie 代数中的 Cartan 型等均与二次型有关. 除了二次型以外, 需要提及的另一个重要的数学概念是 Rayleigh 商. Rayleigh 商是形如

$$R(A, x) = \frac{x^* A x}{x^* x}, \quad x \neq 0 \tag{0.0.2}$$

的多元函数, 它在泛函分析中的 min-max 定理、Poincaré 分离定理以及 Sturm-Liouville 问题中具有重要应用. 然而, 把式 (0.0.1), (0.0.2) 推广到无穷维复 Hilbert 空间后得到集合

$$W(A) = \left\{ \frac{(Ax, x)}{(x, x)} : x \neq 0 \right\}. \tag{0.0.3}$$

由式 (0.0.3) 定义的集合 $W(A)$ 就称为 Hilbert 空间中有界线性算子 A 的数值域. 所以, Hilbert 空间中有界线性算子的数值域是二次型和 Rayleigh 商从有限维到无穷维的逻辑上的推广, 具有深厚的理论基础. 就像线性算子的谱集一样, Hilbert 空间中线性算子的数值域也是复平面的子集, 它也蕴涵有关线性算子的相关信息, 甚至能够提供谱集不能提供的一些信息. 比如, 一个线性算子的数值域是实数集蕴涵该线性算子是对称算子, 而谱集是实数, 不一定是对称算子. 从学术研究角度来讲, 线性算子数值域的研究涉及纯理论和应用科学的诸多分支, 诸如算子理论、泛函分析、C^*-代数、Banach 代数、数值分析、扰动理论、控制论以及量子物理等. 此外, 关于线性算子数值域的研究方法也十分丰富, 代数、分析、几何、组合理论、计算机编程都是非常有用的研究工具. 因此, 线性算子数值域以及相关问题的研究受到了诸多学者的广泛关注. 下面将列举一些数值域的应用领域及较活跃的研究方向.

泛函分析及数值域的谱包含性质. 令 λ 是有界线性算子 A 的一个特征值, x_0 是对应的特征向量, 则 $x_0 \neq 0$ 且

$$\lambda = \frac{(Ax_0, x_0)}{(x_0, x_0)}.$$

于是, 线性算子 A 的特征值包含于它的数值域. 类似地, 容易证明剩余谱也包含于有界线性算子 A 的数值域且连续谱包含于有界线性算子 A 的数值域闭包, 即

$$\sigma_p(A) \cup \sigma_r(A) \subset W(A), \quad \sigma_c(A) \subset \overline{W(A)}, \quad \sigma(A) \subset \overline{W(A)},$$

这个性质称为数值域的谱包含性质. 由数值域的谱包含性质可知, 有界线性算子数值域的研究有助于刻画谱集分布范围. 然而, 数值域的谱包含性质对无界算子或者其他数值域, 如算子多项式数值域、不定度规空间中的 $\mathfrak{S}$-数值域等是不一定成立的. 于是, 很多学者开始研究 Krein 空间或 Hilbert 空间中无界线性算子以及非线性算子数值域的谱包含性质, 给出了谱包含性质成立的一些条件. 另外, 根据线性算子谱集的凸包和数值域闭包是否相等、数值半径和算子范数是否相等以及数值半径和谱半径是否一样等性质, 把线性算子分为 Convexoid 算子、Normaloid 算子以及数值压缩算子等类型, 进而研究它们的性质以及内在联系也是一个非常活跃的研究课题.

线性算子数值域的次可加性. 对于 Hilbert 空间中有界 (或无界) 线性算子 A, B 而言, 通过 A, B 的点谱 $\sigma_p(A), \sigma_p(B)$ 很难刻画 $\sigma_p(A + B)$ 的信息. 只是对一些特殊的算子, 比如 A, B 是有界自伴算子 (即 $A = A^\star, B = B^\star$) 时, 有

$$\max\{\sigma_p(A + B)\} \leqslant \max\{\sigma_p(A)\} + \max\{\sigma_p(B)\}.$$

然而, 对于有界或无界线性算子 A, B 的数值域而言, 容易证明

$$W(A + B) \subset W(A) + W(B),$$

该性质称为数值域的次可加性. 此时, 运用谱包含性质 $\sigma_p(A + B) \subset W(A + B)$ 即得

$$\sigma_p(A + B) \subset W(A) + W(B).$$

也就是说, 如果知道关于 $W(A) + W(B)$ 的信息, 则可以刻画 $\sigma_p(A + B)$ 的分布范围.

线性算子数值域与系统稳定性分析. 在工程与稳定性领域, 一个方阵 A 称为稳定的 (也称为 Hurwitz 矩阵), 如果 A 的每个特征值的实部为负数, 也就是说, 对任意 $\lambda \in \sigma_p(A)$ 有 $\mathrm{Re}(\lambda) < 0$. 当 A 稳定时, 动力系统

$$\frac{\mathrm{d}x(t)}{\mathrm{d}t} = Ax(t)$$

是渐近稳定的, 即, 当 $t \to \infty$ 时, $x(t) \to 0$. 显然, 系统稳定性分析与数值域密不可分. 事实上, 根据数值域谱包含性质可知, 当 $\mathrm{Re}(W(A)) < 0$ 时, 系统具有渐近稳定性.

线性算子数值域与最优化理论. 最小值问题

$$\min_{x \in \mathbb{C}^n, x^*x=1} \|A - cxx^*\|_2^2, \quad c \in \mathbb{C} \tag{0.0.4}$$

是最优化理论领域较为经典的问题, 其中 Frobinus 范数 $\|\cdot\|_2$ 定义为

$$\|A\|_2^2 = [A, A] = \mathrm{tr}\, AA^*.$$

该问题的解决和数值域 $W(A)$ 密不可分. 事实上,

$$\|A - cxx^*\|_2^2 = [A - cxx^*, A - cxx^*] = \|A\|_2^2 - 2\mathrm{Re}\bar{c}[A, xx^*] + |c|^2,$$

于是

$$\min \|A - cxx^*\|_2^2 \Leftrightarrow \max \mathrm{Re}\bar{c}[A, xx^*],$$

对于给定的单位向量 x, 当 $c = [A, xx^*] = x^*Ax$ 时, $\mathrm{Re}\bar{c}[A, xx^*]$ 达到最大值. 于是最值问题 (0.0.4) 等价于计算 $W(A)$ 的最大值, 即数值半径问题.

线性算子数值域与量子运算及量子控制. 量子运算是近些年兴起的比较热门的研究课题, 数值域及其他的推广在量子运算及量子控制中也有重要应用. 比如, 量子信道是指变换

$$\Phi(X) = TXT^*,$$

其中 T 满足 $T^*T = I_n$ 且称为纠错算子. 量子信道里一个核心问题是量子纠错码的存在性问题, 即

$$\exists \Psi : M_n \to M_n \quad 使得 \quad \Psi \circ \Phi(A) = A,$$

其中 Ψ 是满足特定性质的线性映射. 而量子纠错码的存在性问题可以等价描述为

$$\exists U \in M_{n \times k}, \quad U^*U = I_k, \quad U^*AU = zI_k,$$

其中 $\{z : U^*AU = zI_k, U^*U = I_k\}$ 称为秩-k 数值域, 而秩-k 数值域是数值域的推广. 另外, 量子控制及量子物理问题可以转化成 C-数值域的计算问题等.

综上所述, Hilbert 空间中线性算子数值域的研究不仅具有深厚的理论研究价值, 还具有广泛的实际应用价值. 然而, 据我们所知国内还没有一本专门介绍 Hilbert 空间中线性算子数值域的学术专著或教材. 基于以上原因, 我们把自己的研究成果与国内外同行的研究成果相结合撰写了本书, 以便让更多的读者了解和关注 Hilbert

空间中线性算子数值域理论. 本书以 Hilbert 空间中线性算子数值域以及相关问题为主线, 对线性算子数值域基本性质以及应用进行阐述.

本书的内容框架如下: 第 1 章主要介绍 Hilbert 空间中线性算子数值域, 包括数值域的凸性、谱包含性质、次可加性质、数值域边界点以及几何性质等, 为进一步了解 Hilbert 空间中线性算子数值半径奠定基础. 第 2 章主要介绍 Hilbert 空间中有界线性算子数值半径, 包括基本性质、数值半径的范数性质、数值半径的不等式、反向不等式以及两个算子乘积的数值半径等内容. 第 3 章主要介绍 Hilbert 空间中一些特殊算子的数值域和数值半径的性质, 包括紧算子、亚正规算子、相似算子、乘积算子以及无穷维 Hamilton 算子等的数值域. 第 4 章主要介绍由 Hilbert 空间中线性算子数值域推广而得的一些特殊数值域, 包括二次数值域、本质数值域、算子多项式数值域、$\mathfrak{S}$-数值域等内容, 将 Hilbert 空间中线性算子数值域研究提升到一个新的高度. 第 5 章介绍算子的扩张理论, 包括正常扩张、酉扩张和强扩张等内容, 将 Hilbert 空间中线性算子数值域理论应用于算子扩张问题, 为线性算子数值域应用提供了很好的平台.

本书的宗旨是向读者较系统地介绍 Hilbert 空间中线性算子数值域的理论和方法, 对 Hilbert 空间中线性算子数值域的一些最基本的结构和性质进行阐述.

本书写作期间得到了以阿拉坦仓教授为带头人的无穷维 Hamilton 算子研究团队的大力支持和帮助. 侯国林教授、额布日力吐教授和吴晓红博士在繁忙的教学科研之余, 仔细审读了全书, 提出了很有价值的意见和建议, 对此作者表示衷心感谢! 还感谢内蒙古大学数学科学学院和呼和浩特民族学院领导和同事, 他们所提供的轻松愉快的工作环境, 保证了本书的撰写进度. 本书的研究内容得到了国家自然科学基金 (项目编号: 11561048, 11761029, 11461049, 11761052) 和内蒙古自治区自然科学基金 (项目编号: 2015MS0116) 的支持.

由于时间仓促, 加上编者水平所限, 定有不当之处, 敬请专家和读者批评指正.

吴德玉　阿拉坦仓　黄俊杰　海国君

2017 年 8 月于呼和浩特

主要符号表

I	单位算子
X	Hilbert 空间
$\mathbb{R}$	实数域
$i\mathbb{R}$	纯虚数数域
$\mathbb{C}$	复数域
$\mathrm{Conv}(G)$	集合 G 的凸包
$\mathrm{Re}(\lambda)$	复数 λ 的实部
$\mathrm{Im}(\lambda)$	复数 λ 的虚部
T^*	线性算子 T 的共轭算子
$\mathcal{R}(T)$	线性算子 T 的值域
$\mathbb{N}(T)$	线性算子 T 的零空间
$\mathscr{B}(X,Y)$	从 X 到 Y 上的有界线性算子全体所组成的集合
$\mathscr{B}(X)$	空间 X 上有界线性算子的全体所组成的集合
(x,y)	两元素 x, y 的内积
$\|x\|$	元素 x 的范数
$\rho(T)$	线性算子 T 的预解集
$\sigma_{\mathrm{ap}}(T)$	线性算子 T 的近似点谱
$\sigma(T)$	线性算子 T 的谱集
$r(T)$	线性算子 T 的谱半径
$\sigma_p(T)$	线性算子 T 的点谱
$\sigma_c(T)$	线性算子 T 的连续谱
$\sigma_r(T)$	线性算子 T 的剩余谱
$\sigma_{\mathrm{com}}(T)$	线性算子 T 的压缩谱
$\sigma_\delta(T)$	线性算子 T 的亏谱
$W(T)$	线性算子 T 的数值域
$w(T)$	线性算子 T 的数值半径
$\mathcal{W}^2(T)$	线性算子 T 的二次数值域
$w^2(T)$	线性算子 T 的二次数值半径
$W_e(T)$	线性算子 T 的本质数值域
$W(P(\lambda))$	多项式数值域

目　　录

第 1 章　Hilbert 空间中线性算子数值域

　　二次型理论和 Rayleigh 商在数学及其他学科中占有重要的地位, 包括数论中的费马大定理、线性代数中的若尔当标准形、群理论 (正交群) 中的 Witt 定理、微分几何中的 Riemann 度规、Lie 理论中的 Cartan 型等均与二次型有关. 又比如, 泛函分析里的 min-max 原理的建立和 Sturm-Liouville 问题的研究均与 Rayleigh 商紧密相连. 然而, 二次型和 Rayleigh 商在其有限维或无穷维空间中的推广就包括 Hilbert 空间中线性算子数值域理论[1]. 因此, 数值域作为二次型和 Rayleigh 商的推广, 具有深厚的理论基础. 这一章主要介绍复无穷维 Hilbert 空间中有界 (或无界) 线性算子数值域以及它的一些基本性质.

1.1　线性算子数值域

1.1.1　线性算子数值域定义

　　定义 1.1.1　设 T 是 Hilbert 空间 X 中的有界线性算子, 其数值域 $W(T)$ 定义为

$$W(T) = \{(Tx, x) : (x, x) = 1\}.$$

　　数值域的另一个等价定义是

$$W(T) = \left\{ \frac{(Tx, x)}{(x, x)} : x \neq 0 \right\}.$$

从定义不难发现数值域是复数域 $\mathbb{C}$ 的子集, 下面是关于数值域的一些例子.

　　例 1.1.1　设 X 是 Hilbert 空间, I 是 X 中的单位算子, 定义 Hilbert 空间 $X \times X$ (不混淆的前提下, 其内积仍然记为 $(\cdot)$) 中的分块算子矩阵

$$T = \begin{bmatrix} 0 & I \\ 0 & 0 \end{bmatrix},$$

则 $W(T) = \left\{ \lambda \in \mathbb{C} : |\lambda| \leqslant \dfrac{1}{2} \right\}$. 事实上, 令 $x = \begin{bmatrix} f & g \end{bmatrix}^{\mathrm{T}} \in X \times X$, $\|f\|^2 + \|g\|^2 = 1$, 则

$$(Tx, x) = (g, f).$$

注意到

$$|(g, f)| \leqslant \|g\| \|f\| \leqslant \frac{1}{2}(\|g\| + \|f\|)^2 = \frac{1}{2}.$$

于是 $W(T) \subset \left\{ \lambda \in \mathbb{C} : |\lambda| \leqslant \frac{1}{2} \right\}$.

　　另一方面, 对任意 $\lambda = re^{i\theta}, 0 \leqslant r \leqslant \frac{1}{2}$, 取 $x = [\ f\cos\alpha \quad fe^{i\theta}\sin\alpha\ ]^{\mathrm{T}} \in X \times X$, 其中 $\sin(2\alpha) = 2r \leqslant 1, 0 \leqslant \alpha \leqslant \frac{\pi}{4}, f \in X$ 且 $\|f\| = 1$, 则 $\|x\| = 1$ 且

$$(Tx, x) = (fe^{i\theta}\sin\alpha, f\cos\alpha) = re^{i\theta}.$$

于是 $W(T) = \left\{ \lambda \in \mathbb{C} : |\lambda| \leqslant \frac{1}{2} \right\}$.

　　例 1.1.2　设 $X = \ell^2$, 即满足 $\sum_{i=1}^{\infty} |x_i|^2 < \infty$ 的复值数列 $x = (x_1, x_2, \cdots)$ 的全体. 内积定义为

$$(x, y) = \sum_{i=1}^{\infty} x_i \overline{y}_i, \quad x = (x_1, x_2, \cdots), \quad y = (y_1, y_2, \cdots) \in X.$$

空间 X 中的位移算子 T 定义为

$$Tx =: (x_2, x_3, \cdots),$$

则 $W(T) = \{\lambda \in \mathbb{C} : |\lambda| < 1\}$. 事实上, 对任意 $x = (x_1, x_2, \cdots) \in X, \|x\| = 1$, 有

$$(Tx, x) = x_2\overline{x}_1 + x_3\overline{x}_2 + \cdots + x_n\overline{x}_{n-1} + \cdots.$$

注意到 $|x_1|^2 + |x_2|^2 + \cdots = 1$, 不妨设 $|x_1| \neq 0$, 则

$$\begin{aligned}
|(Tx, x)| &\leqslant |x_2||x_1| + |x_3||x_2| + \cdots + |x_n||x_{n-1}| + \cdots \\
&\leqslant \frac{1}{2}(|x_1|^2 + 2|x_2|^2 + \cdots + 2|x_n|^2 + \cdots) \\
&\leqslant \frac{1}{2}(2 - |x_1|^2).
\end{aligned}$$

从而, $W(T) \subset \{\lambda \in \mathbb{C} : |\lambda| < 1\}$.

　　另一方面, 对任意 $\lambda = re^{i\theta}, 0 \leqslant r < 1$, 取

$$x = (\sqrt{1-r^2}, r\sqrt{1-r^2}e^{i\theta}, r^2\sqrt{1-r^2}e^{2i\theta}, \cdots),$$

则

$$\|x\|^2 = 1 - r^2 + r^2(1 - r^2) + r^4(1 - r^2) + \cdots = 1,$$

而且

$$(Tx,x) = \mathrm{e}^{\mathrm{i}\theta} r(1-r^2) + \mathrm{e}^{\mathrm{i}\theta} r^3 (1-r^2) + \cdots$$
$$= r\mathrm{e}^{\mathrm{i}\theta}.$$

于是, $W(T) = \{\lambda \in \mathbb{C} : |\lambda| < 1\}$.

1.1.2 线性算子数值域基本性质

根据数值域定义, 容易得到下列性质.

性质 1.1.1 设 T 是 Hilbert 空间 X 中的有界线性算子, 则数值域 $W(T)$ 是有界集.

证明 当 T 是有界线性算子时, 考虑到

$$|(Tx,x)| \leqslant \|T\| \cdot \|x\|^2,$$

即得数值域 $W(T)$ 是有界集. ∎

注 1.1.1 当线性算子 T 是 Hilbert 空间中的无界线性算子时, 其定义域不一定是全空间, 数值域 $W(T)$ 定义为

$$W(T) = \{(Tx,x) : x \in \mathcal{D}(T), (x,x) = 1\}.$$

对无界线性算子而言, 它的数值域不一定是有界集, 甚至有可能是全平面. 比如, 令

$$\mathrm{AC}[0,1] = \{x(t) \in L^2[0,1] : x(t) \text{ 在 } [0,1] \text{ 上绝对连续且 } x'(t) \in L^2[0,1]\}.$$

定义线性算子

$$Tx(t) = \mathrm{i}x'(t),$$

其中

$$\mathcal{D}(T) = \{x(t) : x(t) \in \mathrm{AC}[0,1]\}.$$

对任意 $\lambda \in \mathbb{C}$, 取 $x(t) = \mathrm{e}^{-\mathrm{i}\lambda t}$, 则 $x(t) \in \mathcal{D}(T), \|x(t)\| = 1$ 且

$$(Tx,x) = \int_0^1 \mathrm{i}x'(t)\overline{x(t)}\mathrm{d}t$$
$$= \int_0^1 \mathrm{i}(-\mathrm{i}\lambda)\mathrm{e}^{-\mathrm{i}\lambda t}\mathrm{e}^{\mathrm{i}\lambda t}\mathrm{d}t$$
$$= \lambda,$$

即 $W(T) = \mathbb{C}$.

下列性质说明线性算子数值域具有一定的平移性且在酉变换下保持不变.

性质 1.1.2   设 T, S 是 Hilbert 空间 X 中的有界线性算子, 则

(i) $W(\alpha T + \beta I) = \alpha W(T) + \beta$;

(ii) $W(T + S) \subset W(T) + W(S)$;

(iii) $W(U^*TU) = W(T)$, 其中 U 是酉算子 (即 $U^*U = UU^* = I$);

(iv) $\lambda \in W(T)$ 当且仅当 $\overline{\lambda} \in W(T^*)$;

(v) $W(\mathrm{Re}(T)) = \mathrm{Re}(W(T))$ 且 $W(\mathrm{Im}(T)) = \mathrm{Im}(W(T))$, 其中 $\mathrm{Re}(T) = \dfrac{T + T^*}{2}$, $\mathrm{Im}(T) = \dfrac{T - T^*}{2\mathrm{i}}$.

证明   根据数值域定义, 性质 (i)—(iii) 的证明是平凡的. 再考虑到 T 是全空间上的有界线性算子, T^* 也是全空间上的有界线性算子. 从而, 对任意 $x \in X, \|x\| = 1$, 有

$$(Tx, x) = (x, T^*x)$$
$$= \overline{(T^*x, x)},$$

即 $\lambda \in W(T)$ 当且仅当 $\overline{\lambda} \in W(T^*)$. 性质 (v) 的证明完全类似. ∎

注 1.1.2   性质 (ii) 称为线性算子数值域的次可加性.

利用性质 1.1.2 可以计算 2×2 矩阵的数值域.

例 1.1.3   设 T 是 2×2 矩阵, 则 $W(T)$ 是以两个特征值为焦点的椭圆 (有可能退化为线段或点).

证明   考虑到数值域酉相似不变性, 不妨设 $T = \begin{bmatrix} a & c \\ 0 & b \end{bmatrix}$. 当 $c = 0$ 时, 有

$$W(T) = \{a|x|^2 + b|y|^2 : |x|^2 + |y|^2 = 1\},$$

这是连接复平面上点 a 和 b 的线段 (退化的椭圆).

当 $a = b, c \neq 0$ 时,

$$T = \begin{bmatrix} 0 & c \\ 0 & 0 \end{bmatrix} + aI,$$

由例 1.1.1 可知, $W(T)$ 是以原点为圆心, 半径为 $\dfrac{|c|}{2}$ 的圆的平移 (平移的方向和大小由复数 a 的实部和虚部确定).

当 $a \neq b, c \neq 0$ 时, 有

$$T = \frac{a - b}{2} \begin{bmatrix} 1 & \dfrac{2c}{a - b} \\ 0 & -1 \end{bmatrix} + \frac{a + b}{2}I.$$

故只需讨论形如 $S = \begin{bmatrix} 1 & 2d \\ 0 & -1 \end{bmatrix}$ 的矩阵的数值域即可. 考虑到数值域酉相似不变性, 不妨设 $d > 0$. 令 $A = \mathrm{Re}(S) + \mathrm{i}\gamma\mathrm{Im}(S)$, 则

$$A = \begin{bmatrix} 1 & d(1+\gamma) \\ d(1-\gamma) & -1 \end{bmatrix},$$

考虑到两个二阶矩阵 P, Q 酉相似的充要条件是

$$\det(P) = \det(Q), \quad \mathrm{tr}P = \mathrm{tr}Q, \quad \mathrm{tr}P^*P = \mathrm{tr}Q^*Q,$$

取 $\gamma = \dfrac{\sqrt{1+d^2}}{d}$, 则矩阵 A 与矩阵 $B = \begin{bmatrix} 0 & 2\sqrt{1+d^2} \\ 0 & 0 \end{bmatrix}$ 酉相似, 即

$$W(A) = \{\lambda \in \mathbb{C} : |\lambda| \leqslant \sqrt{1+d^2}\}.$$

又因为 $\alpha + \mathrm{i}\beta \in W(S)$ 当且仅当 $\alpha + \mathrm{i}\gamma\beta \in W(A)$. 而

$$\partial W(A) = \{\sqrt{1+d^2}\mathrm{e}^{\mathrm{i}\theta} : \theta \in \mathbb{R}\},$$

于是

$$\begin{aligned} \partial W(S) &= \left\{\sqrt{1+d^2}\left(\cos\theta + \mathrm{i}\frac{1}{\gamma}\sin\theta\right) : \theta \in \mathbb{R}\right\} \\ &= \{\sqrt{1+d^2}\cos\theta + \mathrm{i}d\sin\theta : \theta \in \mathbb{R}\}. \end{aligned}$$

从而 $W(S)$ 是椭圆且短半轴长为 d, 长半轴长为 $\sqrt{1+d^2}$. ∎

注 1.1.3 当线性算子 T 是 Hilbert 空间中的无界线性算子时, 性质 1.1.2 的 (iv) 不一定成立. 比如, 定义线性算子

$$Tx(t) = \mathrm{i}x'(t),$$

其中

$$\mathcal{D}(T) = \{x(t) \in L^2[0,1] : x(t) \in \mathrm{AC}[0,1], x'(t) \in L^2[0,1]\},$$

则由注 1.1.1 可知 $W(T) = \mathbb{C}$. 另一方面, 经计算易得

$$T^*x(t) = \mathrm{i}x'(t),$$

其中

$$\mathcal{D}(T^*) = \{x(t) \in L^2[0,1] : x(t) \in \mathrm{AC}[0,1], x'(t) \in L^2[0,1], x(0) = x(1) = 0\}.$$

于是, 对任意 $x(t) \in \mathcal{D}(T^*)$, 有

$$
\begin{aligned}
(T^*x, x) &= \int_0^1 \mathrm{i}x'(t)\overline{x(t)}\mathrm{d}t \\
&= \mathrm{i}x(t)\overline{x(t)}|_0^1 - \mathrm{i}\int_0^1 x(t)\overline{x'(t)}\mathrm{d}t \\
&= \int_0^1 x(t)\overline{\mathrm{i}x'(t)}\mathrm{d}t \\
&= (x, T^*x).
\end{aligned}
$$

这说明, $W(T^*) \subset \mathcal{R}$. 所以, 存在 $\lambda \in W(T)$ 使得 $\overline{\lambda} \notin W(T^*)$.

1.1.3   线性算子数值域与算子分类

线性算子数值域几何形状和线性算子性质之间的关系是数值域重要研究课题之一. 如果 $T \subset T^*$ (即 $\mathcal{D}(T) \subset \mathcal{D}(T^*), T^*|_{\mathcal{D}(T)} = T$), 则称 T 是对称算子; 如果 $T = T^*$, 则称 T 是自共轭算子 (也称自伴算子); 如果 T 是对称算子且满足 $T \geqslant 0$ (即 $(Tx, x) \geqslant 0$), 则称 T 是非负算子; 如果 T, S 是对称算子且 $T - S \geqslant 0$, 则 $T \geqslant S$.

性质 1.1.3   设 T 是 Hilbert 空间 X 中的有界线性算子, 则

(i) $W(T) = \{\lambda\}$ 当且仅当 $T = \lambda I$;

(ii) $W(T) \subset \mathcal{R}$ 当且仅当 T 是自伴算子;

(iii) $W(T)$ 包含于平面内一条直线当且仅当 $T = \alpha A + \beta I$, 其中 $\alpha, \beta \in \mathbb{C}$ 且 A 是一个自伴算子, 特别地, 在这种情况下 T 是个正常算子 (即 $T^*T = TT^*$);

(iv) $a \leqslant W(T) \leqslant b$ 当且仅当 $aI \leqslant T \leqslant bI$;

(v) $W(T)$ 包含于闭半平面 $\{\lambda \in \mathbb{C} : a\mathrm{Re}(\lambda) + b\mathrm{Im}(\lambda) + c \geqslant 0\}$ 当且仅当 $a\mathrm{Re}(T) + b\mathrm{Im}(T) + cI \geqslant 0$.

证明   (i) 当 $W(T) = \{\lambda\}$ 时, 对任意 $x \in X$ 有 $((T - \lambda I)x, x) = 0$. 从而, 对任意 $x, y \in X$, 应用极化恒等式得

$$
\begin{aligned}
4((T - \lambda I)x, y) =& ((T - \lambda I)(x + y), x + y) - ((T - \lambda I)(x - y), x - y) \\
&+ \mathrm{i}((T - \lambda I)(x + \mathrm{i}y), x + \mathrm{i}y) - \mathrm{i}((T - \lambda I)(x - \mathrm{i}y), x - \mathrm{i}y) \\
=& 0.
\end{aligned}
$$

考虑到 y 的任意性, 即得对任意 $x \in X$ 有 $(T - \lambda I)x = 0$, 即 $T = \lambda I$. 反之, 当 $T = \lambda I$ 时, $W(T) = \{\lambda\}$ 的证明是平凡的.

(ii) 当 $W(T) \subset \mathbb{R}$ 时, 对任意 $x \in X$, 有

$$
(Tx, x) = (x, Tx) = (T^*x, x),
$$

即 $W(T - T^*) = \{0\}$, 从而 $T = T^*$. 反之, T 是自伴算子时, $W(T) \subset \mathbb{R}$ 的证明是平凡的.

(iii) 因为实轴通过平移和旋转, 可以与平面内给定的任一条直线重叠, 所以 $W(T)$ 包含于平面内一条直线时存在 $\alpha, \beta \in \mathbb{C}$ 和一个自伴算子 A 使得 $T = \alpha A + \beta I$. 反之, 如果存在 $\alpha, \beta \in \mathbb{C}$ 和一个自伴算子 A 使得 $T = \alpha A + \beta I$, 则 T 的数值域 $W(T)$ 包含于直线 $y = \tan\theta(x - \mathrm{Re}(\beta)) + \mathrm{Im}(\beta)$, 其中 θ 表示复数 α 的辐角主值. 此外还有

$$TT^* = |\alpha|^2 A^2 + \overline{\alpha}\beta A + \alpha\overline{\beta}A + |\beta|^2 = T^*T,$$

即 T 是个正常算子.

(iv) 当 $a \leqslant W(T) \leqslant b$ 时, 对任意 $\|x\| = 1$ 有 $a \leqslant (Tx, x) \leqslant b$, 即 $((T - bI)x, x) \leqslant 0, ((T - aI)x, x) \geqslant 0$. 于是, $aI \leqslant T \leqslant bI$. 反之, $aI \leqslant T \leqslant bI$ 时, $a \leqslant W(T) \leqslant b$ 的证明是平凡的.

(v) 当 $W(T)$ 包含于闭半平面 $\{\lambda \in \mathbb{C} : a\mathrm{Re}(\lambda) + b\mathrm{Im}(\lambda) + c \geqslant 0\}$ 时, 考虑到

$$T = \frac{T + T^*}{2} + \mathrm{i}\frac{T - T^*}{2\mathrm{i}} = \mathrm{Re}(T) + \mathrm{iIm}(T),$$

容易证明 $a\mathrm{Re}(T) + b\mathrm{Im}(T) + cI \geqslant 0$. 反之亦然. ∎

根据上述性质, 下面的推论是显然的.

推论 1.1.1 设 T 是 Hilbert 空间 X 中的有界线性算子, 则

(i) $W(T) \subset \{\lambda \in \mathbb{C} : \mathrm{Re}(\lambda) \geqslant 0\}$ 当且仅当 $T + T^* \geqslant 0$;

(ii) $W(T) \subset \{\lambda \in \mathbb{C} : \mathrm{Im}(\lambda) \geqslant 0\}$ 当且仅当 $T - T^* \geqslant 0$.

注 1.1.4 当 T 是 Hilbert 空间 X 中的稠定线性算子时, $W(T) \subset \mathbb{R}$ 不足以保证 T 是自伴算子, 但能保证 T 是对称算子. 于是, 性质 1.1.3 的结论 (ii) 应变为:

(ii)′ $W(T) \subset \mathbb{R}$ 当且仅当 T 是对称算子.

定理 1.1.1 设 $\overline{W(T)} = [m, M]$, 则 $m, M \in \sigma(T)$.

证明 由 $m \in \overline{W(T)}$ 可知存在 $\{f_n\}_{n=1}^{\infty}, \|f_n\| = 1, n = 1, 2, \cdots$, 使得当 $n \to \infty$ 时, 有

$$(Tf_n, f_n) \to m.$$

因为 $T - mI \geqslant 0$, 令 $(T - mI)^{\frac{1}{2}}$ 是 $T - mI$ 的平方根算子, 故有

$$(T - mI)^{\frac{1}{2}}f_n \to 0,$$

即

$$(T - mI)f_n \to 0,$$

于是有 $m \in \sigma_{\mathrm{ap}}(T) \subset \sigma(T)$. 同理可证, $M \in \sigma_{\mathrm{ap}}(T) \subset \sigma(T)$. ∎

推论 1.1.2　设 $W(T) = [m, M]$, 则 $m, M \in \sigma_p(T)$.

1.2　线性算子数值域的凸性

1.2.1　Toeplitz-Hausdorff 定理

下面我们将要讨论线性算子数值域的最重要的性质之一 —— 凸性. 事实上, 线性算子数值域自从 Toeplitz[2] 和 Hausdorff[3] 发现它的凸性以后开始受到人们的广泛关注: Toeplitz 证明了数值域边界是一条凸曲线之后, 他猜测数值域有可能有内部孔; 后来, Hausdorff 证明了数值域不可能有内部孔, 进而对数值域是否为凸集的问题给出了明确回答, 后来该结论被称为 Toeplitz-Hausdorff 定理. 关于 Toeplitz-Hausdorff 定理的证明有很多种方法, 下面是 Gustafson 的证明方法[4].

定理 1.2.1　Hilbert 空间 X 中的线性算子 T(不一定有界) 的数值域 $W(T)$ 是凸集.

证明　由性质 1.1.2, 不妨设 $(Tx_1, x_1) = 0, (Tx_2, x_2) = 1, \|x_i\| = 1, i = 1, 2.$ 令 $x = \alpha x_1 + \beta x_2, \alpha, \beta \in \mathbb{R}$, 为了证明 $W(T)$ 是凸集, 对任意 $t \in (0, 1)$, 只要能够找到 $\alpha, \beta \in \mathbb{R}$ 使得

$$\|x\|^2 = \alpha^2 + \beta^2 + 2\alpha\beta \mathrm{Re}(x_1, x_2) = 1, \tag{1.2.1}$$

且

$$(Tx, x) = \beta^2 + \alpha\beta[(Tx_1, x_2) + (Tx_2, x_1)] = t \tag{1.2.2}$$

即可. 令 $B(x_1, x_2) = (Tx_1, x_2) + (Tx_2, x_1)$, 如果 $B(x_1, x_2) \in \mathbb{R}$, 则考虑到 $|\mathrm{Re}(x_1, x_2)| \leqslant 1$, 系统 (1.2.1) 和系统 (1.2.2) 描述的是一个椭圆 (与坐标轴的交点是 $(1,0)$, $(0,1)$, $(-1,0)$, $(0,-1)$) 和一个双曲线 (与坐标轴的交点是 $(0,\sqrt{t})$, $(0,-\sqrt{t})$), 显然有交点. 当 $B(x_1, x_2) \notin \mathbb{R}$ 时, 可以适当选择 x_1 使得 $B(x_1, x_2) \in \mathbb{R}$. 事实上, 令 $x_1' = \mu x_1$, 其中 $\mu = a + ib$, 则

$$|a|^2 + |b|^2 = 1, \tag{1.2.3}$$

且

$$\mathrm{Im}(B(x_1', x_2)) = a\mathrm{Im}(B(x_1, x_2)) + b\mathrm{Re}((Tx_1, x_2) - (Tx_2, x_1)) = 0. \tag{1.2.4}$$

显然, 系统 (1.2.3) 和系统 (1.2.4) 描述的是圆心在原点的圆和过原点的直线, 从而有公共交点. 综上所述, $W(T)$ 是凸集. ∎

下面是 Raghavendran[5] 给出的证明方法.

证明　不妨设 $W(T)$ 不是单点集, $\lambda_1, \lambda_2 \in W(T)$ 且 $\lambda_1 \neq \lambda_2$, 则存在 $\|f_1\| = \|f_2\| = 1$, 使得

$$(Tf_1, f_1) = \lambda_1, \quad (Tf_2, f_2) = \lambda_2.$$

如果存在 $z \in \mathbb{C}$ 使得 $f_1 + zf_2 = 0$, 则 $|z| = 1$ 且 $\lambda_1 = \lambda_2$, 推出矛盾. 不妨设对任意 $z \in \mathbb{C}$ 有 $f_1 + zf_2 \neq 0$, 则为了证明 $W(T)$ 是凸集只要证明对任意 $0 < t < 1$, 存在 $z \in \mathbb{C}$, 使得

$$(T(f_1 + zf_2), f_1 + zf_2) = (t\lambda_1 + (1-t)\lambda_2)\|f_1 + zf_2\|^2$$

即可. 而上式等价于

$$|z|^2 + zp + \overline{z}q - \frac{1-t}{t} = 0,$$

其中

$$p = \frac{(Tf_2, f_1) + t(\lambda_2 - \lambda_1)(f_2, f_1) - \lambda_2(f_2, f_1)}{t(\lambda_2 - \lambda_1)},$$

$$q = \frac{(Tf_1, f_2) + t(\lambda_2 - \lambda_1)(f_1, f_2) - \lambda_2(f_1, f_2)}{t(\lambda_2 - \lambda_1)}.$$

再令 $p = a + \mathrm{i}b, q = c + \mathrm{i}d, z = x + \mathrm{i}y$, 则上式等价于

$$x^2 + y^2 + (a+c)x + (d-b)y - \frac{1-t}{t} = 0, \tag{1.2.5}$$

且

$$(b+d)x + (a-c)y = 0. \tag{1.2.6}$$

考虑到 $\frac{1-t}{t} > 0$, 系统 (1.2.5) 描述的是包含原点的圆, 系统 (1.2.6) 描述的是过原点直线, 从而有公共交点. 综上所述 $W(T)$ 是凸集. ∎

1.2.2   分块算子矩阵数值域的凸包

这一节我们将要研究分块算子矩阵数值域的凸包与内部项数值域并集凸包之间的包含关系.

定理 1.2.2   令 $\mathcal{A} = \begin{bmatrix} A & B \\ C & D \end{bmatrix} \in \mathscr{B}(X \times X)$, 则 $\mathrm{Conv}(\overline{W(A) \cup W(D)}) \subset \overline{W(\mathcal{A})}$, 其中 $\mathrm{Conv}(G)$ 表示集合 G 的凸包.

证明   设 $\lambda \in W(A)$, 则存在 $\|f\| = 1$ 使得 $(Af, f) = \lambda$, 此时 $\left\|\begin{bmatrix} f \\ 0 \end{bmatrix}\right\| = 1$ 且

$$\left(\begin{bmatrix} A & B \\ C & D \end{bmatrix} \begin{bmatrix} f \\ 0 \end{bmatrix}, \begin{bmatrix} f \\ 0 \end{bmatrix} \right) = (Af, f) = \lambda,$$

即 $W(A) \subset W(\mathcal{A})$. 同样可以证明 $W(D) \subset W(\mathcal{A})$. 再考虑到 $W(\mathcal{A})$ 的凸性即得关系式

$$\mathrm{Conv}(\overline{W(A) \cup W(D)}) \subset \overline{W(\mathcal{A})}$$

成立. ∎

特别地, 对角分块算子矩阵数值域的闭凸包完全可由对角元数值域并集的凸包来刻画.

定理 1.2.3 令 $\mathcal{A} = \begin{bmatrix} A & 0 \\ 0 & D \end{bmatrix} \in \mathscr{B}(X \times X)$, 则 $W(\mathcal{A}) = \mathrm{Conv}(W(A) \cup W(D))$ 且 $\overline{W(\mathcal{A})} = \mathrm{Conv}(\overline{W(A)} \cup \overline{W(D)})$.

证明 设 $\lambda \in W(A)$, 则存在 $\|f\| = 1$, 使得

$$(Af, f) = \lambda.$$

令 $u = [\; f \quad 0 \;]^{\mathrm{T}}$, 则 $\|u\| = 1$ 且 $(\mathcal{A}u, u) = \lambda$, 即 $W(A) \subset W(\mathcal{A})$. 同理, $W(D) \subset W(\mathcal{A})$, 于是 $(W(A) \cup W(D)) \subset W(\mathcal{A})$, 故 $\mathrm{Conv}(W(A) \cup W(D)) \subset W(\mathcal{A})$.

当 $\lambda \in W(\mathcal{A})$ 时, 存在 $\|x\|^2 + \|y\|^2 = 1$, 使得

$$\lambda = (Ax, x) + (Dy, y).$$

如果 $x = 0$ 或者 $y = 0$ 时, $\lambda \in W(A) \cup W(D)$, 从而 $W(\mathcal{A}) \subset \mathrm{Conv}(W(A) \cup W(D))$;

如果 $x \neq 0$ 且 $y \neq 0$ 时,

$$\lambda = \|x\|^2 \frac{(Ax, x)}{(x, x)} + (1 - \|x\|^2) \frac{(Dy, y)}{(y, y)},$$

从而 $\lambda \in \mathrm{Conv}(W(A) \cup W(D))$, 于是 $W(\mathcal{A}) \subset \mathrm{Conv}(W(A) \cup W(D))$. 结论证毕. ∎

注 1.2.1 在以上结论中线性算子 $\mathcal{A}$ 的有界性不是本质的, 该结论对于无界分块对角算子矩阵的情形也成立.

1.3   数值域谱包含性质

1.3.1   线性算子谱的分类

线性算子谱集和数值域作为复平面的两个子集, 它们之间有密切联系. 这一节将讨论两者的联系. 就有限维空间上的算子 $T - \lambda I$ 而言, 它只有两种可能: $T - \lambda I$ 不是单射就是可逆. 当 $T - \lambda I$ 不是单射时, 称复数 λ 为 T 的特征值. 但在无穷维空间中, 情况就十分复杂, 对无穷维空间中的算子 $T - \lambda I$ 而言不一定只有上述两种可能, 可能还有其他情形.

例 1.3.1 在 Hilbert 空间 $X = \ell^2[1, \infty)$ 上定义右移算子 $S_r : \ell^2 \to \ell^2$, 即对任意的 $x \in X, x = (\xi_1, \xi_2, \xi_3, \cdots)$, 令

$$y = S_r x,$$

其中 $y = (0, \xi_1, \xi_2, \xi_3, \cdots)$, 则容易证明 S_r 是有界线性算子且满足 $\|S_r x\|^2 = \|x\|^2$, 即 $\|S_r\| = 1$. 然而, S_r 是单射且不可逆. 事实上, S_r 不是满射. 在 X 中任取 $y = (\eta_1, \eta_2, \eta_3, \cdots), \eta_1 \neq 0$, 则容易证明 y 不包含于 $\mathcal{R}(S_r)$, 即 S_r 不是满射. 从而, S_r 是单射且不可逆算子.

设 $\lambda \in \mathbb{C}, T \in \mathscr{B}(X)$, 如果算子 $T - \lambda I$ 是单射且满足 $\mathcal{R}(T - \lambda I) = X$, 则称 $\lambda \in \mathbb{C}$ 是 T 的正则点, 所有正则点组成的集合称为预解集, 记为 $\rho(T)$. 有时称 $R(T, \lambda) = (T - \lambda I)^{-1}$ 为 T 的预解式. 预解集 $\rho(T)$ 的补集 $\mathbb{C} \backslash \rho(T)$ 称为 T 的谱集, 记为 $\sigma(T)$; 称

$$\sup\{|\lambda| : \lambda \in \sigma(T)\}$$

为 T 的谱半径, 记为 $r(T)$. 谱半径满足

$$r(T) = \lim_{n \to \infty} \|T^n\|^{\frac{1}{n}},$$

且 T, S 可交换时

$$r(TS) \leqslant r(T) r(S).$$

一般情况下, 上述不等式不一定成立. 比如, 令

$$T = \begin{bmatrix} 0 & 1 \\ 0 & 0 \end{bmatrix}, \quad S = \begin{bmatrix} 0 & 0 \\ -1 & 0 \end{bmatrix},$$

则 $r(T) = r(S) = 0$, 然而 $r(TS) = 1$.

当 $\lambda \in \sigma(T)$ 时, 有如下三种可能:

(i) $T - \lambda I$ 不是单射, 此时称 λ 为 T 的点谱, 点谱的全体记为 $\sigma_p(T)$;

(ii) $T - \lambda I$ 是单射, 但 $\overline{\mathcal{R}(T - \lambda I)} \neq X$, 此时称 λ 为 T 的剩余谱, 剩余谱的全体记为 $\sigma_r(T)$;

(iii) $T - \lambda I$ 是单射, $\overline{\mathcal{R}(T - \lambda I)} = X$ 但是 $\mathcal{R}(T - \lambda I) \neq X$, 此时称 λ 为 T 的连续谱, 连续谱的全体记为 $\sigma_c(T)$.

显然, $\sigma_p(T), \sigma_r(T)$ 和 $\sigma_c(T)$ 是互不相交的集合, 并且

$$\sigma(T) = \sigma_p(T) \cup \sigma_r(T) \cup \sigma_c(T). \tag{1.3.1}$$

此外, 根据值域的稠定性以及闭性, 对于点谱和剩余谱还可以进一步细分:

$$\sigma_{p,1}(T) = \{\lambda \in \sigma_p(T) : \mathcal{R}(T - \lambda) = X\};$$

$$\sigma_{p,2}(T) = \{\lambda \in \sigma_p(T) : \overline{\mathcal{R}(T - \lambda)} = X, \mathcal{R}(T - \lambda)\text{不闭}\};$$

$$\sigma_{p,3}(T) = \{\lambda \in \sigma_p(T) : \overline{\mathcal{R}(T - \lambda)} \neq X, \mathcal{R}(T - \lambda)\text{闭}\};$$

$$\sigma_{p,4}(T)=\{\lambda\in\sigma_p(T):\overline{\mathcal{R}(T-\lambda)}\neq X,\mathcal{R}(T-\lambda)\text{不闭}\};$$
$$\sigma_{r,1}(T)=\{\lambda\in\sigma_r(T):\mathcal{R}(T-\lambda)\text{闭}\};$$
$$\sigma_{r,2}(T)=\{\lambda\in\sigma_r(T):\mathcal{R}(T-\lambda)\text{不闭}\}.$$

除了以上谱的分类以外, 还有其他谱, 如本质谱、近似点谱等. 复数 λ 称为 T 的近似点谱, 如果存在 X 中的一个序列 $\{x_n\},\|x_n\|=1,n=1,2,\cdots$, 满足

$$\|(T-\lambda)x_n\|\to 0\quad(n\to\infty).$$

全体近似点谱记为 $\sigma_{\mathrm{ap}}(T)$. 谱集与近似点谱有如下关系:

$$\sigma(T)=\sigma_{r,1}(T)\cup\sigma_{\mathrm{ap}}(T),\quad\sigma_{r,1}(T)\cap\sigma_{\mathrm{ap}}(T)=\varnothing.$$

复数 λ 称为 T 的压缩谱, 如果 $\mathcal{R}(T-\lambda I)$ 不稠密, 全体压缩谱记为 $\sigma_{\mathrm{com}}(T)$, 并满足

$$\sigma_{\mathrm{com}}(T)=\sigma_{p,3}(T)\cup\sigma_{p,4}(T)\cup\sigma_r(T).$$

复数 λ 称为 T 的亏谱, 如果 $\mathcal{R}(T-\lambda I)$ 不是满的, 全体亏谱记为 $\sigma_\delta(T)$. 显然, $\sigma_{\mathrm{com}}(T)\subset\sigma_\delta(T)$ 且关系式

$$\sigma(T)=\sigma_{p,1}(T)\cup\sigma_\delta(T)$$

成立.

注 1.3.1　对于稠定闭线性算子的情形, 上述各种谱的定义除了考虑其定义域以外, 其他完全一样 [6-11].

下面是稠定闭线性算子的各种谱之间的关系.

定理 1.3.1　设 T 是 Hilbert 空间 X 中的稠定闭线性算子, 则有

(i) $\lambda\in\sigma_{p,1}(T)$ 当且仅当 $\overline{\lambda}\in\sigma_{r,1}(T^*)$;

(ii) $\lambda\in\sigma_{p,2}(T)$ 当且仅当 $\overline{\lambda}\in\sigma_{r,2}(T^*)$;

(iii) $\lambda\in\sigma_{p,3}(T)$ 当且仅当 $\overline{\lambda}\in\sigma_{p,3}(T^*)$;

(iv) $\lambda\in\sigma_{p,4}(T)$ 当且仅当 $\overline{\lambda}\in\sigma_{p,4}(T^*)$;

(v) $\lambda\in\sigma_c(T)$ 当且仅当 $\overline{\lambda}\in\sigma_c(T^*)$;

(vi) $\lambda\in\sigma_{\mathrm{ap}}(T)$ 当且仅当 $\overline{\lambda}\in\sigma_\delta(T^*)$;

(vii) $\lambda\in\sigma_{\mathrm{com}}(T)$ 当且仅当 $\overline{\lambda}\in\sigma_p(T^*)$.

证明　(i) 当 $\lambda\in\sigma_{p,1}(T)$ 时, 首先, $T-\lambda I$ 不是单射, 故存在 $x\neq 0$, 使得对任意 $x^*\in\mathscr{D}(T^*)$, 有

$$((T-\lambda I)x,x^*)=(x,(T^*-\overline{\lambda}I)x^*)=0.$$

故 $\mathcal{R}(T^* - \overline{\lambda}I)$ 不稠密. 其次, $T - \lambda I$ 是满射, $\mathcal{R}(T - \lambda I)$ 是闭集, 从而 $\mathcal{R}(T^* - \overline{\lambda}I)$ 是闭集, 而且可以断言 $T^* - \overline{\lambda}I$ 是单射. 若不然, 假定存在 $x^* \in \mathscr{D}(T^*)$, 使得

$$(T^* - \overline{\lambda}I)x^* = 0,$$

则对任意 $x \in \mathscr{D}(T)$, 有

$$(x, (T^* - \overline{\lambda}I)x^*) = ((T - \lambda I)x, x^*) = 0,$$

这与 $T - \lambda I$ 是满射矛盾. 综上所述, $\overline{\lambda} \in \sigma_{r,1}(T^*)$.

反之, 当 $\overline{\lambda} \in \sigma_{r,1}(T^*)$ 时, 由 $\mathcal{R}(T^* - \overline{\lambda}I)$ 是闭集可知 $\mathcal{R}(T - \lambda I)$ 是闭集. 再由 $\mathcal{R}(T^* - \overline{\lambda}I)$ 不稠密可知, 存在 $x \in \mathscr{D}(T)$ 使得对任意 $x^* \in \mathscr{D}(T^*)$ 有

$$(x, (T^* - \overline{\lambda}I)x^*) = ((T - \lambda I)x, x^*) = 0,$$

即 $\lambda \in \sigma_{p,1}(T) \cup \sigma_{p,3}(T)$. 可以断言 $\mathcal{R}(T - \lambda I)$ 稠密. 若不然, 假定存在 $x^* \in X$ 使得

$$((T - \lambda I)x, x^*) = 0,$$

则 $x^* \in \mathscr{D}(T^*)$ 且 $(x, (T^* - \overline{\lambda}I)x^*) = 0$, 故 $(T^* - \overline{\lambda}I)x^* = 0$, 这与 $T^* - \overline{\lambda}I$ 是单射矛盾. 于是 $\lambda \in \sigma_{p,1}(T)$.

(ii) 的证明与 (i) 完全类似.

(iii) 当 $\lambda \in \sigma_{p,3}(T)$ 时, 由 $\mathcal{R}(T - \lambda I)$ 是闭集可知 $\mathcal{R}(T^* - \overline{\lambda}I)$ 是闭集. 再令 x_0 是 λ 所对应的特征向量, 则对任意 $x \in \mathscr{D}(T^*)$, 有

$$((T - \lambda I)x_0, x) = (x_0, (T^* - \overline{\lambda}I)x) = 0.$$

于是 $\mathcal{R}(T^* - \overline{\lambda}I)$ 不稠密. 再由 $\mathcal{R}(T - \lambda I)$ 不稠密可知, 存在 $\widetilde{x} \neq 0$ 使得对任意 $x \in \mathscr{D}(T)$ 有

$$((T - \lambda I)x, \widetilde{x}) = 0.$$

从而 $\widetilde{x} \in \mathscr{D}(T^*)$ 且 $(T^* - \overline{\lambda}I)\widetilde{x} = 0$, 即 $\overline{\lambda} \in \sigma_{p,3}(T^*)$. 反之证明类似.

(iv) 的证明与 (iii) 完全类似.

(v) 当 $\lambda \in \sigma_c(T)$ 时, 首先, $\mathcal{R}(T - \lambda I)$ 不闭, 故 $\mathcal{R}(T^* - \overline{\lambda}I)$ 不闭. 其次, 由 $\mathcal{R}(T - \lambda I)$ 稠密且 $T - \lambda I$ 是单射, 可以断言 $\mathcal{R}(T^* - \overline{\lambda}I)$ 稠密. 事实上, 假定 $\mathcal{R}(T^* - \overline{\lambda}I)$ 不稠密, 则存在 $0 \neq x \in X$ 使得对任意 $x^* \in \mathscr{D}(T^*)$, 有

$$(x, (T^* - \overline{\lambda}I)x^*) = 0,$$

从而 $x \in \mathscr{D}(T)$ 且 $((T - \lambda I)x, x^*) = 0$, 这与 $T - \lambda I$ 是单射矛盾. 最后, 由 (ii) 可知 $\overline{\lambda} \notin \sigma_{r,2}(T^*)$, 于是 $\overline{\lambda} \in \sigma_c(T^*)$. 反之, $\overline{\lambda} \in \sigma_c(T^*)$ 时, $\lambda \in \sigma_c(T)$ 的证明完全类似.

(vi) 当 $\lambda \in \sigma_{\mathrm{ap}}(T)$ 时, $\lambda \in \sigma_p(T) \cup \sigma_{r,2}(T) \cup \sigma_c(T)$, 由 (i)—(v) 的证明可知 $\mathcal{R}(T^* - \overline{\lambda}I)$ 不满, 即 $\overline{\lambda} \in \sigma_\delta(T^*)$.

反之, $\overline{\lambda} \in \sigma_\delta(T^*)$ 时, $\lambda \in (\sigma_p(T) \backslash \sigma_{p,1}(T)) \cup \sigma_r(T) \cup \sigma_c(T)$, 于是由 (i)—(v) 的证明可知 $\lambda \in \sigma_p(T) \cup \sigma_{r,2}(T) \cup \sigma_c(T)$, 即 $\lambda \in \sigma_{\mathrm{ap}}(T)$.

(vii) 当 $\lambda \in \sigma_{\mathrm{com}}(T)$ 时 $\mathcal{R}(T - \lambda I)$ 不稠密, $\lambda \in \sigma_{p,3}(T) \cup \sigma_{p,4}(T) \cup \sigma_r(T)$, 由 (i)—(iv) 的证明可知 $\overline{\lambda} \in \sigma_p(T^*)$.

反之, $\overline{\lambda} \in \sigma_p(T^*)$ 时, $\lambda \in \sigma_{p,3}(T) \cup \sigma_{p,4}(T) \cup \sigma_r(T)$, $\mathcal{R}(T - \lambda I)$ 不稠密, 故 $\lambda \in \sigma_{\mathrm{com}}(T)$. ∎

根据定理 1.3.1, 容易得到如下推论.

推论 1.3.1　设 T 是 Hilbert 空间 X 中的稠定闭线性算子, 则有

(i) $\lambda \in \sigma_p(T)$, 则 $\overline{\lambda} \in \sigma_p(T^*) \cup \sigma_r(T^*)$;

(ii) $\lambda \in \sigma_r(T)$, 则 $\overline{\lambda} \in \sigma_p(T^*)$;

(iii) $\lambda \in \sigma(T)$ 当且仅当 $\overline{\lambda} \in \sigma(T^*)$;

(iv) $\lambda \in \rho(T)$ 当且仅当 $\overline{\lambda} \in \rho(T^*)$.

1.3.2　数值域的闭包与谱

对于 Hilbert 空间中有界线性算子而言, 数值域的另一个重要性质是数值域闭包包含谱集, 从而运用数值域可以刻画算子谱的分布范围.

定理 1.3.2　设 T 是 Hilbert 空间 X 中的有界线性算子, 则

(i) $\mathrm{Conv}(\sigma_p(T) \cup \sigma_r(T)) \subset W(T)$, $\mathrm{Conv}(\sigma(T)) \subset \overline{W(T)}$;

(ii) 如果 $\lambda \in W(T)$ 且 $|\lambda| = \|T\|$, 则 $\lambda \in \sigma_p(T)$;

(iii) 如果 $\lambda \in \overline{W(T)}$ 且 $|\lambda| = \|T\|$, 则 $\lambda \in \sigma_{\mathrm{ap}}(T)$;

(iv) 如果 $\lambda \notin \overline{W(T)}$, 则 $\|(T - \lambda I)^{-1}\| \leqslant \dfrac{1}{\mathrm{dist}(\lambda, W(T))}$.

证明　(i) 为了证明 $\mathrm{Conv}(\sigma_p(T) \cup \sigma_r(T)) \subset W(T)$, 考虑到数值域的凸性, 只需证明 $\sigma_p(T) \cup \sigma_r(T) \subset W(T)$ 即可. 令 $\lambda \in \sigma_p(T)$, 则由点谱的定义, 存在 $x \neq 0$ 使得 $Tx = \lambda x$, 两边与 x 作内积得

$$\lambda = \frac{(Tx, x)}{(x, x)}.$$

于是 $\sigma_p(T) \subset W(T)$. 当 $\lambda \in \sigma_r(T)$ 时, 由定理 1.3.1 可知 $\overline{\lambda} \in \sigma_p(T^*)$, 从而 $\overline{\lambda} \in W(T^*)$. 由 $W(T) = (W(T^*))^*$, 即得 $\lambda \in W(T)$, 于是 $\sigma_r(T) \subset W(T)$.

为了证明 $\sigma(T) \subset \overline{W(T)}$, 由式 (1.3.1) 可知, 只需证明 $\sigma_c(T) \subset \overline{W(T)}$ 即可. 当 $\lambda \in \sigma_c(T)$ 时, 存在 $\|x_n\| = 1, n = 1, 2, \cdots$, 使得当 $n \to \infty$ 时

$$(T - \lambda I)x_n \to 0,$$

即 $(Tx_n, x_n) \to \lambda$, 从而 $\sigma_c(T) \subset \overline{W(T)}$.

(ii) 令 $(Tx,x) = \lambda$, $\|x\| = 1$, 则

$$\|T\| = |\lambda| \leqslant \|Tx\| \leqslant \|T\|.$$

于是, $|(Tx,x)| = \|Tx\|\|x\|$, 即 Tx, x 线性相关, 从而 $\lambda \in \sigma_p(T)$.

(iii) 如果 $\lambda \in \overline{W(T)}$, 则存在序列 $\{x_n\}_{n=1}^{\infty}$, $\|x_n\| = 1, n = 1, 2, \cdots$, 使得

$$(Tx_n, x_n) \to \lambda,$$

即 $|(Tx_n, x_n)| \to |\lambda|$. 又因为

$$|(Tx_n, x_n)| \leqslant \|Tx_n\| \leqslant \|T\| = |\lambda|,$$

于是 $\|Tx_n\| \to |\lambda|$ 且

$$\begin{aligned}
(Tx_n - \lambda x_n, Tx_n - \lambda x_n) &= \|Tx_n\|^2 - \lambda(x_n, Tx_n) - \overline{\lambda}(Tx_n, x_n) + |\lambda|^2 \\
&\to 2(|\lambda|^2 - |\lambda|^2) \\
&= 0.
\end{aligned}$$

故 $\lambda \in \sigma_{\mathrm{ap}}(T)$.

(iv) 由于对任意 $\|x\| = 1$, 有

$$\begin{aligned}
\|(T - \lambda I)x\| &\geqslant |(Tx, x) - \lambda| \\
&\geqslant \inf\{|w - \lambda| : w \in W(T)\} \\
&= \mathrm{dist}(\lambda, W(T)),
\end{aligned}$$

于是, 当 $\lambda \notin \overline{W(T)}$ 时, $\|(T - \lambda I)^{-1}\| \leqslant \dfrac{1}{\mathrm{dist}(\lambda, W(T))}$. ∎

注 1.3.2 在定理 1.3.2 中, 结论 (i) 称为有界线性算子数值域的谱包含性质. 运用该性质可以刻画有界线性算子谱的分布范围. 由谱包含性质可知, 当 $\lambda \in \sigma(T)$ 时, 如果 $\lambda \notin W(T)$, 则 $\lambda \in \sigma_c(T)$.

定理 1.3.3 设 T 是可分 Hilbert 空间 X 中的有界线性算子, 如果 T 的特征向量组 $\{f_n\}_{n \in \wedge}$ 构成 X 的一组标准正交基, 则 $\mathrm{Conv}(\sigma_p(T)) = W(T)$.

证明 不妨设 $\{f_n\}_{n \in \wedge}$ 所对应的特征值为 $\{\lambda_n\}_{n \in \wedge}$, 则

$$\begin{aligned}
W(T) &= \{(Tf, f) : f \in X, \|f\| = 1\} \\
&= \left\{ \sum_{n \in \wedge} \lambda_n |(f, f_n)|^2 : f \in X, \|f\| = 1 \right\} \\
&= \left\{ \sum_{n \in \wedge} \lambda_n a_n : \sum_{n \in \wedge} a_n = \|f\|^2 = 1 \right\}.
\end{aligned}$$

于是, 只需证明 $\mathrm{Conv}(\sigma_p(T)) = \{\sum_{n\in\wedge}\lambda_n a_n : \sum_{n\in\wedge}a_n = 1\}$ 即可. 关系式 $\mathrm{Conv}(\sigma_p(T)) \subset \{\sum_{n\in\wedge}\lambda_n a_n : \sum_{n\in\wedge}a_n = 1\}$ 是平凡的, 下面证明反包含关系. 不妨设 $\mathrm{Re}(T) \geqslant 0, 0 \in W(T)$, 则存在 $\sum_{n\in\wedge}a_n = 1, 0 \leqslant a_n \leqslant 1$, 使得

$$\sum_{n\in\wedge}\lambda_n a_n = 0,$$

即 $\sum_{n\in\wedge}a_n\mathrm{Re}(\lambda_n) = 0$ 且 $\sum_{n\in\wedge}a_n\mathrm{Im}(\lambda_n) = 0$. 由于 $\mathrm{Re}(\lambda_n) \geqslant 0, n = 1, 2, \cdots$, 对于 $a_n \neq 0$ 必有 $\mathrm{Re}(\lambda_n) = 0$. 当 $\{a_n\}$ 中不等于零的个数为 1 时, 显然 $0 \in \mathrm{Conv}(\sigma_p(T))$. 当 a_n 中不等于零的个数大于 1 时, 存在特征值 $\lambda_{n_1}, \lambda_{n_2}$ 分别位于上半虚轴和下半虚轴, 而 0 是 $\lambda_{n_1}, \lambda_{n_2}$ 的线性组合, 即 $0 \in \mathrm{Conv}(\sigma_p(T))$. 结论证毕. ∎

由有界线性算子谱的相似不变性和谱包含性质可知, 谱集凸包满足

$$\mathrm{Conv}(\sigma(T)) = \mathrm{Conv}\left(\bigcap\{\sigma(VTV^{-1}) : 0 \in \rho(V)\}\right) \subset \bigcap\{\overline{W(VTV^{-1})} : 0 \in \rho(V)\}.$$

然而, 取 $T = \begin{bmatrix} 0 & 2 \\ 0 & 0 \end{bmatrix}$, $V_n = \begin{bmatrix} 1 & 1 \\ 0 & n \end{bmatrix}$, 则经计算易得

$$V_n T V_n^{-1} = \begin{bmatrix} 0 & \dfrac{2}{n} \\ 0 & 0 \end{bmatrix},$$

即

$$\mathrm{Conv}(\sigma(T)) = \{0\} = \bigcap\{\overline{W(V_n T V_n^{-1})} : 0 \in \rho(V_n)\}.$$

于是, 自然会想到对任意有界算子 T 是否都有

$$\mathrm{Conv}(\sigma(T)) = \bigcap\{\overline{W(VTV^{-1})} : 0 \in \rho(V)\}$$

成立? 由 Hildebrandt 定理[12] 可知, 上述猜想是成立的. 为了证明结论先给出下列引理.

引理 1.3.1　设 T 是 Hilbert 空间 X 中的有界线性算子, 当 T 的谱半径满足 $r(T) < 1$ 时, 定义线性算子 $V : X \to \ell^2(X)$ 为

$$Vx =: (x, Tx, T^2 x, \cdots),$$

则 V 有界且值域 $\mathcal{R}(V)$ 是闭集. 如果算子 $B : \ell^2(X) \to \ell^2(X)$ 定义为

$$B(x_0, x_1, x_2, x_3, \cdots) =: (x_1, x_2, x_3, \cdots),$$

则 $\mathcal{R}(V)$ 是 B 的不变子空间.

证明　当 $r(T) < 1$ 时, 考虑到 $r(T) = \lim_{n \to \infty} \|T^n\|^{\frac{1}{n}}$, 存在 $0 < \rho < 1$ 使得当 n 充分大时

$$\|T^n\| \leqslant \rho^n.$$

于是 $\sum_{n=0}^{\infty} \|T^n\|^2 < \infty$, 再由

$$\|Vx\|^2 \leqslant \|x\|^2 \sum_{n=0}^{\infty} \|T^n\|^2,$$

即得 V 是有界算子. 又因为

$$\|Vx\|^2 = \|x\|^2 + \|Tx\|^2 + \|T^2x\|^2 + \cdots \geqslant \|x\|^2,$$

即 V 是下方有界的, $\mathcal{R}(V)$ 是闭集. 对任意 $(x, Tx, T^2x, \cdots) \in \mathcal{R}(V)$, 有

$$B(x, Tx, T^2x, \cdots) = (Tx, T^2x, \cdots)$$
$$= VTx \in \mathcal{R}(V),$$

即 $\mathcal{R}(V)$ 是 B 的不变子空间. ∎

定理 1.3.4　设 T 是 Hilbert 空间 X 中的有界线性算子, 如果 $r(T) < 1$, 则存在可逆算子

$$S : X \to \mathcal{R}(V)$$

满足 $T = S^{-1}B|_{\mathcal{R}(V)}S$, 其中算子 B, V 的定义见引理 1.3.1.

证明　当 $r(T) < 1$ 时, 由引理 1.3.1 可知 $\mathcal{R}(V)$ 是闭集, 线性算子 $S : X \to \mathcal{R}(V)$ 定义为

$$Sx = Vx,$$

则 $S : X \to \mathcal{R}(V)$ 是双射, 从而可逆. 又因为对任意 $x \in X$, 有

$$STx = VTx = BVx = B|_{\mathcal{R}(V)}Sx,$$

即 $T = S^{-1}B|_{\mathcal{R}(V)}S$. ∎

定理 1.3.5(Hildebrandt 定理)　设 T 是 Hilbert 空间 X 中的有界线性算子, 则 $\text{Conv}(\sigma(T)) = \bigcap \{\overline{W(VTV^{-1})} : 0 \in \rho(V)\}$.

证明　只需证明 $\bigcap \{\overline{W(VTV^{-1})} : 0 \in \rho(V)\} \subset \text{Conv}(\sigma(T))$ 即可. 令 $\lambda \notin \text{Conv}(\sigma(T))$, 则考虑到 $\text{Conv}(\sigma(T))$ 是紧集, 存在一个开圆盘 $\triangle$, 使得

$$\text{Conv}(\sigma(T)) \subset \triangle, \quad \lambda \notin \overline{\triangle}.$$

其中 $\overline{\triangle}$ 表示 $\triangle$ 的闭包. 考虑到数值域和谱集的齐次性, 不妨设 $\triangle$ 是单位开圆盘, 则 $r(T) < 1$, 由定理 1.3.4 知, 存在可逆算子 S, 使得

$$STS^{-1} = B|_{\mathcal{R}(V)}.$$

从而有

$$\bigcap\{\overline{W(VTV^{-1})} : 0 \in \rho(V)\} \subset \overline{W(STS^{-1})} = \overline{W(B|_{\overline{\mathcal{R}(V)}})} \subset \overline{\triangle},$$

即 $\lambda \notin \bigcap\{\overline{W(VTV^{-1})} : 0 \in \rho(V)\}$. ∎

1.3.3　无界算子数值域的闭包与谱

对于无界线性算子而言, 关系式 $\sigma_p(T) \subset W(T), \sigma_{\mathrm{ap}}(T) \subset \overline{W(T)}$ 仍然成立, 但是关系式 $\sigma(T) \subset \overline{W(T)}$ 不一定成立. 比如, 定义线性算子

$$Tx(t) = \mathrm{i}x'(t),$$

其中

$$\mathcal{D}(T) = \{x(t) \in L^2[0, +\infty) : x(t) \text{ 局部绝对连续且 } x'(t) \in L^2[0, +\infty), x(0) = 0\},$$

则对任意 $x \in \mathcal{D}(T)$, 有

$$\begin{aligned}
(Tx, x) &= \int_0^\infty \mathrm{i}x'(t)\overline{x(t)}\mathrm{d}t \\
&= \mathrm{i}x(t)\overline{x(t)}|_0^\infty - \mathrm{i}\int_0^\infty x(t)\overline{x'(t)}\mathrm{d}t \\
&= \int_0^\infty x(t)\overline{\mathrm{i}x'(t)}\mathrm{d}t \\
&= (x, Tx).
\end{aligned}$$

这说明 T 是对称算子, 即 $W(T) \subset \mathcal{R}$.

另一方面, 经计算可得 $\sigma_p(T) = \varnothing, \sigma_c(T) = \{\lambda \in \mathbb{C} : \mathrm{Im}(\lambda) = 0\}, \sigma_r(T) = \{\lambda \in \mathbb{C} : \mathrm{Im}(\lambda) > 0\}$, 即

$$\sigma(T) = \{\lambda \in \mathbb{C} : \mathrm{Im}(\lambda) \geqslant 0\}.$$

显然, 关系式 $\sigma(T) \subset \overline{W(T)}$ 不成立.

下面将回答对无界线性算子数值域何时有谱包含关系成立的问题.

定理 1.3.6　设 T 是 Hilbert 空间 X 中稠定闭线性算子, 则 $\sigma(T) \subset \overline{W(T)}$ 成立当且仅当 $\sigma_{r,1}(T) \subset \overline{W(T)}$.

证明 当 $\sigma(T) \subset \overline{W(T)}$ 成立时, 考虑到 $\sigma_{r,1}(T) \subset \sigma(T)$, 关系式 $\sigma_{r,1}(T) \subset \overline{W(T)}$ 的证明是平凡的.

反之, $\sigma_{r,1}(T) \subset \overline{W(T)}$ 成立时, 为了证明谱包含关系式, 考虑到

$$\sigma(T) = \sigma_{r,1}(T) \bigcup \sigma_{\mathrm{ap}}(T),$$

其中 $\sigma_{\mathrm{ap}}(T)$ 表示近似点谱, 只需证明 $\sigma_{\mathrm{ap}}(T) \subset \overline{W(T)}$ 即可. 事实上, 令 $\lambda \in \sigma_{\mathrm{ap}}(T)$, 则存在 X 中的一个序列 $\{x_n\}_{n=1}^{\infty} \subset \mathscr{D}(T), \|x_n\| = 1, n = 1, 2, \cdots$, 使得 $n \to \infty$ 时

$$\|(T - \lambda)x_n\| \to 0.$$

进而得

$$(Tx_n, x_n) \to \lambda,$$

即 $\lambda \in \overline{W(T)}$. 综上所述, $\sigma(T) \subset \overline{W(T)}$ 成立. ∎

推论 1.3.2 设 T 是 Hilbert 空间 X 中的稠定闭线性算子, 如果 $\sigma_{p,1}(T^*) = \varnothing$, 则 $\sigma(T) \subset \overline{W(T)}$ 成立.

证明 当 $\sigma_{p,1}(T^*) = \varnothing$ 时, 考虑到

$$\lambda \in \sigma_{r,1}(T) \Leftrightarrow \overline{\lambda} \in \sigma_{p,1}(T^*),$$

即得 $\sigma_{r,1}(T) = \varnothing$. 于是由定理 1.3.6 可知 $\sigma(T) \subset \overline{W(T)}$ 成立. ∎

推论 1.3.3 设 T 是 Hilbert 空间 X 中的稠定闭线性算子, 如果 T^* 是形式亚正规算子 (即 $\mathscr{D}(T^*) \subset \mathscr{D}(T), T^*T \leqslant TT^*$), 则 $\sigma(T) \subset \overline{W(T)}$ 成立.

证明 如果 T^* 是形式亚正规算子, 则 $\sigma_r(T) = \varnothing$, 即 $\sigma_{r,1}(T) = \varnothing$. 于是由定理 1.3.6 可知 $\sigma(T) \subset \overline{W(T)}$ 成立. ∎

推论 1.3.4 设 T 是 Hilbert 空间 X 中的稠定闭线性算子, 如果 $\mathscr{D}(T^*) \subset \mathscr{D}(T)$, 则 $\sigma(T) \subset \overline{W(T)}$ 成立.

证明 不妨设 $\sigma_{r,1}(T) \neq \varnothing$, 则对任意 $\lambda \in \sigma_{r,1}(T)$ 有 $\overline{\lambda} \in \sigma_{p,1}(T^*)$, 从而 $\overline{\lambda} \in W(T^*)$. 于是, 存在 $x \in \mathscr{D}(T^*), \|x\| = 1$ 使得 $(T^*x, x) = \overline{\lambda}$, 即 $(x, T^*x) = \lambda$. 因为 $\mathscr{D}(T^*) \subset \mathscr{D}(T)$, 于是有 $(Tx, x) = \lambda$, 即 $\lambda \in W(T)$. 由定理 1.3.6 可知 $\sigma(T) \subset \overline{W(T)}$ 成立. ∎

对于 Hilbert 空间中一般有界 (或无界) 线性算子 T, S, 通过点谱 $\sigma_p(T), \sigma_p(S)$ 很难刻画 $\sigma_p(T + S)$ 的信息. 只是对一些特殊的算子, 比如 T, S 是有界自伴算子, 则有 $\max \sigma_p(T + S) \leqslant \max \sigma_p(T) + \max \sigma_p(S)$. 然而, 通过 $W(T) + W(S)$ 可以刻画 $\sigma_p(T + S)$.

定理 1.3.7 设 T, S 是 Hilbert 空间 X 中的线性算子 (不一定有界), 则 $\sigma_p(T + S) \subset W(T) + W(S)$.

证明　不妨设 $\sigma_p(T+S) \neq \varnothing$, 则对任意 $\lambda \in \sigma_p(T+S)$ 有 $\lambda \in W(T+S)$. 又因为

$$W(T+S) \subset W(T) + W(S),$$

于是有 $\sigma_p(T+S) \subset W(T) + W(S)$. ∎

运用线性算子近似点谱和数值域的关系, 同理可证如下推论.

推论 1.3.5　设 T, S 是 Hilbert 空间 X 中稠定闭线性算子, 则 $\sigma_{\mathrm{ap}}(T+S) \subset \overline{W(T) + W(S)}$.

1.4　数值域边界及内点

1.4.1　数值域边界

由于线性算子数值域 $W(T)$ 是凸子集, 自然可以提出的一个重要问题是: 哪些点位于数值域边界? 于是这一节我们将讨论数值域的边界点 ($\partial W(T)$) 和内点 ($\mathrm{Int} W(T)$) 的一些性质.

引理 1.4.1　设 T 是 Hilbert 空间 X 上的有界线性算子, $z \in \partial W(T)$, 则 $\mathbb{N}(T-zI) = \mathbb{N}(T^* - \overline{z}I)$.

证明　由于数值域满足 $W(\alpha T + \beta I) = \alpha W(T) + \beta, \alpha, \beta \in \mathbb{C}$, 所以不妨设 $z = 0$ 且 $\mathrm{Re}(T) = \dfrac{T + T^*}{2} \geqslant 0$, 则对任意 $f \in \mathbb{N}(T)$, 由 $T = \dfrac{T + T^*}{2} + \mathrm{i}\dfrac{T - T^*}{2\mathrm{i}}$, 即得

$$(\mathrm{Re}(T)f, f) = 0,$$

再考虑到 $\mathrm{Re}(T) \geqslant 0$ 得 $\mathrm{Re}(T)f = 0$, $f \in \mathbb{N}(T^*)$, 即 $\mathbb{N}(T) \subset \mathbb{N}(T^*)$. 同理可证 $\mathbb{N}(T^*) \subset \mathbb{N}(T)$. 结论证毕. ∎

推论 1.4.1　设 T 是 Hilbert 空间 X 上的有界线性算子, $z \in \partial W(T) \cap \sigma(T)$, 则 $z \in \sigma_{p,3}(T) \cup \sigma_{p,4}(T) \cup \sigma_c(T)$.

证明　由引理 1.4.1 知 $\mathbb{N}(T-zI) = \mathbb{N}(T^* - \overline{z}I)$, 故 $z \notin \sigma_r(T)$ 且 $z \notin \sigma_{p,1}(T) \cup \sigma_{p,2}(T)$. 于是 $z \in \sigma_{p,3}(T) \cup \sigma_{p,4}(T) \cup \sigma_c(T)$. ∎

推论 1.4.2　如果 $z_1 \in \partial W(T)$ 是 T 的一个特征值, 其对应的特征向量为 f, 令 $z \in \sigma_p(T), z \neq z_1$ 且对应的特征向量为 g, 则 $(g, f) = 0$.

证明　由引理 1.4.1 知 $\mathbb{N}(T - z_1 I) = \mathbb{N}(T^* - \overline{z_1}I)$, 故 $(T^* - \overline{z_1}I)f = 0$. 于是有

$$(Tg, f) = (g, T^* f) = z_1(g, f).$$

另一方面, 由 $Tg = zg$ 可知

$$(Tg, f) = z(g, f).$$

考虑到 $z \neq z_1$, 即得 $(g, f) = 0$. ∎

推论 1.4.3　如果 $z \in W(T)$ 满足 $|z| = \|T\|$, 则 $z \in \sigma_{p,3}(T) \cup \sigma_{p,4}(T)$ 且 $\bar{z} \in \sigma_{p,3}(T^*) \cup \sigma_{p,4}(T^*)$.

证明　由定理 1.3.2 可知, $z \in \sigma_p(T)$. 又因为 $|z| = \|T\|$, 故 $z \in \partial W(T)$, 由引理 1.4.1 知 $z \in \sigma_{p,3}(T) \cup \sigma_{p,4}(T)$ 且 $\bar{z} \in \sigma_{p,3}(T^*) \cup \sigma_{p,3}(T^*)$. ∎

定理 1.4.1　设 T 是 Hilbert 空间 X 中有界线性算子, $z \in \partial W(T) \cap W(T)$, 则存在实数 θ, 使得 $\mathrm{Re}(e^{i\theta} z)$ 是 $\mathrm{Re}(e^{i\theta} T)$ 的特征值.

证明　因为 $z \in W(T)$, 存在 $\|x\| = 1$, 使得 $(Tx, x) = z$. 又因为 $z \in \partial W(T)$, 过 z 的支撑线不妨设为虚轴且 $W(T)$ 位于右半平面, 即 $\mathrm{Re}(z) = 0$, 则

$$\mathrm{Re}(T) = \frac{T + T^*}{2} \geqslant 0.$$

考虑到

$$\mathrm{Re}(Tx, x) = \left(\frac{T + T^*}{2} x, x \right) = 0,$$

即得 $\mathrm{Re}(T)x = 0 = \mathrm{Re}(z)x$, $\mathrm{Re}(z)$ 是 $\mathrm{Re}(T)$ 的特征值 (这里 $\theta = 0$). ∎

为了进一步研究数值域边界点, 下面引进极点的概念.

定义 1.4.1　z 称为复平面上点集 S 的极点, 如果 $z \in S$ 且存在一个闭半平面使得除了 z 以外不含 S 的其他点. S 的全体极点记为 $\mathrm{Ex}(S)$.

注 1.4.1　极点显然是边界点, 而且存在通过该点的一个支撑线使得集合完全位于支撑线一侧[13−16]. 比如, 单位圆盘的全体边界点均是极点, 每个切线均是支撑线.

定理 1.4.2　如果 z 是 $W(T)$ 的一个极点且 $W(T)$ 的边界在 z 点处不可微, 则 $z \in \sigma_{p,3}(T) \cup \sigma_{p,4}(T)$.

证明　不妨设 $z = 0$, $\mathrm{Re}(T) \geqslant 0$ 且支撑线 L 就是虚轴. 由 $0 \in W(T)$ 可知存在 $\|f\| = 1$ 使得 $(Tf, f) = 0$. 令 $Tf \neq 0$ 且 $N = \mathrm{Span}\{Tf, f\}$, P 是 N 上的正交投影, 则由例 1.1.3 知, $W(PTP)$ 是椭圆或线段. 因为 0 是 $W(T)$ 的边界点, 从而也是 $W(PTP)$ 的边界点且不可微, 故 $W(PTP)$ 不可能是椭圆, 只能是一个线段, 且端点是特征值, 故 $0 \in \sigma_p(T)$. 再由引理 1.4.1 知 $z \in \sigma_{p,3}(T) \cup \sigma_{p,4}(T)$. ∎

注 1.4.2　一般情况下极点不一定是特征值. 比如, 令

$$T = \begin{bmatrix} 0 & I \\ 0 & 0 \end{bmatrix},$$

则 $W(T) = \left\{ \lambda \in \mathbb{C} : |\lambda| \leqslant \dfrac{1}{2} \right\}$ 且 $\sigma(T) = \sigma_p(T) = \{0\}$. 然而, $\mathrm{Ex}(W(T)) = \partial W(T) = \left\{ \lambda \in \mathbb{C} : |\lambda| = \dfrac{1}{2} \right\}$ 属于正则点.

此时, 自然产生一个疑问, 什么样的边界点是极点呢? 为了回答这个问题, 对 $z \in \mathbb{C}$, 定义空间 X 中子集

$$M_z = \{x : (Tx, x) = z\|x\|^2\}.$$

容易证明 M_z 有下列性质:

(i) M_z 是 X 中的闭子集, 但不一定是线性子空间;

(ii) M_z 是齐次的, 即 $x \in M_z$ 当且仅当 $\alpha x \in M_z, 0 \neq \alpha \in \mathbb{C}$;

(iii) 如果 $z_1 \neq z_2$, 则 $M_{z_1} \cap M_{z_2} = \{0\}$.

定理 1.4.3　如果 $z \in W(T)$ 是 $W(T)$ 的一个极点, 则

(i) M_z 是一个线性子空间;

(ii) $M_z = \mathbb{N}(\mathrm{Im}(\mathrm{e}^{-\mathrm{i}\theta_z}(T - zI)))$, 其中 θ_z 是 $W(T)$ 在 z 处支撑线的倾斜角.

证明　(i) 不妨设 $\mathrm{Re}(T) \geqslant 0$ 且 $z = 0$ 是 $W(T)$ 的一个极点而虚轴是支撑线. 考虑到 M_0 的齐次性, 为了证明 M_0 是一个线性子空间, 只需证明当 $x, y \in M_0$ 时 $x + y \in M_0$ 即可. 由于 $T = \dfrac{T + T^*}{2} + \mathrm{i}\dfrac{T - T^*}{2\mathrm{i}}$ 且 $(Tx, x) = 0$, 故

$$\left(\frac{T + T^*}{2}x, x\right) = 0.$$

由 $\mathrm{Re}(T) \geqslant 0$ 知 $\dfrac{T + T^*}{2}x = 0$, 即 $Tx = -T^*x$. 又因为

$$
\begin{aligned}
(T(x + y), x + y) &= (Tx, x) + (Ty, x) + (Tx, y) + (Ty, y) \\
&= (Ty, x) + (Tx, y) \\
&= (Ty, x) - (T^*x, y) \\
&= (Ty, x) - \overline{(Ty, x)} \in \mathrm{i}\mathbb{R}.
\end{aligned}
$$

因为 $z = 0$ 是 $W(T)$ 的一个极点且虚轴是支撑线, $W(T) \cap \mathrm{i}\mathbb{R} = \{0\}$, 故 $(T(x + y), x + y) = 0$, 即 $x + y \in M_0$.

(ii) 令 $\mathrm{e}^{-\mathrm{i}\theta_z}(T - zI) = A + \mathrm{i}B$, 则考虑到 θ_z 是 $W(T)$ 在 z 处支撑线的倾斜角, 必有 $B \geqslant 0$ 或 $B \leqslant 0$. 不妨设 $B \geqslant 0$, 当 $x \in M_z$ 时 $((T - zI)x, x) = 0$, 故 $(\mathrm{e}^{-\mathrm{i}\theta}(T - zI)x, x) = 0$, 即

$$(Ax, x) + \mathrm{i}(Bx, x) = 0.$$

从而 $(Bx, x) = 0$. 再考虑到 $B \geqslant 0$, 即得 $Bx = 0$, 即 $x \in \mathbb{N}(\mathrm{Im}(\mathrm{e}^{-\mathrm{i}\theta_z}(T - zI)))$.

另一方面, 当 $x \in \mathbb{N}(\mathrm{Im}(\mathrm{e}^{-\mathrm{i}\theta_z}(T - zI)))$ 时, 假定 $(Ax, x) \neq 0$, 则 $((A + \mathrm{i}B)x, x) = (Ax, x)$ 是一个非零实数且是 $W(\mathrm{Im}(\mathrm{e}^{-\mathrm{i}\theta_z}(T - zI)))$ 的极点. 又因为, 当 z 是 $W(T)$ 的一个极点时, 0 是 $W(\mathrm{Im}(\mathrm{e}^{-\mathrm{i}\theta_z}(T - zI)))$ 的极点且实轴是一个支撑线, 这与极点定义矛盾. 于是 $(Ax, x) = 0$, 即 $M_z = \mathbb{N}(\mathrm{Im}(\mathrm{e}^{-\mathrm{i}\theta_z}(T - zI)))$. ∎

定理 1.4.4 如果 $z \in W(T)$ 且 M_z 是全空间 X 的一个线性子空间, 则 z 是 $W(T)$ 的一个极点.

证明 假定 z 不是 $W(T)$ 的极点, 则存在 $a, b \in W(T)(a \neq z, b \neq z)$ 使得连接 a 和 b 的线段包含于 $W(T)$ 且 z 位于该线段上. 不妨设 $a, b \in \mathbb{R}$ 且 $(Tx, x) = a, (Ty, y) = b$, 其中 $\|x\| = \|y\| = 1$. 对任意 $t \in [0, 1]$, 令

$$u(t) = tx + (1-t)\lambda y,$$

其中 $\lambda \in \mathbb{C}$ 满足 $|\lambda| = 1$ 且 $\lambda(Ty, x) + \overline{\lambda}(Tx, y) = 0$, 则

$$(Tu(t), u(t)) = at^2 + b(1-t)^2.$$

构造 $[0, 1]$ 上的实值连续函数 $f(t) = \left(T\dfrac{u(t)}{\|u(t)\|}, \dfrac{u(t)}{\|u(t)\|} \right)$, 则 $f(0) = b, f(1) = a$, 于是存在 $t_1 \in (0, 1)$ 使得 $f(t_1) = z$, 即 $u(t_1) = t_1 x + (1-t_1)\lambda y \in M_z$. 同理, 对任意 $t \in [0, 1]$, 令

$$v(t) = tx - (1-t)\lambda y,$$

其中 $\lambda \in \mathbb{C}$ 满足 $|\lambda| = 1$ 且 $\lambda(Ty, x) + \overline{\lambda}(Tx, y) = 0$, 则

$$(Tv(t), v(t)) = at^2 + b(1-t)^2.$$

令 $g(t) = \left(T\dfrac{v(t)}{\|v(t)\|}, \dfrac{v(t)}{\|v(t)\|} \right)$, 则 $f(0) = b, f(1) = a$, 于是存在 $t_2 \in (0, 1)$ 使得 $f(t_2) = z$, 即 $v(t_2) = t_2 x - (1-t_2)\lambda y \in M_z$. 因为 M_z 是线性子空间, 且

$$\frac{t_2 - 1}{2t_1 t_2 - t_1 - t_2} u(t_1) + \frac{t_1 - 1}{2t_1 t_2 - t_1 - t_2} v(t_2) = x.$$

于是 $x \in M_z$, 这与 $a \neq z$ 矛盾. 故 z 是 $W(T)$ 的极点. ∎

定理 1.4.5 如果 $z \in \partial W(T)$ 且不是 $W(T)$ 的极点, L 是通过 z 的支撑线, 则

$$N = \cup \{M_\alpha : \alpha \in L\}$$

是一个闭线性子空间且 $\text{Span}\{M_z\} = N$; $N = X$ 当且仅当 $W(T) \subset L$.

证明 不妨设 $z = 0$, $\text{Re}(T) \geqslant 0$ 且支撑线 L 就是虚轴, 则对任意 $x \in N$ 存在 $z_1 \in L$, 使得

$$(\text{Re}(T)x, x) + \text{i}(\text{Im}(T)x, x) = z_1(x, x).$$

因为 $z_1 \in L$ 是纯虚数, 故 $(\text{Re}(T)x, x) = 0$, 即 $N \subset \{x : \text{Re}(T)x = 0\}$. 另一方面, 当 $\text{Re}(T)x = 0, x \neq 0$ 时, 取 $z_1 = \text{i}\dfrac{(\text{Im}(T)x, x)}{(x, x)} \in L$, 则有

$$(\text{Re}(T)x, x) + \text{i}(\text{Im}(T)x, x) = z_1(x, x),$$

即 $\{x : \mathrm{Re}(T)x = 0\} \subset N$. 从而

$$N = \{x : \mathrm{Re}(T)x = 0\}.$$

显然, 有界线性算子 $\mathrm{Re}(T)$ 的零空间是闭线性子空间, 于是 N 是闭线性子空间. 又因为 $N = X$ 当且仅当 $\mathrm{Re}(T)X = 0$, 即 $T = -T^*$, 也就是说 $W(T) \subset L$.

由于 $M_0 \subset N$ 且 N 是闭线性子空间, 于是 $\mathrm{Span}\{M_0\} \subset N$ 是显然的. 反之, 对任意 $M_{\alpha_1}, M_{\alpha_2} \in N, \alpha_1, \alpha_2 \in L$, 设 $(Tx, x) = \alpha_1, (Ty, y) = \alpha_2$ 且 0 位于 α_1, α_2 连接成的线段上, 其中 $\|x\| = \|y\| = 1$. 对任意 $t \in [0, 1]$, 令

$$u(t) = tx + (1-t)\lambda y,$$

其中 $\lambda \in \mathbb{C}$ 满足 $|\lambda| = 1$ 且 $\lambda(Ty, x) + \bar{\lambda}(Tx, y) = 0$, 则

$$(Tu(t), u(t)) = \alpha_1 t^2 + \alpha_2 (1-t)^2.$$

构造 $[0, 1]$ 上的连续函数 $f(t) = \left(T \dfrac{u(t)}{\|u(t)\|}, \dfrac{u(t)}{\|u(t)\|} \right)$, 则 $f(0) = \alpha_2, f(1) = \alpha_1$, 于是存在 $t_1 \in (0, 1)$ 使得 $f(t_1) = 0$, 即 $u(t_1) = t_1 x + (1 - t_1)\lambda y \in M_0$. 同理, 对任意 $t \in [0, 1]$, 令

$$v(t) = tx - (1-t)\lambda y,$$

其中 $\lambda \in \mathbb{C}$ 满足 $|\lambda| = 1$ 且 $\lambda(Ty, x) + \bar{\lambda}(Tx, y) = 0$, 则

$$(Tv(t), v(t)) = \alpha_1 t^2 + \alpha_2 (1-t)^2.$$

令 $g(t) = \left(T \dfrac{v(t)}{\|v(t)\|}, \dfrac{v(t)}{\|v(t)\|} \right)$, 则 $f(0) = \alpha_2, f(1) = \alpha_1$, 于是存在 $t_2 \in (0, 1)$ 使得 $f(t_2) = 0$, 即 $v(t_2) = t_2 x - (1 - t_2)\lambda y \in M_z$. 因为

$$\frac{t_2 - 1}{2t_1 t_2 - t_1 - t_2} u(t_1) + \frac{t_1 - 1}{2t_1 t_2 - t_1 - t_2} v(t_2) = x,$$

即

$$M_{\alpha_1} \subset M_0 + M_0 \subset \mathrm{Span}\{M_0\}.$$

同理可得 $M_{\alpha_2} \subset M_0 + M_0 \subset \mathrm{Span}\{M_0\}$. 于是 $\mathrm{Span}\{M_z\} = N$. ∎

根据定理 1.4.5 的证明过程易得如下推论.

推论 1.4.4   如果 $z_1, z_2 \in W(T)$ 且 z 位于 z_1, z_2 连接的线段上, 则 $M_{z_1}, M_{z_2} \subset M_z + M_z$.

推论 1.4.5   令 $z \in W(T)$ 且 $\mathrm{Int} W(T) \neq \varnothing$, 则 $z \notin \mathrm{Int} W(T)$ 蕴涵 $\bigcup \{M_\alpha : \alpha \in L\} \neq X$, 其中 L 是 z 点处 $W(T)$ 的支撑线.

证明 当 $z \notin \text{Int} W(T)$ 时, $z \in \text{Ex}(W(T))$ 或者 $z \notin \text{Ex}(W(T))$ 但 $z \in \partial W(T)$. 如果 $z \in \text{Ex}(W(T))$, 则

$$L \bigcap W(T) = \{z\},$$

即 $\bigcup \{M_\alpha : \alpha \in L\} = M_z$. 假定 $\bigcup \{M_\alpha : \alpha \subset L\} = X$, 则

$$M_z = X,$$

即 $W(T) = \{z\}$. 这与 $\text{Int} W(T) \neq \varnothing$ 矛盾. 如果 $z \notin \text{Ex}(W(T))$ 且 $z \in \partial W(T)$, 假定 $\bigcup \{M_\alpha : \alpha \in L\} = X$, 则由定理 1.4.5 知 $W(T) \subset L$, 这又与 $\text{Int} W(T) \neq \varnothing$ 矛盾. 于是, $z \notin \text{Int} W(T)$ 时 $\bigcup \{M_\alpha : \alpha \in L\} \neq X$. ∎

上述结果均是在 $z \in W(T)$ 的前提下得到的, 如果把条件弱化为 $z \in \overline{W(T)}$, 则可以得到更广泛的结果.

定义 1.4.2 z 称为复平面上点集 S 的角点, 如果 $z \in \overline{S}$ 且存在一个以 z 为顶点、半顶角小于 $\frac{\pi}{2}$ 的半锥包含集合 S.

注 1.4.3 角点显然是边界点, 如果角点属于该集合则也是极点, 而且存在通过该点的两个相交的支撑线使得集合完全位于两个支撑线所包围的区域.

定理 1.4.6 如果 $z \in W(T)$ 是 $W(T)$ 的一个角点, 则 $z \in \sigma_p(T)$ 且 $\overline{z} \in \sigma_p(T^*)$.

证明 不妨设 $z = 0$, $\text{Re}(T) \geqslant 0$ 且支撑线 L 就是虚轴. 由 $0 \in W(T)$ 可知, 存在 $\|f\| = 1$ 使得 $(Tf, f) = 0$. 令 $N = \text{Span}\{Tf, f\}$, P 是 N 上的正交投影, 则 $W(PTP)$ 是椭圆或线段. 因为 $0 \in W(T)$ 是 $W(T)$ 的一个角点, 从而也是 $W(PTP)$ 的角点, 故 $W(PTP)$ 不可能是椭圆, 只能是一个线段, 且端点是特征值, 故 $0 \in \sigma_p(T)$. 又因为 0 是 $W(T)$ 的边界点, 故由引理 1.4.1 可知 $\mathbb{N}(T) = \mathbb{N}(T^*)$, 于是 $0 \in \sigma_p(T^*)$. ∎

推论 1.4.6 如果 $z \in \overline{W(T)}$ 是 $\overline{W(T)}$ 的一个角点, 则 $z \in \sigma_{\text{ap}}(T)$.

证明 由 [17] 可知存在另一个更大的空间 K 和 T 的扩张 $\tilde{T}$ 使得 $\sigma_{\text{ap}}(T) = \sigma_p(\tilde{T})$. 从而结论得证. ∎

下列结论说明, 当数值域边界点属于数值域时, 算子的实部 (或虚部) 可表示成对角分块算子的形式[18].

定理 1.4.7 设 T 是 Hilbert 空间 X 中的有界线性算子, $z \in \partial W(T)$, 则 $z \in W(T)$ 蕴涵存在 $\theta \in [-\pi, \pi]$ 和闭子空间 M_z, 使得在空间分解 $X = M_z \oplus M_z^\perp$ 下的分块算子

$$T = \begin{bmatrix} T_{11} & T_{12} \\ T_{21} & T_{22} \end{bmatrix}$$

满足 $e^{i\theta}T_{11} - e^{-i\theta}T_{11}^* = 2i\mathrm{Im}(e^{i\theta})z$, $e^{i\theta}T_{12} - e^{-i\theta}T_{21}^* = 0$ 且 $e^{i\theta}T_{21} - e^{-i\theta}T_{12}^* = 0$, 即

$$\mathrm{Im}(e^{i\theta}T) = \begin{bmatrix} \mathrm{Im}(e^{i\theta}z)I_z & 0 \\ 0 & \mathrm{Im}(e^{i\theta}T_{22}) \end{bmatrix},$$

其中 I_z 是空间 M_z 上的单位算子且 $\mathrm{Im}(e^{i\theta}z) \notin W(\mathrm{Im}(e^{i\theta}T_{22}))$.

证明　当 $z \in \partial W(T)$ 时, 存在 $\theta \in [-\pi,\pi]$ 使得 $\mathrm{Im}(e^{i\theta}T) \geqslant \mathrm{Im}(e^{i\theta}z)$. 又由 $z \in W(T)$ 知 $e^{i\theta}z \in W(e^{i\theta}T)$.

当 z 是 $W(T)$ 的极点时, $\mathrm{Im}(e^{i\theta}z)$ 是 $W(\mathrm{Im}(e^{i\theta}T))$ 的极点, 令

$$M_z = \{x : (\mathrm{Im}(e^{i\theta}T)x, x) = \mathrm{Im}(e^{i\theta}z)\|x\|^2\},$$

则由定理 1.4.3 知, $M_z = \mathbb{N}(\mathrm{Im}(e^{i\theta}T) - \mathrm{Im}(e^{i\theta}z))$ 是闭线性子空间, 并且在空间分解 $X = M_z \oplus M_z^\perp$ 下算子 $\mathrm{Im}(e^{i\theta}T)$ 满足

$$\mathrm{Im}(e^{i\theta}T) = \begin{bmatrix} \mathrm{Im}(e^{i\theta}z)I_z & 0 \\ 0 & \mathrm{Im}(e^{i\theta}T_{22}) \end{bmatrix}.$$

从而, 在空间分解 $X = M_z \oplus M_z^\perp$ 下, 令

$$T = \begin{bmatrix} T_{11} & T_{12} \\ T_{21} & T_{22} \end{bmatrix},$$

则

$$\mathrm{Im}(e^{i\theta}T) = \begin{bmatrix} \dfrac{e^{i\theta}T_{11} - e^{-i\theta}T_{11}^*}{2i} & \dfrac{e^{i\theta}T_{12} - e^{-i\theta}T_{21}^*}{2i} \\ \dfrac{e^{i\theta}T_{21} - e^{-i\theta}T_{12}^*}{2i} & \dfrac{e^{i\theta}T_{22} - e^{-i\theta}T_{22}^*}{2i} \end{bmatrix} : M_z \oplus M_z^\perp \to M_z \oplus M_z^\perp.$$

于是 $e^{i\theta}T_{11} - e^{-i\theta}T_{11}^* = 2i\mathrm{Im}(e^{i\theta})z$, $e^{i\theta}T_{12} - e^{-i\theta}T_{21}^* = 0$ 且 $e^{i\theta}T_{21} - e^{-i\theta}T_{12}^* = 0$. 由 $M_z \cap M_z^\perp = \{0\}$, $\mathrm{Im}(e^{i\theta}z) \notin W(\mathrm{Im}(e^{i\theta}T_{22}))$ 的证明是显然的.

当 z 是 $W(T)$ 的非极点的边界时, $\mathrm{Im}(e^{i\theta}z)$ 是 $W(\mathrm{Im}(e^{i\theta}T))$ 的边界, 可能是极点也可能是非极点, 令

$$M_z = \cup\{x : (e^{i\theta}Tx, x) = \alpha(x, x), \alpha \in L\},$$

其中 L 是过 $\mathrm{Im}(e^{i\theta}z)$ 的 $W(\mathrm{Im}(e^{i\theta}T))$ 的支撑线 (事实上, L 与实轴平行), 则由定理 1.4.5 可知 $M_z = \mathbb{N}(\mathrm{Im}(e^{i\theta}T) - \mathrm{Im}(e^{i\theta}z))$, 于是结论同理可证. ∎

类似地, 可以得到下列结论.

定理 1.4.8　设 T 是 Hilbert 空间 X 中的有界线性算子, $z \in \partial W(T)$, 则 $z \in W(T)$ 蕴涵存在 $\theta \in [-\pi,\pi]$ 和闭子空间 M_z, 使得在空间分解 $X = M_z \oplus M_z^\perp$ 下的分块算子

$$T = \begin{bmatrix} T_{11} & T_{12} \\ T_{21} & T_{22} \end{bmatrix}$$

满足 $\mathrm{e}^{\mathrm{i}\theta}T_{11} + \mathrm{e}^{-\mathrm{i}\theta}T_{11}^* = 2\mathrm{Re}(\mathrm{e}^{\mathrm{i}\theta})z$, $\mathrm{e}^{\mathrm{i}\theta}T_{12} + \mathrm{e}^{-\mathrm{i}\theta}T_{21}^* = 0$ 且 $\mathrm{e}^{\mathrm{i}\theta}T_{21} + \mathrm{e}^{-\mathrm{i}\theta}T_{12}^* = 0$, 即 $\mathrm{Re}(\mathrm{e}^{\mathrm{i}\theta}T)$ 具有如下分块形式

$$\mathrm{Re}(\mathrm{e}^{\mathrm{i}\theta}T) = \left[\begin{array}{cc} \mathrm{Re}(\mathrm{e}^{\mathrm{i}\theta}z)I_z & 0 \\ 0 & \mathrm{Re}(\mathrm{e}^{\mathrm{i}\theta}T_{22}) \end{array} \right],$$

其中 I_z 是空间 M_z 上的单位算子且 $\mathrm{Re}(\mathrm{e}^{\mathrm{i}\theta}z) \notin W(\mathrm{Re}(\mathrm{e}^{\mathrm{i}\theta}T_{22}))$.

注 1.4.4 上述结论反之不一定成立. 比如, 令 $T = \left[\begin{array}{ccccc} \mathrm{i} & & & & \\ & 1+\mathrm{i} & & & \\ & & 1-\mathrm{i} & & \\ & & & \dfrac{1}{2}-\mathrm{i} & \\ & & & & \ddots \end{array} \right],$

则 $z = -\mathrm{i}$ 是 $W(T)$ 的边界点且满足

$$\mathrm{Re}(T) = \left[\begin{array}{cc} 0 & 0 \\ 0 & \mathrm{Re}(T_{22}) \end{array} \right],$$

其中 $\theta = 0$, 显然 $\mathrm{Re}(z) = 0 \notin W(\mathrm{Re}(T_{22}))$, 但是 $-\mathrm{i} \notin W(T)$.

1.4.2　特征子空间与数值域的内点

一个特征值 z 有两种特征子空间: 一种叫做几何特征子空间, 即

$$\mathbb{N}(T - zI) = \{x : (T - zI)x = 0\}.$$

几何特征子空间的维数称为几何重数; 另一种叫做代数特征子空间, 即

$$\mathfrak{L}_z(T) = \{x : (T - zI)^{\lambda_z}x = 0\},$$

其中 λ_z 是某个自然数, 代数特征子空间的维数称为代数重数. 值得注意的是, 代数特征子空间还可以通过 Riesz 映射 $P = \dfrac{1}{2\pi\mathrm{i}} \int_\Gamma (T - \lambda)\mathrm{d}\lambda$ 的值域来定义, 具体见文献 [19] 的相关内容. 接下来, 我们将要讨论两种特征子空间与数值域的边界及内点之间的关系.

定义 1.4.3 设 T 是 Hilbert 空间 X 中的有界线性算子, M 是 X 的一个闭子空间, 如果

$$X = M_1 \oplus M_2,$$

且 M_1 和 M_2 均是 T 的不变子空间, 则称 M_1, M_2 约化算子 T; 如果 $\mathbb{N}(T-zI)$, $\mathbb{N}(T-zI)^\perp$ 约化 T, 则称 z 是正则特征值; 如果一个正则特征值是孤立的且几何重数和代数重数相等, 则称它为正则孤立特征值.

注 1.4.5　代数特征子空间是由特征向量和广义特征向量组成的, 所以代数重数不会小于几何重数. 如果 T 的零链长 (即使得 $\mathbb{N}(T^k) = \mathbb{N}(T^{k+1})$ 成立的最小正整数) 等于 1, 则代数重数和几何重数相等, 也就是说几何特征子空间与代数特征子空间重叠.

引理 1.4.2　令 T 是 Hilbert 空间 X 中的稠定闭线性算子, 对任意 $u \in \mathbb{N}(T)$, 存在 $v \in N((T^*)^k)$ 使得 $(u, v) \neq 0$, 则 T 的零链长不超过 $k + 1$. 如果 $k = 1$, 则 T 的零链长为 1.

证明　假定 T 的零链长为 $k + 1$, 则存在 $u_0 \in X$, 使得

$$T^{k+1}u_0 = 0, \quad T^k u_0 \neq 0.$$

于是 $T^k u_0 \in \mathbb{N}(T)$. 根据给定条件, 存在 $v \in \mathbb{N}((T^*)^k)$ 使得 $(T^k u_0, v) \neq 0$, 也就是说, $(u_0, (T^*)^k v) \neq 0$, 这与 $(T^*)^k v = 0$ 矛盾. 因此, T 的零链长不超过 $k + 1$. ∎

定理 1.4.9　设 T 是 Hilbert 空间 X 上的有界线性算子且 $z \in \sigma(T)$, 则必有下列情形之一:

(i) z 属于 $W(T)$ 的内点, 即 $z \in \mathrm{Int} W(T)$, 其中 $\mathrm{Int} G$ 表示集合 G 的全体内点组成的集合;

(ii) z 是 T 的正则孤立特征值;

(iii) $\mathcal{R}(T - zI)$ 不闭.

证明　不妨设 $z = 0$ 且假定 (i) 和 (iii) 均不成立. 如果 0 不是 $W(T)$ 的内点, 则由数值域的谱包含性质得 $0 \in \partial W(T)$. 于是, 由引理 1.4.1 知 $\mathbb{N}(T) = \mathbb{N}(T^*)$. 又因为 $0 \in \sigma(T)$ 且 $\mathcal{R}(T)$ 闭, 易得 $\mathbb{N}(T) \neq \{0\}$ 或者 $\mathbb{N}(T^*) \neq \{0\}$, 即 $\mathbb{N}(T) = \mathbb{N}(T^*) \neq \{0\}$ 且 $\mathbb{N}(T)$ 和 $\mathbb{N}(T)^\perp = \mathbb{N}(T^*)^\perp = \mathcal{R}(T)$ 约化 T, 于是 0 是 T 的正则特征值. 再由 $\mathbb{N}(T) = \mathbb{N}(T^*)$ 和引理 1.4.2, 容易证明 T 的代数重数和几何重数相等.

下面证明 z 是孤立的. 由于 $\mathbb{N}(T) = \mathbb{N}(T^*) = \mathcal{R}(T)^\perp$, 在分解 $X = \mathbb{N}(T) \oplus \mathcal{R}(T)$ 下 T 可表示成

$$T = \begin{bmatrix} 0 & 0 \\ 0 & T_1 \end{bmatrix},$$

其中 $T_1 : \mathcal{R}(T) = \mathbb{N}(T)^\perp \to \mathcal{R}(T)$ 是双射, 故可逆. 由于正则集是开集, 当 ε 充分小时, 对任意 $z \in \{z : 0 < |z| < \varepsilon\}$ 都有 $z \in \rho(T)$, 也就是说零是孤立特征值. 结论证毕. ∎

第 2 章　Hilbert 空间中有界线性算子数值半径

2.1　数值半径的定义

据我们所知, 有界线性算子谱半径是刻画线性算子谱集分布范围的有力工具. 类似于有界线性算子的谱半径, 还可以定义刻画有界线性算子数值域分布范围的数值半径.

定义 2.1.1　设 T 是 Hilbert 空间 X 中的有界线性算子, 数值半径 $w(T)$ 定义为

$$w(T) = \sup\{|\lambda| : \lambda \in W(T)\}.$$

容易证明, 对任意 $x \in X$ 有 $|(Tx, x)| \leqslant w(T)\|x\|^2$. 因此, 数值半径描述的是圆心在原点且包含数值域闭包的最小圆的半径. 不仅如此, 数值半径在双曲型初值问题的有限差分近似解的稳定理论领域也具有重要应用. 比如, 考虑双曲型初值问题

$$\begin{cases} u_t = Au_x + Bu_y, & -\infty < x < +\infty, -\infty < y < +\infty, t \geqslant 0, \\ u(x, y, 0) = f(x, y) \in L^2(-\infty, +\infty), & -\infty < x < +\infty, -\infty < y < +\infty, \end{cases}$$

$$(2.1.1)$$

其中系数矩阵 A, B 是 $n \times n$ 厄米特矩阵. 为了运用有限元差分方法求解系统 (2.1.1), 引进增量 $\Delta x, \Delta y, \Delta t$ 的固定比例 $\lambda = \dfrac{\Delta t}{\Delta x}, \mu = \dfrac{\Delta t}{\Delta y}$, 如果满足

$$\lambda^2 [w(A)]^2 + \mu^2 [w(B)]^2 \leqslant \frac{1}{4},$$

则系统 (2.1.1) 的 Lax-Wendroff 差分格式是稳定的, 具体见文献 [20].

下面是数值半径的例子.

例 2.1.1　设 X 是 Hilbert 空间, I 是 X 中的单位算子, 定义 Hilbert 空间 $X \times X$ (不混淆的前提下, 其内积仍然记为 $(\cdot)$) 中的分块算子矩阵

$$T = \begin{bmatrix} 0 & I \\ 0 & 0 \end{bmatrix},$$

则 $W(T) = \left\{ \lambda \in \mathbb{C} : |\lambda| \leqslant \dfrac{1}{2} \right\}$ (见例 1.1.1). 于是, $w(T) = \dfrac{1}{2}$.

例 2.1.2　在 $\mathbb{C}^3$ 上定义方阵 T_3 如下

$$T_3 = \begin{bmatrix} 0 & 0 & 0 \\ 1 & 0 & 0 \\ 0 & 1 & 0 \end{bmatrix},$$

则对任意 $x = \begin{bmatrix} x_1 & x_2 & x_3 \end{bmatrix}^{\mathrm{T}} \in \mathbb{C}^3$, 有

$$|(T_3 x, x)| = |x_1 \bar{x}_2 + x_2 \bar{x}_3| \leqslant |x_1||x_2| + |x_2||x_3|,$$

为了计算 $w(T)$, 在条件 $|x_1|^2 + |x_2|^2 + |x_3|^2 = 1$ 下计算 $\sup\{|x_1||x_2| + |x_2||x_3|\}$ 即可. 令 $r_i = |x_i|, i = 1, 2, 3$, 构造拉格朗日函数

$$f(r_1, r_2, r_3, \lambda) = r_1 r_2 + r_2 r_3 + \lambda \left(\sum_{i=1}^{3} r_i^2 - 1 \right).$$

由极值的必要条件得

$$r_2 + 2\lambda r_1 = 0,$$
$$r_1 + r_3 + 2\lambda r_2 = 0,$$
$$r_2 + 2\lambda r_3 = 0.$$

经计算得 $r_1 = r_3 = \dfrac{1}{2}, r_2 = \dfrac{\sqrt{2}}{2}$. 于是, $w(T_3) = \dfrac{\sqrt{2}}{2}$.

注 2.1.1　与例 2.1.2 类似, 经计算可得 $w(T_n) = \cos \dfrac{\pi}{n+1}$, 其中

$$T_n = \begin{bmatrix} 0 & 0 & \cdots & 0 & 0 \\ I & 0 & \cdots & 0 & 0 \\ 0 & I & \cdots & 0 & 0 \\ \vdots & \vdots & & \vdots & \vdots \\ 0 & 0 & \cdots & I & 0 \end{bmatrix}_{n \times n}.$$

于是, 无穷维空间中的右 (或左) 移算子 S_r(或 S_l) 的数值半径为

$$w(S_r) = \lim_{n \to \infty} w(T_n) = 1.$$

根据数值半径的定义容易证明下列性质.

性质 2.1.1　设 T, S 是复 Hilbert 空间 X 中有界线性算子, 则

(i) $w(T) = w(U^* T U)$, 其中 U 是酉算子;

(ii) $w(T) = w(T^*) = w(\alpha T)$, 其中 $|\alpha| = 1$;

(iii) $w(T) = \sup\{|(Tx, x)| : x \in X, \|x\| \leqslant 1\}$;

(iv) $T = \begin{bmatrix} A & 0 \\ 0 & B \end{bmatrix}$, 则 $w(T) = \max\{w(A), w(B)\}$.

证明 结论 (i)—(iii) 的证明是平凡的, 下面证明结论 (iv). 设 $\lambda \in W(T)$, 则存在 $\|x\|^2 + \|y\|^2 = 1$, 使得

$$(Ax, x) + (By, y) = \lambda,$$

即

$$\frac{\|x\|^2}{\|x\|^2 + \|y\|^2}\left(A\frac{x}{\|x\|}, \frac{x}{\|x\|}\right) + \frac{\|y\|^2}{\|x\|^2 + \|y\|^2}\left(B\frac{y}{\|y\|}, \frac{y}{\|y\|}\right) = \lambda.$$

从而 $W(T) = \mathrm{Conv}\{W(A), W(B)\}$, 其中 $\mathrm{Conv}\{W(A), W(B)\}$ 表示 $W(A)$ 和 $W(B)$ 的凸包. 于是有 $w(T) = \max\{w(A), w(B)\}$. ■

2.2 数值半径的范数性质

2.2.1 数值半径与范数

通常情况下, 映射 $T \to M(T)$ 称为 $\mathscr{B}(X)$ 上的准范数, 如果满足

(i) $M(T) \geqslant 0$;

(ii) $M(\alpha T) = |\alpha| M(T)$;

(iii) $M(T + S) \leqslant M(T) + M(S)$.

进一步, 如果 $T \neq 0$ 时 $M(T) > 0$, 则称 $M(\cdot)$ 为范数.

性质 2.2.1 设 T, S 是复 Hilbert 空间 X 中有界线性算子, 则

(i) $w(T) \geqslant 0$;

(ii) $w(\lambda T) = |\lambda| w(T)$;

(iii) $w(T) = 0$ 当且仅当 $T = 0$;

(iv) $w(T + S) \leqslant w(T) + w(S)$.

证明 (i) 和 (ii) 的证明是平凡的. 下面证明 (iii) 和 (iv). 当 $w(T) = 0$ 时, 由 $|(Tx, x)| \leqslant w(T)\|x\|^2$ 知, 对任意 $x \in X$ 有 $(Tx, x) = 0$. 从而, 对任意 $x, y \in X$, 应用极化恒等式得

$$\begin{aligned}
4(Tx, y) &= (T(x + y), x + y) - (T(x - y), x - y) \\
&\quad + \mathrm{i}(T(x + \mathrm{i}y), x + \mathrm{i}y) - \mathrm{i}(T(x - \mathrm{i}y), x - \mathrm{i}y) \\
&= 0.
\end{aligned}$$

考虑到 y 的任意性, 即得对任意 $x \in X$, 有 $Tx = 0$, 即 $T = 0$.

再由 $W(T+S) \subset W(T)+W(S)$, 容易证明 $w(T+S) \leqslant w(T)+w(S)$. 结论证毕. ∎

注 2.2.1　根据上述结论, 数值半径显然满足范数的性质, 即数值半径是一个范数.

推论 2.2.1　设 T 是复 Hilbert 空间 X 中的有界线性算子, 则

$$w(T) = \sup\{\|\mathrm{Re}(\mathrm{e}^{\mathrm{i}\theta}T)\| : \theta \in \mathbb{R}\}.$$

证明　令 $\{x_n\}_{n=1}^{\infty}, \|x_n\| = 1 (n = 1, 2, \cdots), \{\theta_n\}_{n=1}^{\infty}$ 使得当 $n \to \infty$ 时,

$$|(Tx_n, x_n)| \to w(T)$$

且

$$\mathrm{Re}(\mathrm{e}^{\mathrm{i}\theta_n}(Tx_n, x_n)) = |(Tx_n, x_n)|,$$

则

$$\begin{aligned}
w(T) &= \lim_{n\to\infty} \mathrm{Re}(\mathrm{e}^{\mathrm{i}\theta_n}(Tx_n, x_n)) \\
&= \lim_{n\to\infty} (\mathrm{Re}(\mathrm{e}^{\mathrm{i}\theta_n}T)x_n, x_n) \\
&\leqslant \lim_{n\to\infty} \|\mathrm{Re}(\mathrm{e}^{\mathrm{i}\theta_n}T)\| \\
&\leqslant \sup\{\|\mathrm{Re}(\mathrm{e}^{\mathrm{i}\theta}T)\| : \theta \in \mathbb{R}\}.
\end{aligned}$$

反之, 对任意 $\theta \in \mathbb{R}$, 有

$$\begin{aligned}
\|\mathrm{Re}(\mathrm{e}^{\mathrm{i}\theta}T)\| &= w(\mathrm{Re}(\mathrm{e}^{\mathrm{i}\theta}T)) \\
&= w\left(\frac{\mathrm{e}^{\mathrm{i}\theta}T + \mathrm{e}^{-\mathrm{i}\theta}T^*}{2}\right) \\
&\leqslant \frac{1}{2}(w(\mathrm{e}^{\mathrm{i}\theta}T) + w(\mathrm{e}^{-\mathrm{i}\theta}T^*)) \\
&= w(T).
\end{aligned}$$

推论 2.2.2　设 $T, T_n (n = 1, 2, \cdots)$ 是 Hilbert 空间 X 中有界线性算子, 且当 $n \to \infty$ 时 $\|T - T_n\| \to 0$, 则 $w(T_n) \to w(T)$.

证明　对任意 $\|x\| = 1$, 有

$$|(Tx, x)| - |(T_n x, x)| \leqslant |(Tx, x) - (T_n x, x)| \leqslant \|T - T_n\|.$$

于是

$$\begin{aligned}
|(Tx, x)| &\leqslant \|T - T_n\| + |(T_n x, x)| \\
&\leqslant \|T - T_n\| + w(T_n),
\end{aligned}$$

即得 $w(T) \leqslant \|T - T_n\| + w(T_n)$. 同理还可得 $w(T_n) \leqslant \|T - T_n\| + w(T)$, 从而 $|w(T) - w(T_n)| \leqslant \|T - T_n\|$. ∎

2.2.2 数值半径与算子范数

下列结论说明对于 Hilbert 空间 X 中的有界线性算子而言, 它的数值半径介于谱半径与算子范数之间且与算子范数是等价范数.

性质 2.2.2 设 T 是 Hilbert 空间 X 中的有界线性算子, 则

(i) $r(T) \leqslant w(T) \leqslant \|T\|$;

(ii) $w(T) \leqslant \|T\| \leqslant 2w(T)$.

证明 (i) 由谱包含性质 $\sigma(T) \subset \overline{W(T)}$, 得 $r(T) \leqslant w(T)$. 再由 Schwarz 不等式 $|(Tx, x)| \leqslant \|Tx\|\|x\|$, 得 $|(Tx, x)| \leqslant \|T\|\|x\|^2$, 即 $w(T) \leqslant \|T\|$.

(ii) 只需证明 $\|T\| \leqslant 2w(T)$. 考虑到极化恒等式

$$4(Tx, y) = (T(x + y), x + y) - (T(x - y), x - y)$$
$$+ \mathrm{i}(T(x + \mathrm{i}y), x + \mathrm{i}y) - \mathrm{i}(T(x - \mathrm{i}y), x - \mathrm{i}y),$$

即得

$$4|(Tx, y)| \leqslant w(T)[\|x + y\|^2 + \|x - y\|^2 + \|x + \mathrm{i}y\|^2 + \|x - \mathrm{i}y\|^2]$$
$$= 4w(T)[\|x\|^2 + \|y\|^2].$$

令 $\|x\|^2 = \|y\|^2 = 1$, 得 $|(Tx, y)| \leqslant 2w(T)$. 又因为 $\|Tx\| \leqslant \sup_{\|y\|=1} |(Tx, y)|$, $\|T\| = \sup_{\|x\|=1} \|Tx\|$, 于是 $\|T\| \leqslant 2w(T)$. 结论证毕. ∎

上述结论说明数值半径与算子范数具有一定关系. 然而, 二者的区别也是明显的. 比如, 算子范数满足

$$\|TS\| \leqslant \|T\|\|S\|.$$

然而, 数值半径不一定满足 $w(TS) \leqslant w(T)w(S)$, 即使 T, S 是可交换算子.

例 2.2.1 在 $\mathbb{C}^4$ 上定义方阵

$$T_4 = \begin{bmatrix} 0 & 0 & 0 & 0 \\ 1 & 0 & 0 & 0 \\ 0 & 1 & 0 & 0 \\ 0 & 0 & 1 & 0 \end{bmatrix},$$

则与例 2.1.2 类似的方法经计算得 $w(T_4) = \dfrac{1 + \sqrt{5}}{4}$. 另一方面, T_4^3 酉相似于矩阵

$$\begin{bmatrix} 0 & 0 \\ 0 & 0 \end{bmatrix} \oplus \begin{bmatrix} 0 & 0 \\ 1 & 0 \end{bmatrix},$$

于是 $w(T_4^3) = \frac{1}{2}$. 同理, T_4^2 酉相似于矩阵

$$\begin{bmatrix} 0 & 0 \\ 1 & 0 \end{bmatrix} \oplus \begin{bmatrix} 0 & 0 \\ 1 & 0 \end{bmatrix},$$

于是 $w(T_4^2) = \frac{1}{2}$. 令 $T = T_4^2, S = T_4$, 则 T, S 可交换, 但是

$$w(TS) = w(T_4^3) = \frac{1}{2} > w(T)w(S) = \frac{1+\sqrt{5}}{8}.$$

定理 2.2.1　设 T 是 Hilbert 空间 X 中的有界线性算子, 如果 $w(T) < 1$, 则 $I - T$ 可逆且有 $(I - T)^{-1} = \sum_{n=0}^{+\infty} T^n$.

证明　不妨设 $w(T) > 0$, 考虑算子级数 $\sum_{n=0}^{+\infty} T^n z^n$, 它的收敛半径为 $R = \frac{1}{\overline{\lim}_{n\to\infty} \|T^n\|^{\frac{1}{n}}}$. 于是

$$\frac{1}{\varlimsup_{n\to\infty} \|T^n\|^{\frac{1}{n}}} = \frac{1}{r(T)} \geqslant \frac{1}{w(T)} > 1.$$

从而 $\sum_{n=0}^{+\infty} T^n$ 按范数收敛且

$$(I - T) \sum_{n=0}^{+\infty} T^n = I,$$

即 $I - T$ 可逆且有 $(I - T)^{-1} = \sum_{n=0}^{+\infty} T^n$. ∎

上述结论说明, 当 $w(T) = 0$ 时 $\|T\| = 0$. 然而, 该结论在实 Hilbert 空间中不一定成立.

例 2.2.2　在 $\mathbb{R}^2$ 上定义算子 T 如下:

$$T = \begin{bmatrix} 0 & -1 \\ 1 & 0 \end{bmatrix},$$

则经计算易得 $\|T\| = 1$. 然而, 对任意 $x = [\ x_1\ \ x_2\ ]^{\mathrm{T}} \in \mathbb{R}^2, \|x\| = 1$ 有 $(Tx, x) = 0$, 即 $w(T) = 0$.

定理 2.2.2　设 T 是 Hilbert 空间 X 中的有界线性算子, 如果 $w(T) = \|T\|$, 则 $w(T) = r(T)$.

证明　不妨设 $w(T) = \|T\| = 1$, 则 $r(T) \leqslant 1$ 且存在 $\{x_n\}_{n=1}^{\infty}, \|x_n\| = 1, n = 1, 2, \cdots$, 使得

$$(Tx_n, x_n) \to \lambda \in \overline{W(T)}, \quad |\lambda| = 1.$$

再考虑到 $\|T\| = 1$, 有

$$|(Tx_n, x_n)| \leqslant \|Tx_n\| \leqslant 1,$$

于是 $\|Tx_n\| \to 1$. 从而, 当 $n \to \infty$ 时

$$\|(T - \lambda I)x_n\|^2 = (Tx_n, Tx_n) - \lambda(x_n, Tx_n) - \overline{\lambda}(Tx_n, x_n) + |\lambda|^2$$
$$\to 0,$$

即 $\lambda \in \sigma_{\mathrm{ap}}(T)$ 且 $|\lambda| = 1$, 故 $r(T) = 1$. ∎

下面的例子说明存在有界线性算子使得算子范数等于数值半径的两倍.

例 2.2.3 在 $\mathbb{C}^2$ 上定义二维位移算子 S_2 如下:

$$S_2 = \begin{bmatrix} 0 & 0 \\ 1 & 0 \end{bmatrix},$$

则经计算易得 $\|S_2\| = 1, w(S_2) = \dfrac{1}{2}$, 即 $\|S_2\| = 2w(S_2)$.

下面将给出有界线性算子满足 $2w(T) = \|T\|$ 的一个充分条件.

定理 2.2.3 设 T 是 Hilbert 空间 X 中的有界线性算子, 如果 $\mathcal{R}(T) \perp \mathcal{R}(T^*)$, 则 $2w(T) = \|T\|$.

证明 只需证明 $w(T) \leqslant \dfrac{1}{2}\|T\|$ 即可. 对任意 $x \in X, \|x\| = 1$, 考虑到 $X = \mathbb{N}(T) \oplus \mathbb{N}(T)^\perp$, 存在 $x_1 \in \mathbb{N}(T), x_2 \in \mathbb{N}(T)^\perp = \overline{\mathcal{R}(T^*)}$, 使得 $x = x_1 + x_2$ 且

$$(Tx, x) = (T(x_1 + x_2), x_1 + x_2) = (Tx_2, x_1).$$

于是有

$$|(Tx, x)| \leqslant \|T\|\|x_1\|\|x_2\| \leqslant \dfrac{\|T\|}{2}.$$

结论证毕. ∎

下面讨论数值半径与算子范数何时相等的问题.

定义 2.2.1 对于一个有界线性算子而言, 如果满足 $w(T) = \|T\|$ (或等价地 $r(T) = \|T\|$, 见定理 2.2.2), 则称 T 是 Normaloid 算子.

定理 2.2.4 设 T 是 Hilbert 空间 X 中的有界线性算子, 则 T 是 Normaloid 算子当且仅当对任意正整数 n 有 $\|T^n\| = \|T\|^n$.

证明 考虑到 $r(T) = \lim_{n \to \infty} \|T^n\|^{\frac{1}{n}}$, 当 $\|T^n\| = \|T\|^n$ 时有 $r(T) = \|T\|$, 故 T 是 Normaloid 算子.

反之, T 是 Normaloid 算子时, $r(T) = \|T\|$. 再由 $r(T^n) = [r(T)]^n$ 可知

$$r(T^n) = \|T^n\| = \|T\|^n \leqslant \|T^n\|.$$

考虑到 $\|T^n\| \leqslant \|T\|^n$. 结论得证. ∎

注 2.2.2　如果 T 是一个半正规算子 (即 T 满足 $T^*T \geqslant TT^*$ 或者 $T^*T \leqslant TT^*$), 则 T 是 Normaloid 算子. 事实上, 当 T 满足 $T^*T \geqslant TT^*$ 时, 即 T 是一个亚正规算子, 利用性质 $\||T|\| = \|T\|$, 其中 $|T| = \sqrt{T^*T}$, 容易证明 $\|T^n\| = \|T\|^n$. 于是由定理 2.2.4 可知 T 是 Normaloid 算子; 当 T 满足 $T^*T \leqslant TT^*$ 时, 即 T^* 是一个亚正规算子, 故 T^* 是 Normaloid 算子且 $r(T^*) = \|T^*\|$. 又因为 $r(T^*) = r(T), \|T\| = \|T^*\|$, 故 $r(T) = \|T\|$, 即 T 是 Normaloid 算子.

2.3　数值半径的不等式

2.3.1　数值半径的幂不等式

根据线性算子的谱映射定理: $\lambda \in \sigma(T)$ 当且仅当 $\lambda^n \in \sigma(T^n)$, 从而有界线性算子的谱半径满足 $r(T^n) = [r(T)]^n$. 此外, 算子范数满足 $\|T^n\| \leqslant \|T\|^n$. 然而, 数值半径与算子范数是等价范数, 是否有类似于算子范数的不等式呢? 答案是肯定的, 并且该不等式称为数值半径的幂不等式. 下列关于幂不等式的证明方法是由 Pearcy[21] 给出的.

定理 2.3.1　设 T 是 Hilbert 空间 X 中的有界线性算子, 则对任意正整数 n, 有

$$w(T^n) \leqslant [w(T)]^n$$

成立.

为了证明定理 2.3.1 首先证明下列引理.

引理 2.3.1　设 T 是 Hilbert 空间 X 中的有界线性算子, 则对任意正整数 m, 有 $w(T^m) \leqslant [w(T)]^m$ 成立当且仅当 $w(T) \leqslant 1$ 蕴涵对任意正整数 m 有 $w(T^m) \leqslant 1$.

证明　当 $w(T^m) \leqslant [w(T)]^m$ 时, $w(T) \leqslant 1$ 蕴涵 $w(T^m) \leqslant 1$ 的证明是平凡的. 反之, 不妨设 $T \neq 0$ 且令 $S = \dfrac{T}{w(T)}$, 则 $w(S) = 1$, 于是 $w(S^m) \leqslant 1$, 即 $w(T^m) \leqslant [w(T)]^m$. 结论证毕. ∎

下面证明定理 2.3.1. 根据引理 2.3.1, 只需证明 $w(T) \leqslant 1$ 蕴涵对任意正整数 m 有 $w(T^m) \leqslant 1$ 即可. 令 $w_j = \mathrm{e}^{\frac{2\pi i}{m}j}, j = 1, 2, \cdots, m$ 是 m 次多项式 $z^m - 1 = 0$ 的 m 个根, 则 $\overline{w}_j = w_j^{-1}$ 且 $(-1)^m \prod_{j=1}^{m} \overline{w}_j = -1$. 于是有

$$1 - z^m = -\prod_{j=1}^{m}(z - w_j)$$

$$= (-1)^m \prod_{j=1}^{m} \overline{w}_j \prod_{j=1}^{m}(z - w_j)$$

$$= \prod_{j=1}^{m}(1 - w_j z),$$

$$1 = \frac{1}{m}\sum_{j=1}^{m}\prod_{k=1, k\neq j}^{m}(1 - w_k z).$$

显然, 在上面的两个式子中 z 替换成任意有界线性算子 S 也成立, 即

$$I - S^m = \prod_{j=1}^{m}(I - w_j S), \tag{2.3.1}$$

$$I = \frac{1}{m}\sum_{j=1}^{m}\prod_{k=1, k\neq j}^{m}(I - w_k S). \tag{2.3.2}$$

对任意单位向量 $x \in X$, 令 $x_j = [\prod_{k=1, k\neq j}^{m}(I - w_k S)]x$, 则

$$\sum_{j=1}^{m} x_j = mx \tag{2.3.3}$$

且

$$\begin{aligned}
\frac{1}{m}\sum_{j=1}^{m}\|x_j\|^2\left[1 - w_j\left(\frac{Sx_j}{\|x_j\|}, \frac{x_j}{\|x_j\|}\right)\right] &= \frac{1}{m}\sum_{j=1}^{m}((I - w_j S)x_j, x_j)\\
&= \frac{1}{m}\sum_{j=1}^{m}\left(\left[\prod_{k=1}^{m}(I - w_k S)\right]x, x_j\right)\\
&= \frac{1}{m}\sum_{j=1}^{m}((I - S^m)x, x_j)\\
&= \left((I - S^m)x, \frac{1}{m}\sum_{j=1}^{m}x_j\right)\\
&= 1 - (S^m x, x).
\end{aligned}$$

令 $S = \mathrm{e}^{\mathrm{i}\theta}T$, 其中 θ 是任意实数, 则由上式得

$$\frac{1}{m}\sum_{j=1}^{m}\|x_j\|^2\left[1 - w_j\mathrm{e}^{\mathrm{i}\theta}\left(\frac{Tx_j}{\|x_j\|}, \frac{x_j}{\|x_j\|}\right)\right] = 1 - \mathrm{e}^{\mathrm{i}m\theta}(T^m x, x).$$

根据假设, $w(T) \leqslant 1$, 从而

$$\mathrm{Re}\left[1 - w_j\mathrm{e}^{\mathrm{i}\theta}\left(\frac{Tx_j}{\|x_j\|}, \frac{x_j}{\|x_j\|}\right)\right] \geqslant 0,$$

于是

$$\mathrm{Re}[1 - e^{im\theta}(T^m x, x)] \geqslant 0.$$

由于 θ 是任意实数, 故

$$1 - |(T^m x, x)| \geqslant 0,$$

即得 $w(T^m) \leqslant 1$. 结论证毕. ∎

推论 2.3.1　设 T 是 Hilbert 空间 X 中的有界线性算子, 如果 $w(T) \leqslant 1$, 则对任意 $m = 1, 2, \cdots$, 有 $\|T^m\| \leqslant 2$.

证明　对于算子 T^m 运用性质 2.2.2 和定理 2.3.1 得

$$\|T^m\| \leqslant 2w(T^m) \leqslant 2[w(T)]^m.$$

再考虑到 $w(T) \leqslant 1$, 即得 $\|T^m\| \leqslant 2$. ∎

定义 2.3.1　对于一个有界线性算子而言, 如果满足 $w(T) = r(T)$, 则称 T 是 Spectraloid 算子.

定理 2.3.2　设 T 是 Hilbert 空间 X 中的有界线性算子, 则 T 是 Spectraloid 算子当且仅当对任意正整数 n, 有 $w(T^n) = [w(T)]^n$.

证明　当 T 是 Spectraloid 算子时, 对任意正整数 n 有

$$[w(T)]^n = [r(T)]^n = r(T^n) \leqslant w(T^n).$$

再根据定理 2.3.1, 即得 $w(T^n) = [w(T)]^n$.

反之, 当对任意正整数 n 有 $w(T^n) = [w(T)]^n$ 时,

$$[w(T)]^n = w(T^n) \leqslant \|T^n\|.$$

于是 $w(T) \leqslant \|T^n\|^{\frac{1}{n}}$. 考虑到 $r(T) = \lim_{n \to \infty} \|T^n\|^{\frac{1}{n}}$, 即得 $w(T) \leqslant r(T)$. 再由性质 2.2.2, 即得 $w(T) = r(T)$. 结论证毕. ∎

推论 2.3.2　如果 T 是 Spectraloid 算子, 则对任意正整数 n 有 T^n 也是 Spectraloid 算子.

证明　如果 T 是 Spectraloid 算子, 则 $w(T) = r(T)$, 即 $[w(T)]^n = [r(T)]^n = r(T^n)$. 再由定理 2.3.1 得 $w(T^n) = r(T^n)$, 即 T^n 也是 Spectraloid 算子. ∎

注 2.3.1　一般情况下, 有界线性算子 T 和 T^n 的数值域 $W(T)$ 和 $W(T^n)$ 没有必然的联系. 比如, 令

$$T = \begin{bmatrix} 0 & I \\ -I & 0 \end{bmatrix},$$

则 $W(T)$ 是虚轴上的线段 $[-i, i]$. 然而, $T^2 = \begin{bmatrix} -I & 0 \\ 0 & -I \end{bmatrix}$, 故 $W(T^2) = \{-1\}$.

定义 2.3.2 对于一个有界线性算子而言, 如果满足 $\overline{W(T)} = \mathrm{Conv}(\sigma(T))$, 则称 T 是 Convexoid 算子.

定理 2.3.3 设 T 是 Hilbert 空间 X 中的有界线性算子, 则 T 是 Convexoid 算子当且仅当对任意 $\lambda \in \mathbb{C}$ 有 $T - \lambda I$ 是 Spectraloid 算子.

证明 当 T 是 Convexoid 算子时, $r(T) = w(T)$, T 是 Spectraloid 算子, 故对任意 $\lambda \in \mathbb{C}$, 有 $T - \lambda I$ 是 Spectraloid 算子.

反之, 因为复平面 $\mathbb{C}$ 的凸紧子集 M 可以写成包含 M 的全体闭圆盘的交集, 所以

$$\overline{W(T)} = \bigcap_{\alpha} \left\{ \lambda : |\lambda - \alpha| \leqslant \sup_{\mu \in \overline{W(T)}} |\mu - \alpha| \right\}$$
$$= \bigcap_{\alpha} \{ \lambda : |\lambda - \alpha| \leqslant w(T - \alpha I) \}.$$

类似地

$$\mathrm{Conv}(\sigma(T)) = \bigcap_{\alpha} \{ \lambda : |\lambda - \alpha| \leqslant r(T - \alpha I) \}.$$

由于对任意 $\alpha \in \mathbb{C}$ 有 $w(T - \alpha I) = r(T - \alpha I)$, 故 $\overline{W(T)} = \mathrm{Conv}(\sigma(T))$, T 是 Convexoid 算子. ∎

注 2.3.2 比较 Normaloid 算子、Spectraloid 算子以及 Convexoid 算子的定义容易发现, Normaloid 算子一定是 Spectraloid 算子, Convexoid 算子也是 Spectraloid 算子, 反之不然.

例 2.3.1 Normaloid 算子不一定是 Convexoid 算子. 令 $X = \mathbb{C}^3$, 有

$$T = \begin{bmatrix} 0 & 1 & 0 \\ 0 & 0 & 0 \\ 0 & 0 & 1 \end{bmatrix},$$

则对任意 $x = [\ x_1 \quad x_2 \quad x_3\ ]^{\mathrm{T}}, |x_1|^2 + |x_2|^2 + |x_3|^2 = 1$, 有 $Tx = [\ x_2 \quad 0 \quad x_3\ ]^{\mathrm{T}}$, 故

$$\|T\|^2 = \sup_{\|x\|=1} (|x_2|^2 + |x_3|^2) = 1.$$

另一方面, $(Tx, x) = x_2 \overline{x}_1 + |x_3|^2$, 故

$$w(T) = \sup_{\|x\|=1} |x_2 \overline{x}_1 + |x_3|^2| = 1.$$

于是 T 是 Normaloid 算子. 但是, T 不是 Convexoid 算子. 事实上, 有

$$T = \begin{bmatrix} 0 & 1 \\ 0 & 0 \end{bmatrix} \oplus [1],$$

于是

$$\overline{W(T)} = \mathrm{Conv}\left(S_{\frac{1}{2}} \cup \{1\}\right),$$

其中 $S_{\frac{1}{2}} = \left\{\lambda : |\lambda| \leqslant \dfrac{1}{2}\right\}$. 另一方面, 考虑到 $\sigma(T) = \{0, 1\}$, 即得

$$\mathrm{Conv}(\sigma(T)) = [0, 1].$$

从而 T 不是 Convexoid 算子.

例 2.3.2　Convexoid 算子不一定是 Normaloid 算子. 令 $\{x_1, x_2, \cdots\}$ 是空间 $X = \ell^2$ 的正交基. 定义

$$z_n = x_{2n+1}, \quad n = 0, 1, 2, \cdots,$$
$$z_{-n} = x_{2n}, \quad n = 1, 2, \cdots,$$

则每个 $x \in X$ 可以写成

$$x = \sum_{-\infty}^{+\infty} \alpha_k z_k.$$

定义线性算子 S 为

$$Sx = \frac{1}{2} \sum_{-\infty}^{+\infty} \alpha_k z_{k+1},$$

则经计算易得 $W(S) = \left\{\lambda \in \mathbb{C} : |\lambda| \leqslant \dfrac{1}{2}\right\}$. 再定义线性算子 T 为

$$T = S \oplus L,$$

其中 $L = \begin{bmatrix} 0 & 1 \\ 0 & 0 \end{bmatrix}$, 则

$$\overline{W(T)} = \mathrm{Conv}(\sigma(T)),$$

即 T 是 Convexoid 算子. 但是, T 不是 Normaloid 算子. 事实上, $\|T\| = 1, w(T) = \dfrac{1}{2}$.

例 2.3.3　Spectraloid 算子不一定是 Convexoid 算子. 令 $X = \mathbb{C}^3$, 有

$$T = \begin{bmatrix} 1 & 0 & 0 \\ 0 & 0 & 0 \\ 0 & 1 & 0 \end{bmatrix},$$

则 $\sigma(T) = \{0, 1\}$ 且

$$(Tx, x) = |x_1|^2 + x_2 \overline{x}_3,$$

于是 $r(T) = w(T) = 1$, T 是 Spectraloid 算子. 但是

$$\operatorname{Conv}(\sigma(T)) = [0,1],$$
$$\overline{W(T)} = \operatorname{Conv}(S_{\frac{1}{2}} \cup \{1\}),$$

其中 $S_{\frac{1}{2}} = \left\{ \lambda : |\lambda| \leqslant \dfrac{1}{2} \right\}$. 于是 T 不是 Convexoid 算子.

例 2.3.4 Spectraloid 算子不一定是 Normaloid 算子. 令 $X = \mathbb{C}^3$,

$$T = \begin{bmatrix} 1 & 0 & 0 \\ 0 & 0 & 0 \\ 0 & 2 & 0 \end{bmatrix},$$

则 $\sigma(T) = \{0,1\}$ 且

$$(Tx, x) = |x_1|^2 + 2x_2 \overline{x}_3,$$

于是 $r(T) = w(T) = 1$, T 是 Spectraloid 算子. 但是 $Tx = [\begin{array}{ccc} x_1 & 0 & 2x_2 \end{array}]^{\mathrm{T}}$, 故

$$\|T\|^2 = \sup_{\|x\|=1} (|x_1|^2 + 4|x_2|^2) = 4.$$

于是 $\|T\| = 2$, T 不是 Normaloid 算子.

下列结论是关于 Convexoid 算子的判别方法[22].

定理 2.3.4 T 是 Hilbert 空间 X 中的有界线性算子, 对任意 $\lambda \notin \operatorname{Conv}(\sigma(T))$, 有

$$\|(T - \lambda I)^{-1}\| \leqslant \frac{1}{\operatorname{dist}(\lambda, \operatorname{Conv}(\sigma(T)))},$$

则 T 是 Convexoid 算子.

证明 不妨设 $\operatorname{Conv}(\sigma(T))$ 位于左半平面且以虚轴为支撑线. 为了证明 $\overline{W(T)} \subset \operatorname{Conv}(\sigma(T))$, 只需证明 $W(T)$ 也位于左半平面即可. 根据给定条件, 对任意 $\lambda > 0$, 有

$$\|(T - \lambda I)^{-1}\| \leqslant \frac{1}{\lambda}.$$

令 $x = (T - \lambda I)y, \|x\| = 1$, 则

$$\lambda \|y\| \leqslant \|(T - \lambda I)y\|,$$

进而得

$$2\lambda \operatorname{Re}(Ty, y) \leqslant \|y\|^2.$$

考虑到 $\lambda > 0$ 的任意性, 即得 $\operatorname{Re}(Ty, y) \leqslant 0$, $W(T)$ 也位于左半平面, 故 T 是 Convexoid 算子. ∎

2.3.2　数值半径范数不等式的推广形式

易知性质 2.2.2 的等价形式为 $\dfrac{\|T\|}{2} \leqslant w(T) \leqslant \|T\|$. 最近, Kittaneh[23] 得到了该不等式的推广形式.

定理 2.3.5　设 T 是 Hilbert 空间 X 中的有界线性算子, 则不等式

$$\frac{1}{4}\|T^*T + TT^*\| \leqslant [w(T)]^2 \leqslant \frac{1}{2}\|T^*T + TT^*\|$$

成立.

证明　令 $T = \dfrac{T + T^*}{2} + \mathrm{i}\dfrac{T - T^*}{2\mathrm{i}} = A + \mathrm{i}B$, 则

$$\begin{aligned}
|(Tx, x)|^2 &= (Ax, x)^2 + (Bx, x)^2 \\
&\geqslant \frac{1}{2}(|(Ax, x)| + |(Bx, x)|)^2 \\
&\geqslant \frac{1}{2}((A \pm B)x, x)^2.
\end{aligned}$$

因此

$$\begin{aligned}
[w(T)]^2 &= \sup\{|(Tx, x)|^2 : \|x\| = 1\} \\
&\geqslant \frac{1}{2}\sup\{((A \pm B)x, x)^2 : \|x\| = 1\} \\
&= \frac{1}{2}\|A \pm B\|^2 \\
&\geqslant \frac{1}{2}\|(A \pm B)^2\|.
\end{aligned}$$

于是

$$\begin{aligned}
[w(T)]^2 &\geqslant \frac{1}{4}(\|(A + B)^2\| + \|(A - B)^2\|) \\
&\geqslant \frac{1}{4}\|(A + B)^2 + \|(A - B)^2\|\|\| \\
&= \frac{1}{4}\|T^*T + TT^*\|.
\end{aligned}$$

另一方面, 对任意 $\|x\| = 1$ 有

$$\begin{aligned}
|(Tx, x)|^2 &= (Ax, x)^2 + (Bx, x)^2 \\
&\leqslant \|Ax\|^2 + \|Bx\|^2 \\
&= (A^2x, x) + (B^2x, x) \\
&= ((A^2 + B^2)x, x).
\end{aligned}$$

于是

$$[w(T)]^2 = \sup\{|(Tx,x)|^2 : \|x\| = 1\}$$
$$\leqslant \sup\{((A^2 + B^2)x, x) : \|x\| = 1\}$$
$$= \|A^2 + B^2\|$$
$$= \frac{1}{2}\|T^*T + TT^*\|.$$

注 2.3.3　说定理 2.3.5 是进一步推广了性质 2.2.2, 是因为

$$\|T\| \leqslant \|T^*T + TT^*\|^{\frac{1}{2}},$$
$$\|T\| \geqslant \frac{1}{\sqrt{2}}\|T^*T + TT^*\|^{\frac{1}{2}},$$

即

$$\frac{\|T\|}{2} \leqslant \frac{1}{2}\|T^*T + TT^*\|^{\frac{1}{2}} \leqslant w(T) \leqslant \frac{1}{\sqrt{2}}\|T^*T + TT^*\|^{\frac{1}{2}} \leqslant \|T\|.$$

为了得到关系式 $w(T) \leqslant \|T\|$ 的进一步推广形式, 首先给出下列引理.

引理 2.3.2(混合 Schwarz 不等式)　设 T 是 Hilbert 空间 X 中的有界线性算子, 令 $|T| = (T^*T)^{\frac{1}{2}}$, $|T^*| = (TT^*)^{\frac{1}{2}}$, 则不等式

$$|(Tx, y)|^2 \leqslant (|T|x, x)(|T^*|y, y)$$

成立.

证明　根据 Polar 分解性质可知, $T = U|T|$, 其中 U 是从 $\overline{\mathcal{R}(|T|)}$ 到 $\overline{\mathcal{R}(|T|)}$ 的等距算子, 并且有

$$|(Tx, y)|^2 = |(U|T|x, y)|^2$$
$$= |(|T|^{\frac{1}{2}}x, |T|^{\frac{1}{2}}U^*y)|^2$$
$$\leqslant (|T|^{\frac{1}{2}}x, |T|^{\frac{1}{2}}x)(|T|^{\frac{1}{2}}U^*y, |T|^{\frac{1}{2}}U^*y)$$
$$= (|T|x, x)(U|T|U^*y, y)$$
$$= (|T|x, x)(|T^*|y, y).$$

这里用到了关系式 $|T^*| = U|T|U^*$, 它的证明是显然的. 事实上, 由 $T = U|T|$ 可知, $T^* = |T|U^*$, 从而

$$[U|T|U^*]^2 = U|T|U^*U|T|U^* = U|T||T|U^* = TT^* = |T^*|^2.$$

再由平方根算子的唯一性可知 $|T^*| = U|T|U^*$. ∎

引理 2.3.3　设 T, S 是 Hilbert 空间 X 中的有界线性算子, 如果 TS 是自伴算子, 则不等式

$$\|\mathrm{Re}(ST)\| \geqslant \|TS\|$$

成立, 其中 $\text{Re}(ST) = \dfrac{1}{2}(ST + (ST)^*)$.

证明　当 A 是 Hilbert 空间 X 中的有界线性算子时, 令 $\text{Re}(\sigma(A)) = \sup\{|\text{Re}(\lambda)|: \lambda \in \sigma(A)\}$, 则容易证明

$$\|\text{Re}(A)\| \geqslant \text{Re}(\sigma(A)).$$

事实上, 令 $\gamma = \text{Re}(\sigma(A))$, 则存在 $\lambda \in \sigma(A)$ 使得 $|\text{Re}(\lambda)| = \gamma$. 再由数值域的谱包含关系知, 存在 $\{\lambda_n\} \subset \overline{W(A)}$ 和 $\{x_n\}_{n=1}^{\infty}, \|x_n\| = 1, n = 1, 2, \cdots$, 使得 $(Ax_n, x_n) = \lambda_n$ 且当 $n \to \infty$ 时 $|\lambda_n| \to |\lambda|$. 再考虑到 $\text{Re}(A)$ 是自伴算子, 算子范数与数值半径相等, 于是

$$
\begin{aligned}
\|\text{Re}(A)\| &= \sup_{\|x\|=1} \frac{1}{2}|(Ax, x) + (x, Ax)| \\
&\geqslant \frac{1}{2}|(Ax_n, x_n) + (x_n, Ax_n)| \\
&= |\text{Re}(\lambda_n)| \to |\text{Re}(\lambda)|.
\end{aligned}
$$

因此, 由极限的保序性即得 $\|\text{Re}(A)\| \geqslant \gamma$, 即 $\|\text{Re}(A)\| \geqslant \text{Re}(\sigma(A))$. 把该结论运用到有界算子 ST, 再考虑到 $\sigma(ST)\backslash\{0\} = \sigma(TS)\backslash\{0\}$ 以及算子 TS 的自伴性得

$$
\begin{aligned}
\|\text{Re}(ST)\| &\geqslant \text{Re}(\sigma(ST)) \\
&= \text{Re}(\sigma(TS)) \\
&= r(TS) = w(TS) \\
&= \|TS\|.
\end{aligned}
$$

引理 2.3.4　设 T, S 是 Hilbert 空间 X 中的非负有界线性算子, 则对任意 $t \geqslant 0$ 和 $s \geqslant 0$, 有不等式

$$\|T^{\frac{t+s}{2}} S^{\frac{t+s}{2}}\| \leqslant \|T^{t+s} S^{t+s}\|^{\frac{1}{2}}$$

成立. 特别地, 令 $t = s = \dfrac{1}{2}$, 则 $\|T^{\frac{1}{2}} S^{\frac{1}{2}}\| \leqslant \|TS\|^{\frac{1}{2}}$.

证明　事实上

$$
\begin{aligned}
\|T^{\frac{t+s}{2}} S^{\frac{t+s}{2}}\|^2 &= \sup_{\|x\|=1} \|T^{\frac{t+s}{2}} S^{\frac{t+s}{2}} x\|^2 \\
&= \sup_{\|x\|=1} (S^{\frac{t+s}{2}} T^{t+s} S^{\frac{t+s}{2}} x, x) \\
&= \|S^{\frac{t+s}{2}} T^{t+s} S^{\frac{t+s}{2}}\| \\
&= r(S^{\frac{t+s}{2}} T^{t+s} S^{\frac{t+s}{2}}) \\
&= r(T^{t+s} S^{\frac{t+s}{2}} S^{\frac{t+s}{2}}) \leqslant \|T^{t+s} S^{t+s}\|.
\end{aligned}
$$

引理 2.3.5 设 T, S 是 Hilbert 空间 X 中的非负有界线性算子, M, N 是有界自伴算子, 则不等式

$$\|T^{\frac{1}{2}}MT^{\frac{1}{2}} + S^{\frac{1}{2}}NS^{\frac{1}{2}}\|$$
$$\leqslant \frac{1}{4}(\|TM + MT\| + \|SN + NS\|)$$
$$+ \frac{1}{4}\left(\sqrt{(\|TM + MT\| - \|SN + NS\|)^2 + 4\|T^{\frac{1}{2}}S^{\frac{1}{2}}N + MT^{\frac{1}{2}}S^{\frac{1}{2}}\|^2}\right)$$

成立. 特别地, 当 $M = N = I$ 时

$$\|T + S\| \leqslant \frac{1}{2}((\|T\| + \|S\|) + \sqrt{(\|T\| - \|S\|)^2 + 4\|T^{\frac{1}{2}}S^{\frac{1}{2}}\|^2}).$$

证明 令

$$L = \begin{bmatrix} T^{\frac{1}{2}} & S^{\frac{1}{2}} & 0 & 0 \\ 0 & 0 & 0 & 0 \\ 0 & 0 & T^{\frac{1}{2}} & S^{\frac{1}{2}} \\ 0 & 0 & 0 & 0 \end{bmatrix}, \quad R = \begin{bmatrix} 0 & 0 & M & 0 \\ 0 & 0 & 0 & N \\ M & 0 & 0 & 0 \\ 0 & N & 0 & 0 \end{bmatrix},$$

则

$$LRL^* = \begin{bmatrix} 0 & 0 & T^{\frac{1}{2}}MT^{\frac{1}{2}} + S^{\frac{1}{2}}NS^{\frac{1}{2}} & 0 \\ 0 & 0 & 0 & 0 \\ T^{\frac{1}{2}}MT^{\frac{1}{2}} + S^{\frac{1}{2}}NS^{\frac{1}{2}} & 0 & 0 & 0 \\ 0 & 0 & 0 & 0 \end{bmatrix},$$

$$L^*LR = \begin{bmatrix} 0 & 0 & TM & T^{\frac{1}{2}}S^{\frac{1}{2}}N \\ 0 & 0 & S^{\frac{1}{2}}T^{\frac{1}{2}}M & SN \\ TM & T^{\frac{1}{2}}S^{\frac{1}{2}}N & 0 & 0 \\ S^{\frac{1}{2}}T^{\frac{1}{2}}M & SN & 0 & 0 \end{bmatrix},$$

且

$$\mathrm{Re}(L^*LR) = \frac{1}{2}\begin{bmatrix} 0 & K \\ K & 0 \end{bmatrix},$$

其中 $K = \begin{bmatrix} TM + MT & T^{\frac{1}{2}}S^{\frac{1}{2}}N + MT^{\frac{1}{2}}S^{\frac{1}{2}} \\ S^{\frac{1}{2}}T^{\frac{1}{2}}M + NS^{\frac{1}{2}}T^{\frac{1}{2}} & SN + NS \end{bmatrix}$. 由于 LRL^* 是自伴算子, 由引理 2.3.3 知

$$\|\mathrm{Re}(L^*LR)\| \geqslant \|LRL^*\|,$$

即

$$\left\| \begin{bmatrix} TM+MT & T^{\frac12}S^{\frac12}N+MT^{\frac12}S^{\frac12} \\ S^{\frac12}T^{\frac12}M+NS^{\frac12}T^{\frac12} & SN+NS \end{bmatrix} \right\| \geqslant 2\|T^{\frac12}MT^{\frac12}+S^{\frac12}NS^{\frac12}\|. \quad (2.3.4)$$

又因为

$$\left\| \begin{bmatrix} A_{11} & A_{12} \\ A_{21} & A_{22} \end{bmatrix} \right\| \leqslant \left\| \begin{bmatrix} \|A_{11}\| & \|A_{21}\| \\ \|A_{21}\| & \|A_{22}\| \end{bmatrix} \right\|.$$

事实上,

$$\left\| \begin{bmatrix} A_{11} & A_{12} \\ A_{21} & A_{22} \end{bmatrix} \right\|^2$$

$$= \sup_{\|x\|=1} \left(\begin{bmatrix} A_{11} & A_{12} \\ A_{21} & A_{22} \end{bmatrix}^* \begin{bmatrix} A_{11} & A_{12} \\ A_{21} & A_{22} \end{bmatrix} x,x \right)$$

$$= \sup_{\|x_1\|^2+\|x_2\|^2=1} \left| \sum_{i,j,k=1}^{2} (A_{k,j}x_j,A_{k,i}x_i) \right|$$

$$\leqslant \sup_{\|x_1\|^2+\|x_2\|^2=1} \left| \sum_{i,j,k=1}^{2} \|A_{k,j}\|\|x_j\|\|A_{k,i}\|\|x_i\| \right|$$

$$= \sup_{\|x\|=1} \left(\begin{bmatrix} \|A_{11}\| & \|A_{21}\| \\ \|A_{21}\| & \|A_{22}\| \end{bmatrix}^* \begin{bmatrix} \|A_{11}\| & \|A_{21}\| \\ \|A_{21}\| & \|A_{22}\| \end{bmatrix} \begin{bmatrix} \|x_1\| \\ \|x_2\| \end{bmatrix}, \begin{bmatrix} \|x_1\| \\ \|x_2\| \end{bmatrix} \right)$$

$$= \left\| \begin{bmatrix} \|A_{11}\| & \|A_{21}\| \\ \|A_{21}\| & \|A_{22}\| \end{bmatrix} \right\|^2.$$

从而由式 (2.3.4) 得

$$\left\| \begin{bmatrix} \|TM+MT\| & \|T^{\frac12}S^{\frac12}N+MT^{\frac12}S^{\frac12}\| \\ \|S^{\frac12}T^{\frac12}M+NS^{\frac12}T^{\frac12}\| & \|SN+NS\| \end{bmatrix} \right\| \geqslant 2\|T^{\frac12}MT^{\frac12}+S^{\frac12}NS^{\frac12}\|.$$

再考虑到 M,N 是自伴算子, 得

$$(T^{\frac12}S^{\frac12}N+MT^{\frac12}S^{\frac12})^* = S^{\frac12}T^{\frac12}M+NS^{\frac12}T^{\frac12},$$

于是矩阵 $\mathcal{A} = \begin{bmatrix} \|TM+MT\| & \|T^{\frac12}S^{\frac12}N+MT^{\frac12}S^{\frac12}\| \\ \|S^{\frac12}T^{\frac12}M+NS^{\frac12}T^{\frac12}\| & \|SN+NS\| \end{bmatrix}$ 是对称矩阵, 从而

$$\|\mathcal{A}\| = r(\mathcal{A}),$$

其中 $r(\mathcal{A})$ 表示 $\mathcal{A}$ 的谱半径 (即最大特征值) 且

$$r(\mathcal{A}) = \frac{1}{2}\bigg[\|TM + MT\| + \|SN + NS\|$$

$$+ \sqrt{(\|TM + MT\| - \|SN + NS\|)^2 + 4\|T^{\frac{1}{2}}S^{\frac{1}{2}}N + MT^{\frac{1}{2}}S^{\frac{1}{2}}\|^2}\,\bigg].$$

于是结论得证. ∎

定理 2.3.6 设 T 是 Hilbert 空间 X 中的有界线性算子, 则不等式

$$w(T) \leqslant \frac{1}{2}(\|T\| + \|T^2\|^{\frac{1}{2}})$$

成立.

证明 由混合 Schwarz 不等式 (引理 2.3.2) 得

$$\begin{aligned}
w(T) &= \sup_{\|x\|=1} |(Tx, x)| \\
&\leqslant \sup_{\|x\|=1} \sqrt{(|T|x, x)(|T^*|x, x)} \\
&\leqslant \sup_{\|x\|=1} \frac{1}{2}((|T| + |T^*|)x, x) \\
&\leqslant \frac{1}{2}\||T| + |T^*|\|.
\end{aligned}$$

由引理 2.3.4, 引理 2.3.5 以及 $\|T\| = \||T|\| = \||T^*|\|$ 可知

$$\begin{aligned}
\||T| + |T^*|\| &\leqslant \frac{1}{2}(\||T|\| + \||T^*|\|) + \sqrt{(\||T|\| - \||T^*|\|)^2 + 4\||T|^{\frac{1}{2}}|T^*|^{\frac{1}{2}}\|^2} \\
&\leqslant \|T\| + \|T^2\|^{\frac{1}{2}}.
\end{aligned}$$

于是结论成立. ∎

注 2.3.4 定理 2.3.6 最早是由 Kittaneh[24] 得到的. 该结论推广了 $w(T) \leqslant \|T\|$. 事实上, 由不等式 $w(T) \leqslant \frac{1}{2}(\|T\| + \|T^2\|^{\frac{1}{2}})$ 很容易推出 $w(T) \leqslant \|T\|$.

推论 2.3.3 设 T 是 Hilbert 空间 X 中的有界线性算子且满足 $T^2 = 0$, 则有 $w(T) = \frac{1}{2}\|T\|$.

证明 当 $T^2 = 0$ 时, 由定理 2.3.6 知

$$w(T) \leqslant \frac{1}{2}\|T\|.$$

再考虑到 $\frac{1}{2}\|T\| \leqslant w(T)$, 结论即可得证. ∎

推论 2.3.4   设 T 是 Hilbert 空间 X 中的有界线性算子且满足 $w(T) = \|T\|$,
则有 $\|T^2\| = \|T\|^2$.

证明   当 $w(T) = \|T\|$ 时, 由定理 2.3.6 知

$$\|T\| \leqslant \|T\|^{\frac{1}{2}}.$$

再考虑到 $\|T^2\| \leqslant \|T\|^2$, 结论即可得证. ∎

2.4   数值半径的反向不等式

由性质 2.2.2 可知 $\dfrac{\|T\|}{2} \leqslant w(T) \leqslant \|T\|$, 即数值半径不会超过算子范数. 那么,
算子范数与数值半径的差距在什么范围之内呢? 这样就引出了数值半径的反向不
等式[25] 问题.

2.4.1   算子范数与数值半径的差

首先我们通过算子范数与数值半径的差来刻画数值半径的反向不等式.

定理 2.4.1   设 T 是 Hilbert 空间 X 中的有界线性算子, 如果存在 $0 \neq \lambda \in \mathbb{C}$
和 $r > 0$ 使得

$$\|T - \lambda I\| \leqslant r,$$

则 $\|T\| - w(T) \leqslant \dfrac{1}{2} \dfrac{r^2}{|\lambda|}$ 且 $\|T\|^2 - [w(T)]^2 \leqslant r^2$.

证明   由给定条件可知, 对任意 $\|x\| = 1$ 有

$$\|(T - \lambda I)x\| \leqslant r,$$

即

$$\|(T - \lambda I)x\|^2 = ((T - \lambda I)x, (T - \lambda I)x) \leqslant r^2,$$

化简得

$$\|Tx\|^2 \leqslant r^2 - |\lambda|^2 + 2|\lambda|w(T).$$

由于 $\|T\| = \sup_{\|x\|=1} \|Tx\|$, 故 $\|T\|^2 \leqslant r^2 - |\lambda|^2 + 2|\lambda|w(T)$, 且考虑到 $\|T\|^2 + |\lambda|^2 \geqslant 2|\lambda|\|T\|$, 即得

$$2|\lambda|\|T\| \leqslant r^2 + 2|\lambda|w(T),$$

即 $\|T\| - w(T) \leqslant \dfrac{1}{2} \dfrac{r^2}{|\lambda|}$.

下面证明 $\|T\|^2 - [w(T)]^2 \leqslant r^2$. 由关系式

$$\|T\|^2 \leqslant r^2 - |\lambda|^2 + 2|\lambda|w(T)$$

可知

$$\|T\|^2 - [w(T)]^2 \leqslant r^2 - |\lambda|^2 + 2|\lambda|w(T) - [w(T)]^2$$
$$= r^2 - (|\lambda| - w(T))^2 \leqslant r^2.$$

结论证毕. ∎

注 2.4.1 如果算子 $T: X \to X$ 满足 $\mathcal{R}(T) \perp \mathcal{R}(T^*)$ 且 $\|T - \lambda I\| \leqslant \sqrt{|\lambda| \cdot \|T\|}$, 则定理 2.4.1 中等式成立. 事实上, 当 $\mathcal{R}(T) \perp \mathcal{R}(T^*)$ 时, 由定理 2.2.3 可知

$$w(T) = \frac{1}{2}\|T\|.$$

于是取 $r = \sqrt{|\lambda| \cdot \|T\|}$ 时, $\frac{1}{2}\frac{r^2}{|\lambda|} = \frac{1}{2}\|T\| = \|T\| - w(T)$.

定理 2.4.2 设 T 是 Hilbert 空间 X 中的有界线性算子, 如果存在 $\lambda, \mu \in \mathbb{C}, \mu \neq -\lambda, \mu \neq \lambda$ 使得对任意 $\|x\| = 1$, 有

$$\mathrm{Re}(\mu x - Tx, Tx - \lambda x) \geqslant 0,$$

则 $\|T\| - w(T) \leqslant \frac{1}{4}\frac{|\mu - \lambda|^2}{|\mu + \lambda|}$.

证明 对任意 $\|x\| = 1$ 有 $\mathrm{Re}(\mu x - Tx, Tx - \lambda x) \geqslant 0$ 时可以断言

$$\left\|T - \frac{\mu + \lambda}{2}x\right\| \leqslant \frac{1}{2}\|(\mu - \lambda)x\| = \frac{1}{2}|\mu - \lambda|. \tag{2.4.1}$$

于是, 由定理 2.4.1 可知 $\|T\| - w(T) \leqslant \frac{1}{4}\frac{|\mu - \lambda|^2}{|\mu + \lambda|}$ 成立. 下面证明式 (2.4.1). 对任意 $\|x\| = 1$, 有

$$\left\|T - \frac{\mu + \lambda}{2}x\right\| \leqslant \frac{1}{2}\|(\mu - \lambda)x\|$$

当且仅当

$$\left(T - \frac{\mu + \lambda}{2}x, T - \frac{\mu + \lambda}{2}x\right) \leqslant \frac{1}{4}((\mu - \lambda)x, (\mu - \lambda)x),$$

即

$$-\|Tx\|^2 + \mathrm{Re}(\bar{\lambda}(Tx, x)) + \mathrm{Re}(\mu(x, Tx)) - \mathrm{Re}(\mu\bar{\lambda}) \geqslant 0.$$

又因为

$$\mathrm{Re}(\mu x - Tx, Tx - \lambda x) \geqslant 0$$

当且仅当

$$-\|Tx\|^2 + \mathrm{Re}(\bar{\lambda}(Tx, x)) + \mathrm{Re}(\mu(x, Tx)) - \mathrm{Re}(\mu\bar{\lambda}) \geqslant 0.$$

于是结论成立. ∎

下面推论的证明是显然的.

推论 2.4.1　设 T 是 Hilbert 空间 X 中的有界线性算子, 如果存在 $\lambda, \mu \in \mathbb{C}, \mu \neq -\lambda, \mu \neq \lambda$ 使得

$$(T^* - \overline{\lambda}I)(\mu I - T) \geqslant 0,$$

则 $\|T\| - w(T) \leqslant \dfrac{1}{4} \dfrac{|\mu - \lambda|^2}{|\mu + \lambda|}$.

2.4.2　算子范数与数值半径的商

为了讨论算子范数与数值半径的差距, 除了考虑 $\|T\| - w(T)$ 的上界以外, 还可以通过 $\dfrac{w(T)}{\|T\|}(\leqslant 1)$ 的下界来说明.

定理 2.4.3　设 T 是 Hilbert 空间 X 中的有界线性算子, 如果存在 $0 \neq \lambda \in \mathbb{C}$ 和 $|\lambda| > r > 0$ 使得

$$\|T - \lambda I\| \leqslant r,$$

则 $\dfrac{w(T)}{\|T\|} \geqslant \sqrt{1 - \dfrac{r^2}{|\lambda|^2}}$.

证明　由定理 2.4.1 的证明过程可知

$$\|T\|^2 + |\lambda|^2 - r^2 \leqslant 2|\lambda|w(T),$$

即

$$\frac{\|T\|^2}{\sqrt{|\lambda|^2 - r^2}} + \sqrt{|\lambda|^2 - r^2} \leqslant \frac{2|\lambda|w(T)}{\sqrt{|\lambda|^2 - r^2}}.$$

考虑到 $\dfrac{\|T\|^2}{\sqrt{|\lambda|^2 - r^2}} + \sqrt{|\lambda|^2 - r^2} \geqslant 2\|T\|$, 得

$$2\|T\| \leqslant \frac{2|\lambda|w(T)}{\sqrt{|\lambda|^2 - r^2}},$$

于是结论得证. ■

推论 2.4.2　设 T 是 Hilbert 空间 X 中的有界线性算子, 如果存在 $\lambda, \mu \in \mathbb{C}, \mu \neq -\lambda, \mu \neq \lambda, \mathrm{Re}(\mu\overline{\lambda}) > 0$, 使得对任意 $\|x\| = 1$, 有

$$\mathrm{Re}(\mu x - Tx, Tx - \lambda x) \geqslant 0,$$

则 $\dfrac{w(T)}{\|T\|} \geqslant \dfrac{2\sqrt{\mathrm{Re}(\mu\overline{\lambda})}}{|\mu + \lambda|}$.

证明 由定理 2.4.2 证明过程知

$$\left\| T - \frac{\mu + \lambda}{2} \right\| \leqslant \frac{1}{2} \| \mu - \lambda \|.$$

然而, $\left| \dfrac{\mu + \lambda}{2} \right|^2 - \left| \dfrac{1}{2}(\mu - \lambda) \right|^2 = 2\mathrm{Re}(\mu\overline{\lambda}) > 0$, 于是运用定理 2.4.3 即得

$$\frac{w(T)}{\|T\|} \geqslant \frac{2\sqrt{\mathrm{Re}(\mu\overline{\lambda})}}{|\mu + \lambda|}.$$

于是结论成立. ∎

2.5 两个有界算子乘积的数值半径

因为数值半径是一个范数, 它的三角不等式以及数值域的次可加性等性质对于两个算子和 $T + S$ 的数值半径 $w(T + S)$ 的刻画相对容易一些. 但是, 两个有界算子乘积 TS 的数值半径 $w(TS)$ 的刻画是相当困难的, 即使 T, S 可交换也不一定满足 $w(TS) \leqslant w(T)w(S)$ (见例 2.2.1). 因此, 本节我们研究两个有界算子乘积的数值半径 $w(TS)$, 并刻画 $w(TS)$ 与 $w(T), w(S)$ 之间的关系.

2.5.1 算子乘积的数值半径与数值半径的乘积

定理 2.5.1 设 T, S 是 Hilbert 空间 X 中的有界线性算子, 则

(i) $w(TS) \leqslant 4w(T)w(S)$;

(ii) 如果 T, S 可交换 (即 $TS = ST$), 则 $w(TS) \leqslant 2w(T)w(S)$.

证明 (i) 由性质 2.2.2 可知

$$w(TS) \leqslant \|TS\| \leqslant \|T\|\|S\| \leqslant 2w(T) \cdot 2w(S).$$

于是 $w(TS) \leqslant 4w(T)w(S)$.

(ii) 因为 $w(TS) \leqslant 2w(T)w(S)$ 当且仅当 $\dfrac{w(TS)}{w(T)w(S)} = w\left(\dfrac{T}{w(T)} \dfrac{S}{w(S)} \right) \leqslant 2$. 考虑到

$$TS = ST, \quad w\left(\frac{T}{w(T)} \right) = 1, \quad w\left(\frac{S}{w(S)} \right) = 1,$$

由数值半径的三角不等式以及定理 2.3.1 得

$$
\begin{aligned}
w\left(\frac{T}{w(T)}\frac{S}{w(S)}\right) &= \frac{1}{4}w\left[\left(\frac{T}{w(T)}+\frac{S}{w(S)}\right)^2-\left(\frac{T}{w(T)}-\frac{S}{w(S)}\right)^2\right] \\
&\leqslant \frac{1}{4}\left[w\left(\frac{T}{w(T)}+\frac{S}{w(S)}\right)^2+w\left(\frac{T}{w(T)}-\frac{S}{w(S)}\right)^2\right] \\
&\leqslant \frac{1}{4}\left[\left(w\left(\frac{T}{w(T)}\right)+w\left(\frac{S}{w(S)}\right)\right)^2+\left(w\left(\frac{T}{w(T)}\right)+w\left(\frac{S}{w(S)}\right)\right)^2\right] \\
&= 2.
\end{aligned}
$$

结论得证. ∎

下列例子说明存在可交换算子 T, S 使得定理 2.5.1(ii) 中的等式成立.

例 2.5.1　定义有界线性算子 T, S 如下

$$
T=\begin{bmatrix} 0 & I & 0 & 0 \\ 0 & 0 & 0 & 0 \\ 0 & 0 & 0 & I \\ 0 & 0 & 0 & 0 \end{bmatrix}, \quad
S=\begin{bmatrix} 0 & 0 & I & 0 \\ 0 & 0 & 0 & I \\ 0 & 0 & 0 & 0 \\ 0 & 0 & 0 & 0 \end{bmatrix},
$$

则容易证明 T, S 可交换且经计算得 $w(T)=w(S)=w(ST)=\dfrac{1}{2}$, 即 $w(TS)=2w(T)w(S)$.

那么, T, S 满足什么条件时数值半径满足 $w(TS)\leqslant w(T)w(S)$ 呢? 由注 2.2.2 可知, 当 T, S 是半正规算子时, $w(T)=\|T\|, w(S)=\|S\|$, 从而

$$
w(TS)\leqslant \|TS\|\leqslant \|T\|\|S\|=w(T)w(S).
$$

对于更一般的情形, 在有界线性算子的可交换条件下, 如果其中一个算子是非负算子, 则上述不等式也成立.

定理 2.5.2　设 T, S 是 Hilbert 空间 X 中的有界线性算子, 如果 T, S 可交换且 T 是非负算子, 则有不等式 $w(TS)\leqslant w(S)w(T)$.

证明　因为 T 是非负算子且 $TS=ST$, 由 [7] 的定理 3.35(iii) 可知 $T^{\frac{1}{2}}S=ST^{\frac{1}{2}}$. 任取 $\|f\|=1$, 当 $T^{\frac{1}{2}}f\neq 0$ 时, 有

$$
\begin{aligned}
(TSf,f) &= (T^{\frac{1}{2}}ST^{\frac{1}{2}}f,f) \\
&= (ST^{\frac{1}{2}}f,T^{\frac{1}{2}}f) \\
&= (Sg,g)\|T^{\frac{1}{2}}f\|^2=(Sg,g)(Tf,f).
\end{aligned}
$$

于是 $W(TS)\subset W(T)W(S)$, 故 $w(TS)\leqslant w(T)w(S)$.

当 $T^{\frac{1}{2}}f = 0$ 时, $(TSf, f) = 0, (Tf, f) = 0$, 故对任意 $\|g\| = 1$ 有 $(TSf, f) = (Tf, f)(Sg, g)$. 于是 $w(TS) \leqslant w(T)w(S)$. ∎

为了得到更一般的算子乘积的数值半径不等式 $w(TS) \leqslant w(T)w(S)$ 成立的条件, 首先引进下列引理[26].

引理 2.5.1 设 T 是 Hilbert 空间 X 中的有界线性算子, 令 $0 < s < 1$ 且

$$T_n(x) = \begin{cases} I, & n = 0, \\ \dfrac{1}{2}T^n, & n > 0, \\ \dfrac{1}{2}(T^*)^{-n}, & n < 0, \end{cases}$$

则 $w(T) \leqslant 1$ 当且仅当 $\sum_{n=-\infty}^{+\infty} s^{|n|}\mathrm{e}^{in\theta}T_n \geqslant 0$.

证明 令 $z = s\mathrm{e}^{i\theta}, B = zT$, 则

$$\sum_{n=-\infty}^{+\infty} s^{|n|}\mathrm{e}^{in\theta}T_n = I + \frac{1}{2}\left[\sum_{n=1}^{+\infty} B^n + \sum_{n=1}^{+\infty}(B^*)^n\right].$$

当 $w(T) \leqslant 1$ 时, 由谱半径和数值半径之间的关系 $r(T) = r(T^*) \leqslant w(T)$ 可知

$$r(T) = r(T^*) \leqslant 1,$$

即

$$\lim_{n\to\infty}\|T^n\|^{\frac{1}{n}} \leqslant 1 \quad \text{且} \quad \lim_{n\to\infty}\|(T^*)^n\|^{\frac{1}{n}} \leqslant 1.$$

于是, 当 n 充分大时, 有

$$\|T^n\| \leqslant 1 \quad \text{且} \quad \|(T^*)^n\| \leqslant 1.$$

再考虑到

$$\left\|\sum_{n=-\infty}^{+\infty} s^{|n|}\mathrm{e}^{in\theta}T_n\right\| \leqslant 1 + \frac{1}{2}\left[\sum_{n=1}^{+\infty} s^n\|T^n\| + \sum_{n=1}^{+\infty} s^n\|(T^*)^n\|\right],$$

即可得知 $\sum_{n=-\infty}^{+\infty} s^{|n|}\mathrm{e}^{in\theta}T_n$ 绝对收敛. 再由 $|z| \leqslant 1$ 知 $w(B) \leqslant 1$ 且 $\sum_{n=1}^{+\infty} B^n$ 和 $\sum_{n=1}^{+\infty}(B^*)^n$ 收敛. 考虑到

$$(I - B)\sum_{n=0}^{+\infty} B^n = \sum_{n=0}^{+\infty} B^n(I - B) = I,$$

$$(I - B^*)\sum_{n=0}^{+\infty}(B^*)^n = \sum_{n=0}^{+\infty}(B^*)^n(I - B^*) = I,$$

可知 $I - B$ 和 $I - B^*$ 可逆且

$$\sum_{n=-\infty}^{+\infty} s^{|n|} \mathrm{e}^{in\theta} T_n = \frac{1}{2}[(I - B)^{-1} + (I - B^*)^{-1}].$$

于是对任意 $h \in X, \|h\| = 1$, 有

$$\left(\sum_{n=-\infty}^{+\infty} s^{|n|} \mathrm{e}^{in\theta} T_n h, h\right) = \frac{1}{2}[((I - B)^{-1}h, h) + ((I - B^*)^{-1}h, h)]$$
$$= (g, g) - \mathrm{Re}(Bg, g)$$
$$\geqslant \|g\|^2 (1 - w(B)) \geqslant 0,$$

即 $\sum_{n=-\infty}^{+\infty} s^{|n|} \mathrm{e}^{in\theta} T_n \geqslant 0$, 其中 $g = (I - B)^{-1}h$.

反之, 当 $\sum_{n=-\infty}^{+\infty} s^{|n|} \mathrm{e}^{in\theta} T_n \geqslant 0$ 时, 为了证明 $w(T) \leqslant 1$, 只需证明对任意 $z \in \mathbb{C}, |z| < 1$ 和 $g \in X$ 有 $\mathrm{Re}((g, g) - z(Tg, g)) \geqslant 0$ 即可. 考虑到

$$\sum_{n=-\infty}^{+\infty} s^{|n|} \mathrm{e}^{in\theta} T_n = I + \frac{1}{2}\left[\sum_{n=1}^{+\infty} B^n + \sum_{n=1}^{+\infty} (B^*)^n\right],$$

得 $\sum_{n=0}^{+\infty} B^n$ 和 $\sum_{n=0}^{+\infty} (B^*)^n$ 收敛且由

$$(I - B)\sum_{n=0}^{+\infty} B^n = I, \quad (I - B^*)\sum_{n=0}^{+\infty} (B^*)^n = I$$

可知 $I - B$ 和 $I - B^*$ 可逆且

$$\sum_{n=-\infty}^{+\infty} s^{|n|} \mathrm{e}^{in\theta} T_n = \frac{1}{2}[(I - B)^{-1} + (I - B^*)^{-1}].$$

于是对任意 $g \in X$ 有

$$\mathrm{Re}((g, g) - z(Tg, g)) = \mathrm{Re}(g, (I - zT)g)$$
$$= (g, g) - \mathrm{Re}(Bg, g)$$
$$= \left(\sum_{n=-\infty}^{+\infty} s^{|n|} \mathrm{e}^{in\theta} T_n h, h\right) \geqslant 0,$$

其中 $h = (I - B)g$, 从而结论成立. ∎

定理 2.5.3 设 T 是 Hilbert 空间 X 中的有界线性算子, U 是酉算子且与 T 可交换, 则 $w(TU) \leqslant w(T)$.

证明 不妨设 $w(T) = 1$, 则只需证明 $w(TU) \leqslant 1$ 即可. 根据引理 2.5.1, 只需证明对任意 $0 \leqslant s < 1$ 有 $\sum_{n=-\infty}^{+\infty} s^{|n|} \mathrm{e}^{\mathrm{i}n\theta}(TU)_n \geqslant 0$ 即可, 其中 $(TU)_n$ 定义为

$$(TU)_n = \begin{cases} I, & n = 0, \\ \dfrac{1}{2}(TU)^n, & n > 0, \\ \dfrac{1}{2}(U^*T^*)^{-n}, & n < 0, \end{cases}$$

令 $L = \sum_{n=-\infty}^{+\infty} s^{|n|} \mathrm{e}^{\mathrm{i}n\theta_1} T_n, R = \sum_{m=-\infty}^{+\infty} s^{|m|} \mathrm{e}^{\mathrm{i}m\theta_2} U_m$, 则 L, R 均为非负算子且可交换, 故 LR 也是非负算子. 事实上, 由 [7] 的定理 3.35(iii) 可知, $L^{\frac{1}{2}}$ 与 R 可交换且对任意 $x \in X$, 有

$$\begin{aligned}
(LRx, x) &= (L^{\frac{1}{2}} L^{\frac{1}{2}} Rx, x) \\
&= (L^{\frac{1}{2}} Rx, L^{\frac{1}{2}} x) = (RL^{\frac{1}{2}} x, L^{\frac{1}{2}} x) \geqslant 0.
\end{aligned}$$

于是

$$\sum_{n=-\infty}^{+\infty} s^{|n|} \mathrm{e}^{\mathrm{i}n\theta}(TU)_n = \sum_{n=-\infty}^{+\infty} s^{|n|} \mathrm{e}^{\mathrm{i}n\theta} T_n U_n,$$

其中 T_n, U_m 的定义如引理 2.5.1.

另一方面, 令 $\sqrt{p} = s, \theta_1 = \theta - \varphi, \theta_2 = \varphi$, 则

$$f(\varphi) = \left(\sum_{m,n=-\infty}^{+\infty} s^{|n|+|m|} \mathrm{e}^{\mathrm{i}n\theta} \mathrm{e}^{\mathrm{i}(m-n)\varphi} T_n U_m x, x \right) \geqslant 0,$$

从而

$$\begin{aligned}
0 &\leqslant \frac{1}{2\pi} \int_0^{2\pi} f(\varphi)\mathrm{d}\varphi \\
&= \left(\sum_{m,n=-\infty}^{+\infty} s^{|n|+|m|} \mathrm{e}^{\mathrm{i}n\theta} T_n U_m x, x \right) \frac{1}{2\pi} \int_0^{2\pi} \mathrm{e}^{\mathrm{i}(m-n)\varphi}\mathrm{d}\varphi \\
&= \left(\sum_{n=-\infty}^{+\infty} p^{|n|} \mathrm{e}^{\mathrm{i}n\theta} T_n U_n x, x \right),
\end{aligned}$$

这里用到了定积分性质

$$\frac{1}{2\pi} \int_0^{2\pi} \mathrm{e}^{\mathrm{i}(m-n)\varphi}\mathrm{d}\varphi = \begin{cases} 1, & n = m, \\ 0, & n \neq m, \end{cases}$$

又因为 $\sqrt{p} = s$, 当 s 取遍 $[0, 1)$ 的实数时 p 也取遍 $[0, 1)$ 的实数, 故结论得证. ∎

推论 2.5.1　设 T,S 是 Hilbert 空间 X 中的有界线性算子, T 是等距同构且与 S 可交换, 则 $w(TS) \leqslant w(S)$.

证明　由于 $T^*T = I$, 对任意 $x \in X, \|x\| = 1$, 有

$$(TSx, x) = (T^*TTSx, x) = (TSTx, Tx).$$

于是为了证明 $w(TS) \leqslant w(T)w(S)$, 只需在 $\mathcal{R}(T)$ 上讨论即可. 由 $T^*T = I$ 可知, $\mathcal{R}(T)$ 闭且 T 限制在 $\mathcal{R}(T)$ 上是酉算子. 事实上, 对任意 $g = Tf \in \mathcal{R}(T)$, 有

$$TT^*g = TT^*Tf = Tf = g.$$

由定理 2.5.3 即得 $w(TS) \leqslant w(S)$ 成立. ∎

定理 2.5.4　设 T,S 是 Hilbert 空间 X 中的有界线性算子, 如果 T,S 是双可交换(即 $ST = TS, ST^* = T^*S$), 则 $w(TS) \leqslant w(T)\|S\|$.

证明　不妨设 $\|S\| \leqslant 1$, 则只需证明 $w(TS) \leqslant w(T)$ 即可. 由于 $I - SS^* \geqslant 0$ 且 $I - S^*S \geqslant 0$, 平方根算子分别记为 $(I - SS^*)^{\frac{1}{2}}$ 和 $(I - S^*S)^{\frac{1}{2}}$. 令

$$\mathfrak{T} = \begin{bmatrix} T & 0 \\ 0 & T \end{bmatrix}, \quad \mathfrak{U} = \begin{bmatrix} S & (I - SS^*)^{\frac{1}{2}} \\ (I - S^*S)^{\frac{1}{2}} & -S^* \end{bmatrix},$$

则考虑到 T,S 的双可交换性, 有

$$T(I - SS^*) = (I - SS^*)T, \quad T(I - S^*S) = (I - S^*S)T,$$

再由 [7] 的定理 V3.35(iii) 可知 $T(I - SS^*)^{\frac{1}{2}} = (I - SS^*)^{\frac{1}{2}}T$. 于是 $\mathfrak{T}, \mathfrak{U}$ 可交换.

另一方面, 考虑到 $(I - SS^*)^{\frac{1}{2}}S = S(I - S^*S)^{\frac{1}{2}}$ 和级数展开

$$(1 - x)^{\frac{1}{2}} = 1 + a_1 x + a_2 x^2 + \cdots + a_n x^n + \cdots,$$

其中 $a_1, a_2, \cdots$ 是常数, 得 $\mathfrak{U}^*\mathfrak{U} = \mathfrak{U}\mathfrak{U}^* = I$, 即 $\mathfrak{U}$ 是酉算子. 于是由定理 2.5.3 知, 对任意 $x \in X, \|x\| = 1$, 有

$$|(TSx, x)| = \left| \left(\mathfrak{T}\mathfrak{U} \begin{bmatrix} x \\ 0 \end{bmatrix}, \begin{bmatrix} x \\ 0 \end{bmatrix} \right) \right|$$
$$\leqslant w(\mathfrak{T}\mathfrak{U}) \leqslant w(\mathfrak{T}) = w(T).$$

于是, $w(TS) \leqslant w(T)$. 结论证毕. ∎

推论 2.5.2　设 T,S 是 Hilbert 空间 X 中的有界线性算子, S 是正规算子且与 T 可交换, 则 $w(TS) \leqslant w(T)w(S)$.

证明 当 S 是正规算子且与 T 可交换时, 由 Fugled 定理[27] 可知 S 与 T^* 也可交换, 再由定理 2.5.4 可知

$$w(TS) \leqslant w(T)\|S\|.$$

又因为 S 是正常算子, $\|S\| = w(S)$, 故 $w(TS) \leqslant w(T)w(S)$. ∎

2.5.2 算子乘积的数值半径的其他不等式

定理 2.5.5 设 T, S 是 Hilbert 空间 X 中的有界线性算子, 如果存在常数 $r > 0$ 使得 $\|T - S\| \leqslant r$, 则不等式

$$\|T^*T + S^*S\| \leqslant 2w(S^*T) + r^2$$

成立.

证明 对任意 $\|x\| = 1$, 有

$$
\begin{aligned}
(Tx - Sx, Tx - Sx) &= \|Tx\|^2 + \|Sx\|^2 - 2\mathrm{Re}(Tx, Sx)\\
&= \|Tx\|^2 + \|Sx\|^2 - 2\mathrm{Re}(S^*Tx, x).
\end{aligned}
$$

于是, $\|Tx\|^2 + \|Sx\|^2 \leqslant r^2 + 2w(S^*T)$.

另一方面, 对任意 $\|x\| = 1$, 有

$$(T^*Tx + S^*Sx, x) = \|Tx\|^2 + \|Sx\|^2.$$

从而 $w(T^*Tx + S^*S) \leqslant r^2 + 2w(S^*T)$. 又因为 $T^*T + S^*S$ 是自伴算子, $w(T^*T + S^*S) = \|T^*T + S^*S\|$, 于是 $\|T^*T + S^*S\| \leqslant 2w(S^*T) + r^2$ 成立. ∎

注 2.5.1 从定理 2.5.5 的证明过程不难发现

$$0 \leqslant \|T^*T + S^*S\| - 2w(S^*T) \leqslant \|T - S\|^2.$$

事实上, 对任意 $\|x\| = 1$, 有

$$
\begin{aligned}
\|(T - S)x\|^2 &= (Tx - Sx, Tx - Sx)\\
&= \|Tx\|^2 + \|Sx\|^2 - 2\mathrm{Re}(Tx, Sx)\\
&= \|Tx\|^2 + \|Sx\|^2 - 2\mathrm{Re}(S^*Tx, x)\\
&\geqslant (T^*Tx + S^*Sx, x) - 2w(S^*T).
\end{aligned}
$$

从而

$$\|T^*T + S^*S\| - 2w(S^*T) \leqslant \|T - S\|^2. \tag{2.5.1}$$

另一方面,

$$(T^*Tx + S^*Sx, x) = \|Tx\|^2 + \|Sx\|^2$$
$$\geqslant 2\|Tx\|\|Sx\|$$
$$\geqslant 2(Tx, Sx) = 2(S^*Tx, x),$$

即 $\|T^*T + S^*S\| - 2w(S^*T) \geqslant 0$.

定理 2.5.6　设 T, S 是 Hilbert 空间 X 中的有界线性算子, 则不等式

$$\left\|\frac{T+S}{2}\right\|^2 \leqslant \frac{1}{2}\left[\left\|\frac{T^*T + S^*S}{2}\right\| + w(S^*T)\right]$$

成立.

证明　对任意 $\|x\| = 1$, 有

$$\|(T+S)x\|^2 = (Tx + Sx, Tx + Sx)$$
$$= \|Tx\|^2 + \|Sx\|^2 + 2\mathrm{Re}(Tx, Sx)$$
$$= (T^*Tx + S^*Sx, x) + 2\mathrm{Re}(S^*Tx, x)$$
$$\leqslant w(T^*T + S^*S) + 2w(S^*T).$$

于是, 考虑到 $w(T^*T + S^*S) = \|T^*T + S^*S\|$, 即得 $\left\|\dfrac{T+S}{2}\right\|^2 \leqslant \dfrac{1}{2}\left[\left\|\dfrac{T^*T + S^*S}{2}\right\| + w(S^*T)\right]$ 成立. ∎

注 2.5.2　在定理 2.5.6 中, 令 $S = T^*$, 则有不等式

$$\left\|\frac{T + T^*}{2}\right\|^2 \leqslant \frac{1}{2}\left[\left\|\frac{T^*T + TT^*}{2}\right\| + w(T^2)\right]$$

成立.

定理 2.5.7　设 T, S 是 Hilbert 空间 X 中的有界线性算子, 则对任意 $p \geqslant 2$ 有不等式

$$\left\|\frac{T^*T + S^*S}{2}\right\|^{\frac{p}{2}} \leqslant \frac{1}{4}[\|T - S\|^p + \|T + S\|^p]$$

成立.

证明　对任意 $\|x\| = 1$, 有

$$\|(T-S)x\|^p + \|(T+S)x\|^p = (\|(T-S)x\|^2)^{\frac{p}{2}} + (\|(T+S)x\|^2)^{\frac{p}{2}}$$
$$= (\|Tx\|^2 + \|Sx\|^2 - 2\mathrm{Re}(S^*Tx, x))^{\frac{p}{2}}$$
$$+ (\|Tx\|^2 + \|Sx\|^2 + 2\mathrm{Re}(S^*Tx, x))^{\frac{p}{2}}.$$

考虑到对任意 $\alpha,\beta \geqslant 0$ 和 $p \geqslant 2$ 有 $\dfrac{\alpha^p + \beta^p}{2} \geqslant \left(\dfrac{\alpha+\beta}{2}\right)^p$, 即得

$$(\|Tx\|^2 + \|Sx\|^2 - 2\mathrm{Re}(S^*Tx,x))^{\frac{p}{2}} + (\|Tx\|^2 + \|Sx\|^2 + 2\mathrm{Re}(S^*Tx,x))^{\frac{p}{2}}$$

$$\geqslant 2[\|Tx\|^2 + \|Sx\|^2]^{\frac{p}{2}}$$

$$\geqslant 2[\|Tx\|^p + \|Sx\|^p]$$

$$= 4\left[\frac{(\|Tx\|^2)^{\frac{p}{2}} + (\|Sx\|^2)^{\frac{p}{2}}}{2}\right]$$

$$\geqslant 4\left[\frac{\|Tx\|^2 + \|Sx\|^2}{2}\right]^{\frac{p}{2}}$$

$$= 4\left[\frac{(T^*Tx + S^*Sx,x)}{2}\right]^{\frac{p}{2}}.$$

再由 $T^*T + S^*S$ 是自伴算子可知 $w(T^*T + S^*S) = \|T^*T + S^*S\|$, 故

$$\left\|\frac{T^*T + S^*S}{2}\right\|^{\frac{p}{2}} \leqslant \frac{1}{4}[\|T-S\|^p + \|T+S\|^p]$$

成立. ∎

定理 2.5.8 设 T,S 是 Hilbert 空间 X 中的有界线性算子, 如果 $0 \in \rho(S)$ 且存在常数 $r > 0$ 使得 $\|T-S\| \leqslant r$, 则不等式

$$\|T\| \leqslant \|S^{-1}\|\left[w(S^*T) + \frac{1}{2}r^2\right]$$

成立.

证明 对任意 $\|x\| = 1$, 有

$$(Tx - Sx, Tx - Sx) = \|Tx\|^2 + \|Sx\|^2 - 2\mathrm{Re}(Tx,Sx)$$

$$= \|Tx\|^2 + \|Sx\|^2 - 2\mathrm{Re}(S^*Tx,x).$$

于是, $\|Tx\|^2 + \|Sx\|^2 \leqslant r^2 + 2w(S^*T)$.

另一方面, 对任意 $\|x\| = 1$, 有 $\|Sx\| \geqslant \dfrac{1}{\|S^{-1}\|}$, 从而

$$2\|Tx\|\frac{1}{\|S^{-1}\|} \leqslant \|Tx\|^2 + \frac{1}{\|S^{-1}\|^2} \leqslant \|Tx\|^2 + \|Sx\|^2,$$

即

$$2\|Tx\|\frac{1}{\|S^{-1}\|} \leqslant r^2 + 2w(S^*T).$$

于是结论成立. ∎

定理 2.5.9 设 T, S 是 Hilbert 空间 X 中的有界线性算子, 如果 $0 \in \rho(S)$ 且存在常数 $r > 0$ 使得 $\|T - S\| \leqslant r$, 则不等式

$$0 \leqslant \|T\|\|S\| - w(S^*T) \leqslant \frac{1}{2}r^2 + \frac{\|S\|^2\|S^{-1}\|^2 - 1}{2\|S^{-1}\|^2}$$

成立.

证明 对任意 $\|x\| = 1$, 有

$$\|Tx\|^2 + \|Sx\|^2 \leqslant r^2 + 2w(S^*T),$$

即

$$\|Tx\|^2 + \|S\|^2 \leqslant r^2 + 2w(S^*T) + \|S\|^2 - \|Sx\|^2$$
$$\leqslant r^2 + 2w(S^*T) + \|S\|^2 - \frac{1}{\|S^{-1}\|^2}.$$

再由基本不等式得

$$2\|Tx\|\|S\| \leqslant r^2 + 2w(S^*T) + \|S\|^2 - \frac{1}{\|S^{-1}\|^2}.$$

从而 $\|T\|\|S\| - w(S^*T) \leqslant \frac{1}{2}r^2 + \frac{\|S\|^2\|S^{-1}\|^2 - 1}{2\|S^{-1}\|^2}$.

另一方面, 根据数值半径和算子范数的关系易得

$$\|T\|\|S\| = \|T\|\|S^*\| \geqslant \|S^*T\| \geqslant w(S^*T).$$

于是 $0 \leqslant \|T\|\|S\| - w(S^*T)$ 成立. ∎

定理 2.5.10 设 T, S 是 Hilbert 空间 X 中的有界线性算子, 如果 $0 \in \rho(S)$ 且存在常数 $r > 0$ 使得 $\|T - S\| \leqslant r < \|S\|$, 则不等式

$$\|T\| \leqslant \frac{1}{\sqrt{\|S\|^2 - r^2}}\left(w(S^*T) + \frac{\|S\|^2\|S^{-1}\|^2 - 1}{2\|S^{-1}\|^2}\right)$$

成立.

证明 对任意 $\|x\| = 1$, 有

$$\|Tx\|^2 + \|Sx\|^2 \leqslant r^2 + 2w(S^*T),$$

即

$$\|Tx\|^2 + \|S\|^2 - r^2 \leqslant 2w(S^*T) + \|S\|^2 - \|Sx\|^2.$$

考虑到 $\|Tx\|^2 + \|S\|^2 - r^2 \geqslant 2\|Tx\|\sqrt{\|S\|^2 - r^2}$, 得

$$w(S^*T) + \frac{\|S\|^2\|S^{-1}\|^2 - 1}{2\|S^{-1}\|^2} \geqslant 2\|Tx\|\sqrt{\|S\|^2 - r^2}.$$

从而结论成立. ∎

注 2.5.3 在定理 2.5.10 中, 令 $S = \lambda I, |\lambda| > r$, 则有不等式

$$\|T\| \leqslant \frac{w(T)}{\sqrt{1 - \left(\dfrac{r}{|\lambda|}\right)^2}},$$

这个结论恰好是定理 2.4.3 的结论.

定理 2.5.11 设 T, S 是 Hilbert 空间 X 中的有界线性算子, 如果 $0 \in \rho(S)$ 且存在常数 $r > 0$ 使得 $\|T - S\| \leqslant r, \|S^{-1}\| < \dfrac{1}{r}$, 则不等式

$$\|T\| \leqslant \frac{\|S^{-1}\|}{\sqrt{1 - r^2\|S^{-1}\|^2}} w(S^*T)$$

成立.

证明 对任意 $\|x\| = 1$, 有

$$\|Tx\|^2 + \|Sx\|^2 \leqslant r^2 + 2w(S^*T),$$

即

$$\|Tx\|^2 + \frac{1}{\|S^{-1}\|^2} - r^2 \leqslant 2w(S^*T) + \frac{1}{\|S^{-1}\|^2} - \|Sx\|^2$$
$$\leqslant 2w(S^*T).$$

考虑到 $\|Tx\|^2 + \dfrac{1}{\|S^{-1}\|^2} - r^2 \geqslant 2\|Tx\|\sqrt{\dfrac{1}{\|S^{-1}\|^2} - r^2}$, 得

$$\|Tx\| \leqslant \frac{\|S^{-1}\|}{\sqrt{1 - r^2\|S^{-1}\|^2}} w(S^*T).$$

从而结论成立. ∎

定理 2.5.12 设 T, S 是 Hilbert 空间 X 中的有界线性算子, 如果 $0 \in \rho(S)$ 且存在常数 $r > 0$ 使得 $\|T - S\| \leqslant r, \dfrac{1}{\sqrt{1 + r^2}} < \|S^{-1}\| < \dfrac{1}{r}$, 则不等式

$$\|T\|^2 \leqslant [w(S^*T)]^2 + 2w(S^*T)\frac{\|S^{-1}\| - \sqrt{1 - r^2\|S^{-1}\|^2}}{\|S^{-1}\|}$$

成立.

证明　对任意 $\|x\| = 1$, 有

$$\|Tx\|^2 + \|Sx\|^2 \leqslant r^2 + 2w(S^*T),$$

即

$$\|Tx\|^2 + \frac{1}{\|S^{-1}\|^2} - r^2 \leqslant 2w(S^*T).$$

考虑到 $\frac{1}{\|S^{-1}\|^2} - r^2 > 0$, 有 $w(S^*T) > 0$ 且

$$\begin{aligned}
\frac{\|Tx\|^2}{w(S^*T)} - w(S^*T) &\leqslant 2 - \left(w(S^*T) + \frac{1 - r^2\|S^{-1}\|^2}{w(S^*T)\|S^{-1}\|^2} \right) \\
&\leqslant 2 - 2\frac{\sqrt{1 - r^2\|S^{-1}\|^2}}{\|S^{-1}\|} \\
&= 2\frac{\|S^{-1}\| - \sqrt{1 - r^2\|S^{-1}\|^2}}{\|S^{-1}\|}.
\end{aligned}$$

从而 $\|Tx\|^2 \leqslant [w(S^*T)]^2 + 2w(S^*T)\dfrac{\|S^{-1}\| - \sqrt{1 - r^2\|S^{-1}\|^2}}{\|S^{-1}\|}$ 成立. ∎

引理 2.5.2　设 T 是 Hilbert 空间 X 中的非负 $(T \geqslant 0)$ 有界线性算子, 则对任意 $\|x\| = 1$ 和 $p \geqslant 1$ 有 $(Tx,x)^p \leqslant (T^px,x)$.

证明　令 $E(\lambda)$ 是非负算子 T 的一个谱族, 则 $P = \displaystyle\int_0^{2\pi} \lambda dE(\lambda)$ 且由 Jensen 不等式可知

$$\begin{aligned}
(Tx,x)^p &= \left(\int_0^{2\pi} \lambda dE(\lambda)x,x \right)^p \\
&\leqslant \left(\int_0^{2\pi} \lambda^p dE(\lambda)x,x \right) = (T^px,x).
\end{aligned}$$

从而结论成立. ∎

定理 2.5.13　设 T, S 是 Hilbert 空间 X 中的有界线性算子, 则对任意 $r \geqslant 1$ 有不等式

$$[w(S^*T)]^r \leqslant \frac{1}{2}\|(T^*T)^r + (S^*S)^r\|$$

成立.

证明　对任意 $x \in X, \|x\| = 1$, 由 Schwarz 不等式和引理 2.5.2 可知

$$\begin{aligned}
|(S^*Tx,x)| = |(Tx,Sx)| &\leqslant \|Tx\|\|Sx\| \\
&\leqslant (T^*Tx,x)^{\frac{1}{2}}(S^*Sx,x)^{\frac{1}{2}} \\
&= [(T^*Tx,x)^{\frac{r}{2}}(S^*Sx,x)^{\frac{r}{2}}]^{\frac{1}{r}} \\
&\leqslant \left[\frac{(T^*Tx,x)^r + (S^*Sx,x)^r}{2} \right]^{\frac{1}{r}}
\end{aligned}$$

$$\leqslant \left[\frac{((T^*T)^r x, x) + ((S^*S)^r x, x)}{2} \right]^{\frac{1}{r}}$$

$$= \left[\frac{((T^*T)^r x + (S^*S)^r x, x)}{2} \right]^{\frac{1}{r}}$$

$$\leqslant \left[\frac{\|(T^*T)^r + (S^*S)^r\|}{2} \right]^{\frac{1}{r}}$$

$$= \left[\frac{w((T^*T)^r + (S^*S)^r)}{2} \right]^{\frac{1}{r}},$$

其中 $w((T^*T)^r + (S^*S)^r) = \|(T^*T)^r + (S^*S)^r\|$ 是因为 $(T^*T)^r + (S^*S)^r$ 是自伴算子. ∎

注 2.5.4 在定理 2.5.13 中分别取 $S = I$ 和 $S = A^*$ 可得不等式

$$[w(T)]^r \leqslant \frac{1}{2} \|(T^*T)^r + I\|$$

和

$$[w(T^2)]^r \leqslant \frac{1}{2} \|(T^*T)^r + (TT^*)^r\|.$$

定理 2.5.14 设 $T_i, S_i (i = 1, 2)$ 是 Hilbert 空间 X 中的有界线性算子, $s, r \geqslant 1$, 则不等式

$$[w(T_2^* T_1 + S_2^* S_1)]^2 \leqslant 4 \left\| \frac{(T_1^* T_1)^r + (S_1^* S_1)^r}{2} \right\|^{\frac{1}{r}} \cdot \left\| \frac{(T_2^* T_2)^s + (S_2^* S_2)^s}{2} \right\|^{\frac{1}{s}}$$

成立.

证明 对任意 $x \in X, \|x\| = 1$, 由 Schwarz 不等式和引理 2.5.2 可知

$$|(T_2^* T_1 x + S_2^* S_1 x, x)|^2 \leqslant [|(T_1 x, T_2 x)| + |(S_1 x, S_2 x)|]^2$$

$$\leqslant (\|T_1 x\| \|T_2 x\| + \|S_1 x\| \|S_2 x\|)^2$$

$$\leqslant ((T_1^* T_1 + S_1^* S_1)x, x)((T_2^* T_2 + S_2^* S_2)x, x)$$

$$= [((T_1^* T_1 + S_1^* S_1)x, x)^r]^{\frac{1}{r}} [((T_2^* T_2 + S_2^* S_2)x, x)^s]^{\frac{1}{s}}$$

$$\leqslant ((T_1^* T_1 + S_1^* S_1)^r x, x)^{\frac{1}{r}} ((T_2^* T_2 + S_2^* S_2)^s x, x)^{\frac{1}{s}}$$

$$= 4 \left(\left(\frac{T_1^* T_1 + S_1^* S_1}{2} \right)^r x, x \right)^{\frac{1}{r}} \left(\left(\frac{T_2^* T_2 + S_2^* S_2}{2} \right)^s x, x \right)^{\frac{1}{s}}$$

$$\leqslant 4 \left(\frac{(T_1^* T_1)^r + (S_1^* S_1)^r}{2} x, x \right)^{\frac{1}{r}} \left(\frac{(T_2^* T_2)^s + (S_2^* S_2)^s}{2} x, x \right)^{\frac{1}{s}}$$

$$\leqslant 4 \left\| \frac{(T_1^* T_1)^r + (S_1^* S_1)^r}{2} \right\|^{\frac{1}{r}} \left\| \frac{(T_2^* T_2)^s + (S_2^* S_2)^s}{2} \right\|^{\frac{1}{s}}. \quad ∎$$

注 2.5.5　在定理 2.5.14 中取 $S_2 = T_1 = T, S_1 = T_2 = S$ 可得不等式

$$\|w(S^*T + T^*S)\|^2 \leqslant 4 \left\| \frac{(T^*T)^r + (S^*S)^r}{2} \right\|^{\frac{1}{r}} \left\| \frac{(S^*S)^s + (T^*T)^s}{2} \right\|^{\frac{1}{s}},$$

特别地, 当 $r = s$ 时有

$$\|w(S^*T + T^*S)\|^r \leqslant 2^r \left\| \frac{(T^*T)^r + (S^*S)^r}{2} \right\|.$$

2.6　数值压缩算子

2.6.1　数值压缩算子的一般性刻画

众所周知, 利用 $\|T\|$ 与 1 的大小关系, 可以引进压缩算子的定义. 类似地, 利用 $w(T)$ 与 1 的大小关系, 可以引进数值压缩算子的定义.

定义 2.6.1　对于一个有界线性算子而言, 如果满足 $w(T) \leqslant 1$ 或等价地 $W(T)$ 包含于闭单位圆盘, 则称 T 是数值压缩算子. 显然, 压缩算子一定是数值压缩算子.

关于压缩算子, 易证 $\|T\| \leqslant 1$ 当且仅当 $I - T^*T \geqslant 0$. 从而得到 $\|T\|$ 的表示:

$$\|T\| = \min\{t \geqslant 0 : t^2 I - T^*T \geqslant 0\}.$$

类似地, 可以得到下列结论.

定理 2.6.1　设 T 是 Hilbert 空间 X 中的有界线性算子, 则下列命题等价:

(i) $w(T) \leqslant 1$;

(ii) 对任意 $|z| \leqslant 1$ 有 $\mathrm{Re}(I - zT) \geqslant 0$;

(iii) 对任意 $|z| < 1$ 有 $\mathrm{Re}(I - zT) \geqslant 0$;

(iv) 对任意 $|z| = 1$ 有 $\mathrm{Re}(I - zT) \geqslant 0$.

特别地, $w(T) = \inf\{t \geqslant 0 : \mathrm{Re}(tI - zT) \geqslant 0\}$, 其中 z 是任意满足 $|z| \leqslant 1$ 的复数.

证明　(i)⇒(ii): 当 $w(T) \leqslant 1$ 时, 对任意 $|z| \leqslant 1$ 和 $\|x\| = 1$, 有

$$|(zTx, x)| \leqslant 1.$$

从而, $\mathrm{Re}(zTx, x) = (\mathrm{Re}(zT)x, x) \leqslant 1$, 即 $\mathrm{Re}(I - zT) \geqslant 0$.

(ii)⇒(iii) 是显然的. 为了证明 (iii)⇒(iv), 考虑到对任意 $|z| = 1$ 存在 $\{z_n\}, |z_n| < 1$ 使得 $z_n \to z(n \to \infty)$ 且

$$\mathrm{Re}(I - zT) = \mathrm{Re}(I - z_n T) + \mathrm{Re}(z_n T - zT).$$

于是, 由 $\mathrm{Re}(I - z_n T) \geqslant 0, \|z_n T - zT\| \to 0$, 即得 $\mathrm{Re}(I - zT) \geqslant 0$.

(iv)⇒(i): 对任意 $|z| = 1$ 有 $\mathrm{Re}(I - zT) \geqslant 0$ 时, 令 $z = \mathrm{e}^{\mathrm{i}\theta}$, 则对任意 $\|x\| = 1$ 有

$$\mathrm{Re}(Tx, x)\cos\theta - \mathrm{Im}(Tx, x)\sin\theta \leqslant 1, \quad \theta \in \mathbb{R},$$

即

$$|(Tx, x)|\sin(\varphi - \theta) \leqslant 1, \quad \theta \in \mathbb{R}.$$

于是, $|(Tx, x)| \leqslant 1$, 即 $w(T) \leqslant 1$.

特别地, $\mathrm{Re}(tI - zT) \geqslant 0$ 当且仅当 $\mathrm{Re}(zT) \leqslant tI$, 于是 $w(T) \leqslant \inf\{t \geqslant 0 :$ $\mathrm{Re}(tI - zT) \geqslant 0\}$ 是显然的. 令 $\widetilde{t} = \inf\{t \geqslant 0 : \mathrm{Re}(tI - zT) \geqslant 0\}$, 则对任意 $\varepsilon > 0$ 存在 $\|x\| = 1$ 使得

$$(\mathrm{Re}((\widetilde{t} + \varepsilon)I - zT)x, x) < 0,$$

即

$$(\mathrm{Re}(zT)x, x) > \widetilde{t} + \varepsilon,$$

考虑到 ε 是任意小的正数, 即得 $w(T) \geqslant \widetilde{t}$. 从而 $w(T) = \inf\{t \geqslant 0 : \mathrm{Re}(tI - zT) \geqslant 0\}$. 结论证毕. ∎

为了得到更进一步的结论, 引进 Möbius 变换 $f(\lambda) = \dfrac{1 - \lambda}{1 + \lambda}$. 可以断言

$$|f(\lambda)| \leqslant 1 \Leftrightarrow \mathrm{Re}(\lambda) \geqslant 0. \tag{2.6.1}$$

事实上,

$$\begin{aligned} \left|\frac{1 - \lambda}{1 + \lambda}\right| \leqslant 1 &\Leftrightarrow \left|-1 + \frac{2}{1 + \lambda}\right| \leqslant 1 \\ &\Leftrightarrow 4\mathrm{Re}(\lambda)((\mathrm{Re}(\lambda) + 1)^2 + (\mathrm{Im}(\lambda))^2) \geqslant 0 \\ &\Leftrightarrow \mathrm{Re}(\lambda) \geqslant 0. \end{aligned}$$

利用 Möbius 变换, 可以得到关于压缩算子的另一等价描述: $\|T\| \leqslant 1$ 当且仅当对任意 $|z| < 1$ 有 $\mathrm{Re}((I - zT)(I + zT)^{-1}) \geqslant 0$. 事实上, 当 $\|T\| \leqslant 1$ 时, 对任意 $|z| < 1$ 有 $\|zT\| < 1$. 从而算子 $I - zT$ 和 $I + zT$ 可逆. 在式 (2.6.1) 中把 λ 替换成 $(I - zT)(I + zT)^{-1}$, 即得

$$f((I - zT)(I + zT)^{-1}) = zT.$$

从而 $\mathrm{Re}((I - zT)(I + zT)^{-1}) \geqslant 0$. 反之, 对任意 $|z| < 1$ 有 $\mathrm{Re}((I - zT)(I + zT)^{-1}) \geqslant 0$, 由式 (2.6.1) 可得对任意 $|z| < 1$ 有 $\|zT\| \leqslant 1$, 即 $\|T\| \leqslant 1$.

注 2.6.1　当 T 可逆时, $\mathrm{Re}(T) \geqslant 0$ 当且仅当 $\mathrm{Re}(T^{-1}) \geqslant 0$. 事实上,

$$
\begin{aligned}
((\mathrm{Re}(T^{-1}))x, x) &= \mathrm{Re}(T^{-1}x, x) = \mathrm{Re}(x, T^{-1}x) \\
&= \mathrm{Re}(T(T^{-1})x, T^{-1}x) \\
&= ((\mathrm{Re}(T))(T^{-1}x), T^{-1}x).
\end{aligned}
$$

故上述结果还可以描述为 $\|T\| \leqslant 1$ 当且仅当对任意 $|z| < 1$ 有 $\mathrm{Re}((I + zT)(I - zT)^{-1}) \geqslant 0$ 或 $2\mathrm{Re}(I - zT)^{-1} - I \geqslant 0$.

下列是关于数值压缩算子的类似描述.

定理 2.6.2　设 T 是 Hilbert 空间 X 中的有界线性算子, 则 $w(T) \leqslant 1$ 当且仅当对任意 $|z| < 1$ 有 $\mathrm{Re}((I - zT)^{-1}) \geqslant 0$.

证明　当 $w(T) \leqslant 1$ 时, zT 谱半径满足 $r(zT) < 1$, 且由

$$
r(zT) = \lim_{n \to \infty} \|(zT)^n\|^{\frac{1}{n}}
$$

可知 $I - zT$ 可逆. 另一方面, 由定理 2.6.1(iii) 可知

$$
\mathrm{Re}(I - zT) \geqslant 0.
$$

再由注 2.6.1 可知 $\mathrm{Re}((I - zT)^{-1}) \geqslant 0$. ∎

注 2.6.2　利用定理 2.6.2 可以给出数值半径幂不等式 (见定理 2.3.1) 比较简单的证明方法: 事实上, 考虑到

$$
\frac{1}{1 - z^m} = \frac{1}{m} \sum_{k=1}^{m} \frac{1}{1 - w_k z},
$$

当 $w(T) \leqslant 1$ 时, 对任意 $|z| < 1$, 有

$$
(I - z^m T^m)^{-1} = \frac{1}{m} \sum_{k=1}^{m} (I - w_k zT)^{-1}.
$$

因为 $w(w_k T) \leqslant 1$, 由定理 2.6.2 可知 $\mathrm{Re}((I - zw_k T)^{-1}) \geqslant 0$, 即 $\mathrm{Re}((I - z^m T^m)^{-1}) \geqslant 0$. 于是 $w(T^m) \leqslant 1$.

数值压缩算子还可以运用算子范数刻画.

定理 2.6.3　设 T 是 Hilbert 空间 X 中的有界线性算子, 则 $w(T) \leqslant 1$ 当且仅当对任意 $z \in \mathbb{C}$ 有 $\|T + zI\| \leqslant 1 + \sqrt{1 + |z|^2}$.

证明　当 $w(T) \leqslant 1$ 时, 对 $z = 0$ 结论显然成立. 对任意 $z \neq 0$ 有 $\|T + zI\| \leqslant 1 + \sqrt{1 + |z|^2}$ 成立当且仅当对任意 $\|x\| = 1$, 有

$$
\frac{2 - \|Tx\|^2}{2|z|} + \sqrt{1 + \frac{1}{|z|^2}} \geqslant \frac{z(x, Tx) + \bar{z}(Tx, x)}{2|z|},
$$

即

$$\mathrm{Re}\left(\frac{\overline{z}}{|z|}(Tx,x)\right) \leqslant \frac{2-\|Tx\|^2}{2|z|} + \sqrt{1+\frac{1}{|z|^2}}.$$

然而, 由 $w(T) \leqslant 1$ 可知对任意 $z \neq 0$ 有 $w\left(\frac{\overline{z}}{|z|}T\right) \leqslant 1$, 而 $\frac{2-\|Tx\|^2}{2|z|} + \sqrt{1+\frac{1}{|z|^2}} \geqslant 1$, 故 $\|T+zI\| \leqslant 1+\sqrt{1+|z|^2}$.

反之, 对任意 $z \in \mathbb{C}$ 有 $\|T+zI\| \leqslant 1+\sqrt{1+|z|^2}$ 时, 令 $|z| \to \infty$, 则有

$$\mathrm{Re}\left(\frac{\overline{z}}{|z|}(Tx,x)\right) \leqslant \frac{2-\|Tx\|^2}{2|z|} + \sqrt{1+\frac{1}{|z|^2}} \to 1,$$

于是 $w(T) \leqslant 1$. ∎

注 2.6.3　定理 2.6.3 中等号可以取到. 比如, 令 $T = \begin{bmatrix} 0 & 2 \\ 0 & 0 \end{bmatrix}$, 则 $w(T) = 1$ 且对任意 $z \in \mathbb{C}$, $(T^* + \overline{z}I)(T+zI)$ 的最大特征值的平方根为 $1+\sqrt{1+|z|^2}$, 即 $\|T+zI\| = 1+\sqrt{1+|z|^2}$.

推论 2.6.1　设 T 是 Hilbert 空间 X 中的有界线性算子, 则下列命题等价:

(i) $w(T) \leqslant 1$;

(ii) 对任意 $|z| \leqslant 1$ 有 $\|zT(2I-zT)^{-1}\| \leqslant 1$;

(iii) 对任意 $z \in \mathbb{C}$ 有 $\|\exp(zT)\| \leqslant \exp(|z|)$.

证明　(i)⟺(ii): 因为 $w(T) \leqslant 1$, 当且仅当对任意 $|z| \leqslant 1$, 有 $\mathrm{Re}(I-zT) \geqslant 0$. 再由式 (2.6.1) 可知, 后者成立当且仅当 $\|(I-(I-zT))(I+(I-zT))^{-1}\| \leqslant 1$, 即 $\|zT(2I-zT)^{-1}\| \leqslant 1$.

(i)⟺(iii): 对任意 $z \in \mathbb{C}$, 有 $\|\exp(zT)\| \leqslant \exp(|z|)$ 当且仅当 $\exp(|z|\mathrm{Re}(e^{i\theta}T - I)) \leqslant 1$ 当且仅当 $\mathrm{Re}(e^{i\theta}T - I) \leqslant 0$, 其中 $z = |z|e^{i\theta}$, 即 $w(T) \leqslant 1$. ∎

2.6.2　数值压缩算子与一类分块算子矩阵的非负性

关于数值压缩算子的刻画, 除了运用数值域实部的正性以及算子范数以外, 还可以运用分块算子矩阵的非负性来刻画. 为了得到主要结论, 首先给出刻画压缩算子的一些结果.

引理 2.6.1　设 T 是 Hilbert 空间 X 中的有界线性算子, 则下列命题等价:

(i) $\|T\| \leqslant 1$;

(ii) $T_2 = \begin{bmatrix} I & T^* \\ T & I \end{bmatrix} \geqslant 0$;

(iii) 对任意 $n \geqslant 2$ 有 $T_n = \begin{bmatrix} I & T^* & \cdots & (T^*)^{n-1} \\ T & I & \cdots & (T^*)^{n-2} \\ \vdots & \vdots & & \vdots \\ T^{n-1} & T^{n-2} & \cdots & I \end{bmatrix} \geqslant 0.$

证明　(i)⇔(ii): 当 $\|T\| \leqslant 1$ 时, 易得

$$\left(\begin{bmatrix} I & T^* \\ T & I \end{bmatrix} \begin{bmatrix} x \\ y \end{bmatrix}, \begin{bmatrix} x \\ y \end{bmatrix} \right) = \|x\|^2 + 2\mathrm{Re}(Tx, y) + \|y\|^2$$

$$\geqslant \|x\|^2 - 2|(Tx, y)| + \|y\|^2 \geqslant \|x\|^2 - 2\|Tx\|\|y\| + \|y\|^2$$

$$= (\|x\| - \|y\|)^2 \geqslant 0.$$

反之, 当 $T_2 \geqslant 0$ 时, 考虑到

$$\left(\begin{bmatrix} I & T^* \\ T & I \end{bmatrix} \begin{bmatrix} x \\ -Tx \end{bmatrix}, \begin{bmatrix} x \\ -Tx \end{bmatrix} \right) = (x, x) - (T^*Tx, x) \geqslant 0,$$

即得 $\|T\| \leqslant 1$.

(i)⇔(iii): 当 $T_n \geqslant 0$ 时, 取 $u = [\, x \quad -Tx \quad 0 \quad \cdots \quad 0 \,]^{\mathrm{T}}$, 则考虑到 $(T_n u, u) \geqslant 0$, 即得 $\|T\| \leqslant 1$.

当 $\|T\| \leqslant 1$ 时, 令 $S = \begin{bmatrix} 0 & 0 & \cdots & 0 & 0 \\ T & 0 & \cdots & 0 & 0 \\ 0 & T & \cdots & 0 & 0 \\ 0 & \vdots & & \vdots & \vdots \\ 0 & 0 & \cdots & T & 0 \end{bmatrix}_{n \times n}$, 则 $S^m = 0$(当 $m \geqslant n$) 且

$\|S\| \leqslant \|T\| \leqslant 1$. 由注 2.6.1 可知, 对任意 $|z| < 1$ 有 $2\mathrm{Re}(I - zS)^{-1} - I \geqslant 0$. 又因为

$$T_n = \sum_i^\infty S^i + \sum_i^\infty (S^*)^i - I = 2\mathrm{Re}(I - S)^{-1} - I.$$

任取 $|z_n| < 1, n = 1, 2, \cdots, z_n \to 1(n \to \infty)$, 则 $2\mathrm{Re}(I - z_n S)^{-1} - I \geqslant 0$ 且

$$2\mathrm{Re}(I - z_n S)^{-1} - I \to 2\mathrm{Re}(I - S)^{-1} - I.$$

于是, $2\mathrm{Re}(I - S)^{-1} - I \geqslant 0$. 结论证毕. ∎

下面将给出运用分块算子矩阵的非负性来刻画数值压缩算子的结论[28].

定理 2.6.4　设 T 是 Hilbert 空间 X 中的有界线性算子, 则下列命题等价:

(i) $w(T) \leqslant 1$;

(ii) 对任意 $n \geqslant 2$, 有 $T_n = \begin{bmatrix} 2I & T^* & \cdots & (T^*)^{n-1} \\ T & 2I & \cdots & (T^*)^{n-2} \\ \vdots & \vdots & & \vdots \\ T^{n-1} & T^{n-2} & \cdots & 2I \end{bmatrix} \geqslant 0;$

(iii) 对任意 $n \geqslant 2$, 有 $R_n = \begin{bmatrix} 2I & T^* & 0 & \cdots & 0 & 0 \\ T & 2I & 0 & \cdots & 0 & 0 \\ \vdots & \vdots & \vdots & & \vdots & \vdots \\ 0 & 0 & 0 & \cdots & 2I & T^* \\ 0 & 0 & 0 & 0 & T & 2I \end{bmatrix}_{n \times n} \geqslant 0.$

证明 (i)$\Rightarrow$ (ii): 令 $A = \begin{bmatrix} T & & & \\ & T & & \\ & & \ddots & \\ & & & T \end{bmatrix}, B = \begin{bmatrix} 0 & 0 & \cdots & 0 & 0 \\ I & 0 & \cdots & 0 & 0 \\ 0 & I & \cdots & 0 & 0 \\ \vdots & \vdots & & \vdots & \vdots \\ 0 & 0 & \cdots & I & 0 \end{bmatrix}$, 则

$$AB = BA, \quad A^*B = BA^*,$$

即 A 与 B 双可交换, 由定理 2.5.4 可知

$$w(S) = w(AB) \leqslant w(A)\|B\| \leqslant w(A) \leqslant 1,$$

其中算子 S 的定义如引理 2.6.1. 由定理 2.6.2 可知, 对任意 $|z| = 1$ 有 $\text{Re}(I - zS) \geqslant 0$, 即 $\text{Re}(I - S) \geqslant 0$. 另一方面, 考虑到 $S^m = 0 \ (m \geqslant n)$ 时, 有

$$T_n = \sum_i^\infty S^i + \sum_i^\infty (S^*)^i = 2\text{Re}(I - S)^{-1},$$

即 $I - S$ 可逆, 从而 $T_n \geqslant 0$.

(ii)$\Rightarrow$ (iii): 当 $T_n = 2\text{Re}(I - S)^{-1} \geqslant 0$ 时, 有

$$\text{Re}(I - S) \geqslant 0. \tag{2.6.2}$$

另一方面, 对任意 $|z| = 1$, 令

$$U_{n,z} = \begin{bmatrix} I & & & \\ & zI & & \\ & & \ddots & \\ & & & z^{n-1}I \end{bmatrix}, \quad P_{n,z} = \begin{bmatrix} 2I & \bar{z}T^* & 0 & \cdots & 0 & 0 \\ zT & 2I & 0 & \cdots & 0 & 0 \\ \vdots & \vdots & \vdots & & \vdots & \vdots \\ 0 & 0 & 0 & \cdots & 2I & \bar{z}T^* \\ 0 & 0 & 0 & \cdots & zT & 2I \end{bmatrix},$$

则 $U_{n,z}$ 是酉算子且

$$(U_{n,z})^* T_n U_{n,z} = P_{n,z},$$

即对任意 $|z| = 1$, T_n 与 $P_{n,z}$ 酉相似. 显然 T_n 与 $P_{n,-1}$ 也酉相似且

$$P_{n,-1} = I - S + I - S^* = 2\operatorname{Re}(I - S),$$

由式 (2.6.2) 即得 $P_{n,-1} \geqslant 0$. 又因为 $R_n = P_{n,1}$, $P_{n,1}$ 与 $P_{n,-1}$ 酉相似, 故 $R_n \geqslant 0$.

(iii) $\Rightarrow$ (i): 当 $R_n \geqslant 0$ 时, 由酉相似性可知, 对任意 $|z| = 1$, $P_{n,z} \geqslant 0$ 且 $P_{n,-z} \geqslant 0$. 任取 $\lambda = [\ \lambda_1\ \ \lambda_2\ \cdots\ \ \lambda_n\ ]^{\mathrm{T}}, \lambda_i \in \mathbb{C}, \|\lambda\| = 1$ 和 $x \in X, \|x\| = 1$, 令 $u = [\ \lambda_1 x\ \ \lambda_2 x\ \cdots\ \ \lambda_n x\ ]^{\mathrm{T}}$, 则由 $(P_{n,z} u, u) \geqslant 0$ 知

$$2\operatorname{Re}(z(B\lambda, \lambda)(Tx, x)) + 2 \geqslant 0. \tag{2.6.3}$$

其中 $B = \begin{bmatrix} 0 & 0 & \cdots & 0 & 0 \\ 1 & 0 & \cdots & 0 & 0 \\ 0 & 1 & \cdots & 0 & 0 \\ \vdots & \vdots & & \vdots & \vdots \\ 0 & 0 & \cdots & 1 & 0 \end{bmatrix}_{n \times n}$. 再由 $(P_{n,-z} u, u) \geqslant 0$ 知

$$-2\operatorname{Re}(z(B\lambda, \lambda)(Tx, x)) + 2 \geqslant 0. \tag{2.6.4}$$

结合式 (2.6.3) 和式 (2.6.4) 得

$$|\operatorname{Re}(z(B\lambda, \lambda)(Tx, x))| \leqslant 1,$$

即

$$w(B)w(T) \leqslant 1.$$

由于 $w(B) = \cos\dfrac{\pi}{n+1}$ (见注 2.1.1), 故 $w(T) \leqslant \dfrac{1}{\cos\dfrac{\pi}{n+1}}$, 令 $n \to \infty$ 即得 $w(T) \leqslant 1$. ∎

下列推论是显然的.

推论 2.6.2　如果 T 是有界线性算子, 则

$$w(T) = \frac{1}{2}\inf\{t \geqslant 0 : Q_t \geqslant 0, n \geqslant 2\} = \frac{1}{2}\inf\{t \geqslant 0 : \widehat{Q}_t \geqslant 0, n \geqslant 2\},$$

其中 $Q_t = \begin{bmatrix} tI & T^* & \cdots & (T^*)^{n-1} \\ T & tI & \cdots & (T^*)^{n-2} \\ \vdots & \vdots & & \vdots \\ T^{n-1} & T^{n-2} & \cdots & tI \end{bmatrix}_{n \times n}$, $\widehat{Q}_t = \begin{bmatrix} tI & T^* & 0 & \cdots & 0 & 0 \\ T & tI & 0 & \cdots & 0 & 0 \\ \vdots & \vdots & \vdots & & \vdots & \vdots \\ 0 & 0 & 0 & \cdots & tI & T^* \\ 0 & 0 & 0 & \cdots & T & tI \end{bmatrix}_{n \times n}$.

第3章　Hilbert 空间中一些特殊算子的数值域

第 1 章和第 2 章给出了一般有界线性算子数值域及数值半径的一些性质. 作为这些内容的应用和推广, 这一章我们将要给出一些特殊算子的数值域性质. 首先提及的是紧算子, 它是十分接近于有限维空间中矩阵的有界线性算子, 它的数值域闭包包含零点且数值域的闭性可通过零点是否含于数值域来刻画. 其次是亚正常算子, 它是正常算子的推广, 亚正常算子的谱半径与数值半径相等, 这个性质对于刻画谱的分布范围提供了强有力工具. 最后是相似算子的数值域. 相似算子虽然有相同的谱集, 但不一定有相同的数值域, 也就是说, 在相似变换下有界线性算子的数值域会发生改变. 那么, 到底发生多大的改变呢? 这一章将回答这些问题. 最后, 我们将要研究一类具有深刻力学背景的线性算子——无穷维 Hamilton 算子, 并给出其他数值域的一系列性质.

3.1　紧算子的数值域

很多经典的数学物理问题都可以转化为积分方程问题. 比如, Laplace 方程的 Dirichlet 问题

$$\begin{cases} \Delta u = 0, & x \in D, \\ u(x) = f(x), & x \in \partial D \end{cases} \tag{3.1.1}$$

等价于积分方程

$$u(x) = \int_{\partial D} K(x, \varphi(y)) \mathrm{d}S(y), \tag{3.1.2}$$

其中 D 是 $\mathbb{R}^3$ 中的有界开区域, 具有光滑表面 ∂D, $\mathrm{d}S(y)$ 是曲面面积微元, $K(x,y)$ 是 $\overline{D}$ 上的连续函数. 若考虑式 (3.1.2) 的一个简单形式

$$(\mathfrak{K}\varphi)(x) = \int_0^1 K(x, y)\varphi(y)\mathrm{d}y,$$

其中 $K(x,y)$ 是 $[0,1] \times [0,1]$ 上的连续函数, 容易证明

$$\|\mathfrak{K}\varphi\|_\infty \leqslant \left(\sup_{0 \leqslant x, y \leqslant 1} |K(x,y)| \right) \|\varphi\|_\infty,$$

即 $\mathfrak{K}$ 是一个有界算子. 令 $B_M = \{\varphi : \|\varphi\|_\infty \leqslant M\}$, 则考虑到 $K(x,y)$ 在 $[0,1] \times [0,1]$ 上的一致连续性, 对任意 $\varepsilon > 0$, 存在 $\delta > 0$, 使得当 $|x-x'| < \delta$ 时, 对任意 $y \in [0,1]$,

有

$$|K(x,y) - K(x',y)| < \varepsilon,$$

即对任意 $\varphi \in B_M$ 有

$$\|(\mathfrak{K}\varphi)(x) - (\mathfrak{K}\varphi)(x')\|_\infty \leqslant \left(\sup_{0 \leqslant x,y \leqslant 1} |K(x,y) - K(x',y)| \right) \|\varphi\|_\infty$$
$$< M\varepsilon.$$

于是, 由 Ascoli 定理可知对任意 $\{\varphi_n\} \subset B_M$, 序列 $\{\mathfrak{K}\varphi_n\}$ 存在收敛序列, 即算子 $\mathfrak{K}$ 不仅是一个有界算子, 而且能把有界列映成列紧集. 显然, 具有上述性质的算子有非常广泛的实际应用价值, 故这类算子叫做紧算子. 比如, 有限维空间中的矩阵属于一类特殊的紧算子. 下面我们主要讨论紧算子数值域的一些性质.

3.1.1　紧算子的定义

定义 3.1.1　Hilbert 空间 X_1 到 X_2 的线性算子 T 称为紧算子, 如果任何有界点列 $\{f_n\} \subset \mathbb{D}(T)$, 点列 $\{Tf_n\}$ 一定包含一个收敛子列. Hilbert 空间 X_1 到 X_2 的紧算子的全体记为 $\mathscr{K}(X_1, X_2)$, 特别地, 当 $X_1 = X_2 = X$ 时, 记为 $\mathscr{K}(X)$.

注 3.1.1　如果线性算子 T 的值域是有限维的, 则称 T 为有穷秩算子. 比如, 有限维空间中的矩阵就是有穷秩算子, 而有穷秩算子是紧算子. 关于紧算子谱的性质, 在专著 [29] 和 [30] 中进行了详细讨论.

下面是紧算子的例子.

例 3.1.1　令 $X = \ell^2$, 对任意 $x = (x_1, x_2, x_3, \cdots)$, 算子 $T : \ell^2 \to \ell^2$ 定义为

$$Tx = \left(x_1, \frac{1}{2} x_2, \frac{1}{3} x_3, \cdots \right),$$

则根据定义可以证明 T 是紧算子. 事实上, 令 $M = \{x \in X : \|x\| \leqslant 1\}$, 则对任意 $y = (y_1, y_2, y_3, \cdots) \in T(M)$, 有

$$\sum_{n=N}^{\infty} \|y_n\|^2 = \sum_{n=N}^{\infty} \left\| \frac{1}{n} x_n \right\|^2$$
$$\leqslant \max_{n \geqslant N} \frac{1}{n^2} \sum_{n=N}^{\infty} \|x_n\|^2 \leqslant \max_{n \geqslant N} \frac{1}{n^2} \to 0.$$

因此 $\sum_{n=N}^{\infty} \|y_n\|^2$ 一致收敛到零, 所以 T 是紧算子.

例 3.1.2　零算子是紧算子, 而无穷维空间中单位算子 I 不是紧的. 事实上, 取

$$e_1 = (1, 0, 0, \cdots), e_2 = (0, 1, 0, \cdots), \cdots,$$

则 $\{e_n\}$ 是有界列, 但没有收敛子列, 于是无穷维空间中单位算子 I 不是紧的.

3.1.2 紧算子的基本性质

定理 3.1.1 Hilbert 空间 X 中的有界算子 T 是紧算子的充分必要条件是: 如果 $\{x_n\}$ 弱收敛到 0, 则 $\{Tx_n\}$ 按范数收敛到 0.

证明 设 T 是紧算子, 假定 $\{Tx_n\}$ 不是范数收敛到 0, 则存在 $\varepsilon > 0$ 及子列 $\{x_{n_k}\}$ 使得

$$\|Tx_{n_k}\| \geqslant \varepsilon. \tag{3.1.3}$$

由于 $\{x_{n_k}\}$ 弱收敛到 0, $\{x_{n_k}\}$ 是有界集, 所以 $\{Tx_{n_k}\}$ 有收敛子列, 不妨设

$$\lim_{k \to \infty} Tx_{n_k} = y_0. \tag{3.1.4}$$

考虑到 $\{x_{n_k}\}$ 弱收敛到 0, 且 T 有界, 从而 $\{Tx_{n_k}\}$ 也弱收敛到 0. 再由式 (3.1.4) 得 $y_0 = 0$, 这与式 (3.1.3) 矛盾.

反之, 设 $\{x_n\}$ 是任意有界点列, 由于 Hilbert 空间中有界点列存在弱收敛子列, 从而存在子列 $\{x_{n_k}\}$ 使得 $\{x_{n_k}\}$ 弱收敛到 x_0, 即 $\{x_{n_k} - x_0\}$ 弱收敛到 0. 根据给定条件, $\{T(x_{n_k} - x_0)\}$ 按范数收敛到 0, 即

$$\lim_{k \to \infty} Tx_{n_k} = Tx_0.$$

于是 T 是紧算子. ■

紧算子还有如下性质.

定理 3.1.2 设 T, S 是 Hilbert 空间 X 中的有界算子.

(i) T 和 S 中有一个是紧的, 则 TS, ST 是紧的;

(ii) T 和 S 是紧的, 则对任意 $\alpha, \beta \in \mathbb{C}$ 有 $\alpha T + \beta S$ 是紧的;

(iii) T 是紧的当且仅当 TT^* 或 T^*T 是紧的;

(iv) T 是紧的当且仅当 T^* 是紧的.

证明 注意到有界线性算子把有界列变为有界列, 把收敛子列变为收敛子列, 结论 (i) 和 (ii) 的证明是显然的.

(iii) 当 T 是紧时, TT^* 或 T^*T 紧是显然的. 当 T^*T 紧时, 设 $\{x_n\}$ 弱收敛到 0, 则由定理 3.1.1 有

$$\lim_{n \to \infty} T^*Tx_n = 0.$$

又因为

$$\|Tx_n\|^2 = (Tx_n, Tx_n) = (T^*Tx_n, x_n),$$

于是考虑到 $\{x_n\}$ 的有界性, 得 $\lim_{n \to \infty} Tx_n = 0$, 即 T 是紧算子. 当 TT^* 紧时, 同理可证 T 是紧算子.

(iv) 当 T 是紧时, $TT^* = (T^*)^*T^*$ 是紧的, 由 (iii) 知 T^* 是紧的. 同理可证 T^* 紧时 T 是紧的. ∎

下面将给出紧算子谱的性质.

定理 3.1.3　设 T 是 Hilbert 空间 X 中紧算子, 则对任意 $\lambda \neq 0$, $\mathcal{R}(T - \lambda I)$ 是闭的.

证明　紧算子有界, 故 $\mathbb{N}(T - \lambda I)$ 是闭集. 根据射影定理, 存在 X 的闭子空间 M 使得

$$X = \mathbb{N}(T - \lambda I) \oplus M.$$

定义线性算子 $A : M \to X$ 如下:

$$Ax = (T - \lambda I)x, \quad x \in M.$$

显然 A 有界且 $\mathcal{R}(A) = \mathcal{R}(T - \lambda I)$, 故只需证 $\mathcal{R}(A)$ 是闭的.

考虑到 $\mathbb{N}(T - \lambda I) \cap M = \{0\}$, 易知 A 在 M 上是单的. 此外, 还可以证明存在 $\alpha > 0$ 使得

$$\|Ax\| \geqslant \alpha\|x\|, \quad \forall x \in M. \tag{3.1.5}$$

若不然, 存在 $\{x_n\} \subset M, \|x_n\| = 1, n = 1, 2, \cdots$, 使得 $Ax_n \to 0$, 即

$$Tx_n - \lambda x_n \to 0.$$

由于 T 是紧算子, 存在子列 $\{Tx_{n_k}\}$ 使得当 $k \to \infty$ 时, $Tx_{n_k} \to y_0$. 故 $\lambda x_{n_k} \to y_0$ 且 $y_0 \in M$(因为 M 是闭的). 于是

$$Ay_0 = \lim_{k \to \infty} \lambda Ax_{n_k} = 0,$$

因 A 在 M 上是单的, 故 $y_0 = 0$. 另一方面, 当 $\|x_n\| = 1, \lambda \neq 0$ 时, 有

$$\|y_0\| = \lim_{k \to \infty} \|\lambda x_{n_k}\| = |\lambda| > 0,$$

推出矛盾, 于是式 (3.1.5) 成立, 从而 $\mathcal{R}(A)$ 是闭的. ∎

定理 3.1.4　设 T 是 Hilbert 空间 X 中紧算子, 对任意 $\lambda \neq 0$ 有

(i) $\mathbb{N}(T - \lambda I) = \{0\}$, 则 $\mathcal{R}(T - \lambda I) = X$;

(ii) $\mathbb{N}(T - \lambda I) \neq \{0\}$, 则 $\dim\mathbb{N}(T - \lambda I) < \infty$.

证明　(i) 假定 $\mathcal{R}(T - \lambda) \neq X$, 令 $X_0 = X, X_n = \mathcal{R}((T - \lambda I)^n), n = 1, 2, \cdots$, 则子空间 X_{n+1} 是闭的 (定理 3.1.3) 而且严格包含于子空间 X_n. 若不然, 假定存在 $n_0 \in \mathbb{N}$, 使得 $X_{n_0+1} = X_{n_0}$, 则考虑到 $(T - \lambda I)^{-1}$ 是连续算子得

$$X = (T - \lambda I)^{-n_0}X_{n_0} = (T - \lambda I)^{-n_0}X_{n_0+1} = X_1,$$

推出矛盾. 于是对每个 $n \in \mathbb{N}$ 选取 $f_n \in X_{n-1} \ominus X_n$ 使得 $\|f_n\| = 1$, 则 $\{f_n\}$ 是正交规范序列, 从而弱收敛到 0, 再考虑到 T 是紧算子得 $Tf_n \to 0$. 另一方面, 对任意 $n \in \mathbb{N}$ 有

$$Tf_n = \lambda f_n + (T - \lambda I)f_n.$$

其中 $(T - \lambda I)f_n \in X_n$, $(T - \lambda I)f_n$ 正交于 f_n. 上式两边与 f_n 做内积得

$$(Tf_n, f_n) = \lambda,$$

于是 $|\lambda| = |(Tf_n, f_n)| \leqslant \|Tf_n\|$, 这与 $Tf_n \to 0$ 矛盾, 因此 $\mathcal{R}(T - \lambda I) = X$.

(ii) 考虑任意的 $\{x_n\}_{n=1}^{\infty} \subset \mathbb{N}(T - \lambda I), \|x_n\| \leqslant 1$. 由于 T 是紧算子, 不妨设 $\{Tx_n\}_{n=1}^{\infty}$ 收敛, 则考虑到

$$Tx_n = \lambda x_n, \quad n = 1, 2, \cdots,$$

即得 $\{x_n\}_{n=1}^{\infty}$ 也收敛, 即 $\mathbb{N}(T-\lambda I)$ 中任意无穷序列是收敛列, 故 $\dim\mathbb{N}(T-\lambda I) < \infty$. ∎

定理 3.1.5 设 T 是紧算子, 则

(i) T 的特征值至多可数多个, 并且除了 0 以外, 这些特征值无聚点;

(ii) $\sigma(T) = \{0\} \cup \sigma_p(T)$;

(iii) $\sigma(T)\backslash\{0\} \subset W(T)$.

证明 (i) 只需证明当 $\lambda_1, \lambda_2, \lambda_3, \cdots$ 是 T 的不同的特征值时, $\lambda_n \to 0$ 即可. 令

$$Tf_n = \lambda_n f_n, \quad f_n \neq 0,$$

则序列 $\{f_1, f_2, f_3, \cdots\}$ 线性无关. 令 $\{g_1, g_2, g_3, \cdots\}$ 是满足 $g_n \in \mathrm{Span}\{f_1, f_2, f_3, \cdots, f_n\}$ 的规范正交序列, g_n 关于 $\{f_1, f_2, f_3, \cdots, f_n\}$ 的展开式为

$$g_n = C_1 f_1 + C_2 f_2 + \cdots + C_n f_n,$$

则考虑到 $g_n \perp f_i, i = 1, 2, \cdots, n-1$, 得

$$(g_n, g_n) = C_n = 1$$

且

$$Tg_n = C_1 \lambda_1 f_1 + C_2 \lambda_2 f_2 + \cdots + C_n \lambda_n f_n,$$

两边与 g_n 作内积, 得

$$\lambda_n = (Tg_n, g_n).$$

由于 $\{g_1, g_2, g_3, \cdots\}$ 是规范正交序列, 弱收敛到 0, 于是 $Tg_n \to 0$, 即 $\lambda_n \to 0$.

(ii) 只需证明当 $0 \neq \lambda \in \sigma(T)$ 时, $\lambda \in \sigma_p(T)$ 即可. 当 $0 \neq \lambda \in \sigma(T)$ 时, 根据定理 3.1.4 有 $T - \lambda I$ 是满射或者 $0 < \dim\mathbb{N}(T - \lambda I) < \infty$, 从而 $\lambda \in \sigma_p(T)$.

(iii) 由 (ii) 可知 $0 \neq \lambda \in \sigma(T)$ 时, $\lambda \in \sigma_p(T)$, 从而 $\lambda \in W(T)$. 结论证毕. ∎

根据定理 3.1.5, 下列推论是显然的.

推论 3.1.1 设 T 是紧算子, 则

(i) $\sigma_r(T) \backslash \{0\} = \varnothing$;

(ii) $\sigma_c(T) \backslash \{0\} = \varnothing$;

(iii) 当 $\lambda \neq 0$ 时, $\lambda \in \sigma_p(T)$ 当且仅当 $\overline{\lambda} \in \sigma_p(T^*)$.

以下是著名的 Hilbert-Schmidt 定理.

定理 3.1.6(Hilbert-Schmidt 定理)　Hilbert 空间中的紧自伴算子 T 的特征函数系构成完备正交基.

证明　对于紧算子的每个特征值可以选取正交的特征向量集, 这样的全体向量集不妨设为 $\{\varphi_n\}$, 则由于 T 是自伴的, $\{\varphi_n\}$ 是正交集. 令 $M = \mathrm{Span}\{\varphi_n\}, T_1 = T|_{M^\perp}$, 则 T_1 也是紧自伴算子且可以断言 $\sigma(T_1) = \{0\}$. 事实上, 令 $0 \neq \lambda \in \sigma(T_1)$, 则 λ 是 T_1 的特征值, 即 T 的特征值, 这与 $T_1 = T|_{M^\perp}$ 矛盾. 从而 $\sigma(T_1) = \{0\}$, 谱半径为 $r(T_1) = 0$. 又因为自伴算子的谱半径与算子范数相等, 故 $T_1 = 0$. 假定存在 $\varphi \neq 0$ 使得 $\varphi \in M^\perp$, 则

$$T\varphi = T_1\varphi = 0,$$

即 φ 是 T 的特征向量, 这与 $\varphi \in M^\perp$ 矛盾, 于是 $M^\perp = \{0\}$. ∎

3.1.3　紧算子数值域的闭性

众所周知, 有限维空间中矩阵的数值域是闭集, 紧算子虽然十分接近于有限维空间中的矩阵, 但是它的数值域不一定是闭的[31]. 比如, 在 ℓ^2 空间上定义算子

$$Tx = \left(x_1, \frac{1}{2}x_2, \cdots, \frac{1}{n}x_n, \cdots\right),$$

其中 $x = (x_1, x_2, \cdots, x_n, \cdots) \in \ell^2$, 则 T 是紧算子且数值域为 $W(T) = (0, 1]$. 于是, 紧算子数值域何时是闭集的问题显得格外重要.

定理 3.1.7 设 T 是无穷维 Hilbert 空间 X 中的紧算子, 则

(i) $\overline{W(T)} = \mathrm{Conv}(W(T) \cup \{0\})$;

(ii) $W(T)$ 是闭集当且仅当 $0 \in W(T)$;

(iii) 如果 $0 \notin W(T)$, 则 0 是 $\overline{W(T)}$ 的极点.

证明　(i) 由于无穷维 Hilbert 空间 X 中的紧算子是有界的且不可逆, 于是由谱包含关系可知 $0 \in \overline{W(T)}$. 于是 $\overline{W(T)} \supset \mathrm{Conv}(W(T) \cup \{0\})$.

反之, 当 $\lambda \in \overline{W(T)}$ 时, 不妨设 $\lambda \neq 0$, 则存在 $\|x_n\| = 1(n = 1, 2, \cdots)$ 使得当 $n \to \infty$ 时, 有

$$(Tx_n, x_n) \to \lambda.$$

因为 Hilbert 空间中单位闭球是弱列紧的, 故存在子列 $\{x_{n_k}\}$ 使得 $\{x_{n_k}\}$ 弱收敛到 $x(\|x\| \leqslant 1)$. 考虑到 T 是紧算子, 得 $\{Tx_{n_k}\}$ 强收敛到 Tx, 此时, 有

$$|(Tx_{n_k}, x_{n_k}) - (Tx, x)| \leqslant |(Tx_{n_k}, x_{n_k}) - (Tx, x_{n_k})| + |(Tx, x_{n_k}) - (Tx, x)|$$
$$\leqslant \|Tx_{n_k} - Tx\|\|x_{n_k}\| + |(Tx, x_{n_k}) - (Tx, x)|$$
$$\to 0,$$

即 $(Tx_{n_k}, x_{n_k}) \to (Tx, x)$, 由极限的唯一性知 $(Tx, x) = \lambda$. 再由 $\lambda \neq 0$ 知 $x \neq 0$ 且

$$\left(T\frac{x}{\|x\|}, \frac{x}{\|x\|}\right) = \frac{\lambda}{\|x\|^2} \in W(T).$$

又因为 $0 \in \overline{W(T)}$ 且 λ 位于 0 和 $\dfrac{\lambda}{\|x\|^2}$ 的连线, $\lambda \in W(T)$, 故 $\overline{W(T)} \subset \text{Conv}(W(T) \cup \{0\})$.

(ii) 当 $W(T)$ 是闭集时 $W(T) = \overline{W(T)}$. 而 $0 \in \overline{W(T)}$ 是平凡的. 从而, $0 \in W(T)$.

反之, $0 \in W(T)$ 时, 由 (i) 可知 $\overline{W(T)} = \text{Conv}(W(T)) = W(T)$, 即 $W(T)$ 闭集.

(iii) 如果 $0 \notin W(T)$, 则考虑到 $\overline{W(T)} = \text{Conv}(W(T) \cup \{0\})$ 以及凸组合的性质, 即得 0 是 $\overline{W(T)}$ 的极点. ∎

注 3.1.2 上述结论说明, 对于无穷维 Hilbert 空间中的紧算子而言, 0 不一定属于其数值域, 但是离数值域很近, 始终有 $0 \in \overline{W(T)}$.

推论 3.1.2 设 T 是无穷维 Hilbert 空间 X 中的紧算子且满足 $0 \notin \sigma_c(T)$, 则数值域为闭集.

证明 当 $0 \notin \sigma_c(T)$ 时, 考虑到 T 的紧性, $0 \in \sigma_p(T)$ 或者 $0 \in \sigma_r(T)$, 从而 $0 \in W(T)$. 于是 T 的数值域为闭集. ∎

推论 3.1.3 设 T 是无穷维 Hilbert 空间 X 中的紧算子且 $W(T)$ 是闭集, 如果 0 是 $W(T)$ 的角点 (见定义 1.4.2), 则 $0 \in \sigma_p(T)$.

证明 当 $W(T)$ 是闭集时, $0 \in W(T)$. 再考虑到 0 是 $W(T)$ 的角点时, 由定理 1.4.6 可知 $0 \in \sigma_p(T)$. ∎

3.1.4 紧算子数值域边界

紧算子的数值域当然也是凸集, 对于紧算子的数值域的刻画, 它的边界点起着至关重要的作用. 下面我们将要讨论紧算子数值域的边界点的特点.

定理 3.1.8 设 T 是无穷维 Hilbert 空间 X 中的紧算子且满足 $0 \in \partial W(T)$, 则 $\mathbb{N}(T) \perp \mathcal{R}(T)$ 且 $\mathbb{N}(T) \oplus \overline{\mathcal{R}(T)} = X$.

证明 当 $0 \in \partial W(T)$ 时, 由引理 1.4.1 可知

$$\mathbb{N}(T) = \mathbb{N}(T^*) = \mathcal{R}(T)^{\perp}.$$

于是 $\mathbb{N}(T) \perp \mathcal{R}(T)$. 又因为

$$X = \overline{\mathcal{R}(T)} \oplus \mathcal{R}(T)^{\perp},$$

且

$$\mathcal{R}(T)^{\perp} = \mathbb{N}(T^*) = \mathbb{N}(T),$$

故 $\mathbb{N}(T) \oplus \overline{\mathcal{R}(T)} = X$. ∎

推论 3.1.4 设 T 是无穷维 Hilbert 空间 X 中的紧算子且满足 $0 \in \partial W(T)$, 如果 $\mathcal{R}(T)$ 是闭集, 则 $0 \in \sigma_p(T)$ 且 $\mathbb{N}(T) \oplus \mathcal{R}(T) = X$ 且 0 是孤立特征值.

证明 当 $0 \in \partial W(T)$ 时, 由定理 3.1.8 可知 $\mathbb{N}(T) = \mathbb{N}(T^*) = \mathcal{R}(T)^{\perp}$. 又因为 T 是紧算子, $0 \in \sigma(T)$, 故 $0 \in \sigma_p(T) \cup \sigma_c(T)$. 再考虑到 $\mathcal{R}(T)$ 是闭集, 即得 $0 \in \sigma_p(T)$ 且 $\mathbb{N}(T) \oplus \mathcal{R}(T) = X$. 再由定理 1.4.1 可知 0 是孤立特征值. ∎

推论 3.1.5 设 T 是无穷维 Hilbert 空间 X 中的紧算子且满足 $0 \notin \partial W(T)$, 则 $W(T)$ 是闭集.

证明 因为 $0 \in \overline{W(T)}$, 故当 $0 \notin \partial W(T)$ 时 $0 \in W(T)$, 于是由定理 3.1.7 可得 $W(T)$ 是闭集. ∎

定理 3.1.9 设 T 是 Hilbert 空间 X 上的紧算子, 则必有下列情形之一:

(i) 0 属于 $W(T)$ 的内点, 即 $0 \in \mathrm{Int}W(T)$;

(ii) 0 是 T 的正则孤立特征值;

(iii) $\mathcal{R}(T)$ 不闭.

证明 因为 T 是紧算子时, $0 \in \sigma(T)$, 故由定理 1.4.1 结论容易证明. ∎

推论 3.1.6 设 T 是无穷维 Hilbert 空间 X 中的紧算子, 如果 $\lambda \neq 0$ 是 $\overline{W(T)}$ 的角点, 则

(i) λ 是 T 的正则有限重孤立特征值;

(ii) $B_{\varepsilon}(\lambda) \cap \partial\overline{W(T)}$ 由直线段组成, 其中 $B_{\varepsilon}(\lambda)$ 表示以 λ 为圆心, ε 为半径的开圆盘.

证明 (i) 由推论 1.4.4 可知 $\lambda \in \sigma_{\mathrm{ap}}(T)$. 考虑到 T 是紧算子且 $\lambda \neq 0$ 即得 $\lambda \in \sigma_p(T)$. 再由引理 1.4.1 可知, $\bar{\lambda} \in \sigma_p(T^*)$, 即 λ 是 T 的正则特征值. 再由定理 3.1.4 可知, $0 \neq \lambda \in \sigma_p(T)$ 时 $\dim\mathbb{N}(T - \lambda I) < \infty$, 即 λ 是 T 的正则有限重孤立特征值.

(ii) 由 (i) 知, 令 $X = \mathbb{N}(T - \lambda I) \oplus \mathbb{N}(T - \lambda I)^{\perp}$, 则 T 可表示成

$$T = \left[\begin{array}{cc} \lambda I & 0 \\ 0 & T_1 \end{array} \right].$$

于是

$$W(T) = \mathrm{Conv}(\{\lambda\} \cup W(T_1))$$

且 $\lambda \notin \overline{W(T_1)}$. 事实上, 假定 $\lambda \in \overline{W(T_1)}$, 则 λ 是 $\overline{W(T_1)}$ 的角点, 故 T_1 的正则有限重孤立特征值, 这与 $\mathbb{N}(T - \lambda I) \cap \mathbb{N}(T - \lambda I)^{\perp} = \{0\}$ 矛盾. 从而 $B_\varepsilon(\lambda) \cap \partial\overline{W(T)}$ 由直线段组成. ∎

3.2 亚正规算子的数值域

令 S, T 为 Hilbert 空间 X 中的有界线性算子, 则称

$$[S, T] = ST - TS$$

为 S, T 的换位子. 特别地, $[T^*, T] = T^*T - TT^*$ 称为 T 的自换位子. 换位子 (commutator) 在 Lie 代数以及群论领域具有十分重要的地位. 比如, Lie 括号就是换位子. 然而, 在算子理论领域, 当某个有界线性算子的自换位子等于零、非负或者半定 (即, 非负或者非正) 时, 该算子就称为正规 (或正常) 算子、亚正规 (或亚正常) 算子或者半正规 (或半正常) 算子 [32-37]. 大家所熟知的自伴算子 ($T = T^*$) 以及酉算子 ($TT^* = T^*T = I$) 的自换位子均等于零. 于是, 自换位子半定 (即, 非负或者非正) 的算子, 不仅有深厚的理论基础, 而且具有广泛的实际应用价值. 这一节将要研究这类算子数值域的一系列性质.

3.2.1 亚正规算子的定义

下面是关于正规算子、亚正规算子和半正规算子的定义.

定义 3.2.1 设 T 是 Hilbert 空间 X 中的有界线性算子, 如果 $T^*T \geqslant TT^*$ (即, $[T^*, T] \geqslant 0$ 或者 $(T^*Tx, x) \geqslant (TT^*, x)$), 则称 T 是亚正规算子; 如果 T 是亚正规或者 T^* 是亚正规 (即, $T^*T \geqslant TT^*$ 或者 $T^*T \leqslant TT^*$), 则称 T 是半正规算子. 特别地, 如果 $T^*T = TT^*$ (即, $[T^*, T] = 0$), 则称 T 是正规 (或正常) 算子.

注 3.2.1 显然, 非负算子 ⊂ 自伴算子 ⊂ 正规算子 ⊂ 亚正规算子 ⊂ 半正规算子. 此外, 还可以定义 p- 亚正规算子 $((T^*T)^p \geqslant (TT^*)^p$, 其中 $0 < p \leqslant 1)$ 以及 log-亚正规算子[38] (T 可逆且 $\log(T^*T) \geqslant \log(TT^*)$) 等概念. 又因为, 对任意 $\alpha, \beta \in \mathbb{C}$,

$$[(\alpha T + \beta I)^*, \alpha T + \beta I] = |\alpha|^2 [T^*, T].$$

于是 $\alpha T + \beta I$ 是正规算子、亚正规算子或半正规算子当且仅当 T 是正规算子、亚正规算子或半正规算子.

下面将要给出亚正规算子的例子.

例 3.2.1　设 $X = \ell^2$, 即满足 $\sum_{i=1}^{\infty} |x_i|^2 < \infty$ 的复值向量 $x = (x_1, x_2, \cdots)$ 的全体. 空间 X 中的位移算子 T 定义为

$$Tx =: (0, x_1, x_2, \cdots),$$

则 $T^*x =: (x_2, x_3, \cdots)$ 且

$$((T^*T - TT^*)x, x) = |x_1|^2 \geqslant 0,$$

即 T 是亚正规算子.

例 3.2.2　设 $X = L^2[0, 1]$, 定义算子 T 和 S 为

$$(Tf)(t) =: tf(t), \quad f(t) \in X, \quad t \in [0, 1],$$

$$(Sf)(t) =: -\frac{1}{\pi i} \int_0^1 \frac{f(s)}{s - t} \mathrm{d}s, \quad f(t) \in X, \quad t \in [0, 1],$$

其中上述瑕积分是在 Cauchy 主值意义下的积分, 则容易验证 T 和 S 为自伴算子. 再令

$$H = T + \mathrm{i}S,$$

则

$$\begin{aligned}
((H^*H - HH^*)f(t), f(t)) &= 2\mathrm{i}((TS - ST)f(t), f(t)) \\
&= \frac{2}{\pi} \int_0^1 \int_0^1 f(s)\mathrm{d}s\overline{f(t)}\mathrm{d}t \\
&= \frac{2}{\pi} \left| \int_0^1 f(t)\mathrm{d}t \right|^2 \geqslant 0,
\end{aligned}$$

即 H 是亚正规算子.

3.2.2　亚正规算子的基本性质

性质 3.2.1　设 T 是 Hilbert 空间 X 中的有界线性算子, 则下列命题等价:

(i) $T^*T \geqslant TT^*$;

(ii) $\|Tx\| \geqslant \|T^*x\|$, $x \in X$;

(iii) 存在压缩算子 K 使得 $T^* = KT$.

证明 (i) 和 (ii) 的等价性是显然的. 下面证明 (ii) 和 (iii) 的等价性. 当存在压缩算子 K 使得 $T^* = KT$ 时, 对任意 $x \in X$, 有

$$\|T^*x\| = \|KTx\| \leqslant \|Tx\|.$$

反之, 对任意 $x \in X$, 令 $f = Tx, K_1 f = T^*x$, 则线性算子 K_1 满足

$$\|K_1 f\| = \|T^*x\| \leqslant \|Tx\| = \|f\|.$$

由于 $X = \mathcal{R}(T) \oplus \mathcal{R}(T)^\perp$, 把 K_1 进行零值延拓 (即 $\mathcal{R}(T)^\perp$ 上定义为零算子) 得到的算子记为 K, 则 $K : X \to X$ 满足 $\|K\| \leqslant 1$ 且

$$KTx = T^*x.$$

结论证毕. ∎

性质 3.2.2 设 T 是 Hilbert 空间 X 中的亚正规算子, 则 $\mathrm{N}(T) \subset \mathrm{N}(T^*)$ 且 $\mathcal{R}(T) \subset \mathcal{R}(T^*)$. 进而, 如果 T 是正规算子, 则 $\mathrm{N}(T) = \mathrm{N}(T^*)$ 且 $\mathcal{R}(T) = \mathcal{R}(T^*)$.

证明 令 $x \in \mathrm{N}(T)$, 则考虑到 $\|Tx\| \geqslant \|T^*x\|$ 即得 $x \in \mathrm{N}(T^*)$. 令 $y \in \mathcal{R}(T)$, 则由 $T^* = KT$ 可知

$$T = T^* K^*,$$

即 $y \in \mathcal{R}(T^*)$. 如果 T 是正规算子, 则 T 是亚正规算子且 T^* 也是亚正规算子, 故 $\mathrm{N}(T) = \mathrm{N}(T^*)$ 且 $\mathcal{R}(T) = \mathcal{R}(T^*)$. ∎

推论 3.2.1 设 T 是 Hilbert 空间 X 中的亚正规算子, 则

(i) $\sigma_r(T^*) = \varnothing$;

(ii) $\mathrm{N}(T - \lambda I) \subset \mathrm{N}(T^* - \bar{\lambda}I)$;

(iii) $\lambda \in \sigma_p(T)$ 蕴涵 $\bar{\lambda} \in \sigma_{p,3}(T^*) \cup \sigma_{p,4}(T^*)$.

证明 当 T 是亚正规算子时, $T - \lambda I$ 也是亚正规算子, 故 (i), (ii) 的证明是显然的. 当 $\lambda \in \sigma_p(T)$ 时, 由性质 3.2.2 可知 $\bar{\lambda} \in \sigma_p(T^*)$, 而且容易证明 $\bar{\lambda} \notin \sigma_{p,1}(T^*) \cup \sigma_{p,2}(T^*)$. 于是 $\bar{\lambda} \in \sigma_{p,3}(T^*) \cup \sigma_{p,4}(T^*)$. ∎

性质 3.2.3 设 T 是 Hilbert 空间 X 中的可逆算子, 如果 T 是半正规算子, 则 T^{-1} 也是半正规算子.

证明 不妨设 T 是亚正规算子, 则

$$0 \leqslant T^{-1}(T^*T - TT^*)(T^*)^{-1} = T^{-1}T^*T(T^*)^{-1} - I,$$

即

$$T^*T^{-1}(T^*)^{-1}T \leqslant I.$$

又因为

$$(T^*)^{-1}T^{-1} - T^{-1}(T^*)^{-1} = (T^*)^{-1}(I - T^*T^{-1}(T^*)^{-1}T)T^{-1} \geqslant 0,$$

于是, T^{-1} 也是亚正规算子. ∎

下列结论说明半正规算子的算子范数与谱半径相等.

定理 3.2.1　设 T 是 Hilbert 空间 X 中的半正规算子, 则 $\|T\| = r(T)$.

证明　不妨设 T 是亚正规算子. 根据谱半径定义 $r(T) = \lim_{k \to \infty} \|T^k\|^{\frac{1}{k}}$, 只需证明 $\|T^k\| = \|T\|^k$ 即可. 由于对任意 $x \in X$, 有

$$\|T^*x\|^2 = (TT^*x, x) \leqslant \|TT^*x\|\|x\| \leqslant \|T^*Tx\|\|x\| \leqslant \|T^*T\|\|x\|^2,$$

即

$$\|T^*\|^2 \leqslant \|T^*T\|.$$

当 T 是亚正规算子时, 可以断言 $\|T^*T\| \leqslant \|T^2\|$. 事实上, 令 $T^* = KT$, K 是压缩算子, 则

$$\|T^*T\| = \|KT^2\| \leqslant \|T^2\|.$$

于是 $\|T\|^2 = \|T^*\|^2 \leqslant \|T^2\|$. 又因为 $\|T\|^2 \geqslant \|T^2\|$ 是平凡的, 故 $\|T\|^2 = \|T^2\|$.

假定当 $k = 1, 2, \cdots, n$ 时有 $\|T\|^k = \|T^k\|$, 则

$$\|T^n\|^2 = \|(T^*)^n T^n\| = \|(T^*)^{n-1} K T^{n+1}\|$$
$$\leqslant \|(T^*)^{n-1}\|\|T^{n+1}\| = \|T^{n-1}\|\|T^{n+1}\|.$$

考虑到 $\|T^{n-1}\| = \|T\|^{n-1}, \|T\|^n = \|T^n\|$, 即得

$$\|T\|^{2n} \leqslant \|T\|^{n-1}\|T^{n+1}\|,$$

即 $\|T\|^{n+1} \leqslant \|T^{n+1}\|$, 从而 $\|T\|^{n+1} = \|T^{n+1}\|$. ∎

下列结论给出了半正规算子预解式范数的刻画.

定理 3.2.2　设 T 是 Hilbert 空间 X 中的半正规算子, 如果 $\lambda_0 \notin \sigma(T)$, 则 $\|(T - \lambda_0)^{-1}\| = \dfrac{1}{\mathrm{dist}(\lambda_0, \sigma(T))}$, 其中 $\mathrm{dist}(\lambda_0, \sigma(T))$ 表示从 λ_0 到谱集 $\sigma(T)$ 的距离, 即 $\mathrm{dist}(\lambda_0, \sigma(T)) = \inf\{|\lambda_0 - \lambda| : \lambda \in \sigma(T)\}$.

证明　不妨设 T 是亚正规算子, 考虑到对任意 $\lambda_0 \notin \sigma(T)$ 有 $(T - \lambda_0 I)^{-1}$ 也是亚正规算子且

$$\|(T - \lambda_0)^{-1}\| = r((T - \lambda_0)^{-1})$$
$$= \max\{|\lambda| : \lambda \in \sigma((T - \lambda_0)^{-1})\}$$
$$= [\min\{|\lambda - \lambda_0| : \lambda \in \sigma(T)\}]^{-1}$$
$$= \frac{1}{\mathrm{dist}(\lambda_0, \sigma(T))}.$$

当 T^* 是亚正规算子时同理可证. ∎

定理 3.2.3 设 T 是 Hilbert 空间 X 中的亚正规算子, $\lambda_1, \lambda_2 \in \sigma_p(T), \lambda_1 \neq \lambda_2$ 且 f, g 是对应的特征向量, 则

$$(f, g) = 0.$$

进一步, $\lambda_1, \lambda_2 \in \sigma_{\mathrm{ap}}(T), \lambda_1 \neq \lambda_2$ 且 $(T - \lambda I)f_n \to 0, (T - \lambda I)g_n \to 0$, 则 $(f_n, g_n) \to 0$.

证明 令 $(T - \lambda_1 I)f = 0$ 且 $(T - \lambda_2 I)g = 0$, 则

$$(Tf, g) = \lambda_1(f, g). \tag{3.2.1}$$

再考虑到 $T - \lambda_2 I$ 是亚正规算子即得 $(T^* - \overline{\lambda_2}I)g = 0$, 两边与 f 作内积得

$$(Tf, g) = \lambda_2(f, g). \tag{3.2.2}$$

由式 (3.2.1) 和 (3.2.2) 即得当 $\lambda_1 \neq \lambda_2$ 时有 $(f, g) = 0$. 近似点谱的情形, 证明完全类似. ∎

3.2.3 亚正规算子数值域及其性质

为了得到亚正规算子和半正规算子数值域的性质, 首先给出下列引理.

引理 3.2.1 设 T 是半正规算子, 则 $\|Tx\| = \|T^*x\|$ 当且仅当 $TT^*x = T^*Tx$.

证明 不妨设 T 是亚正规算子. 令 $\|Tx\| = \|T^*x\|$, 则

$$(Tx, Tx) = (T^*x, T^*x),$$

即 $((T^*T - TT^*)x, x) = 0$. 考虑到 $T^*T - TT^* \geqslant 0$ 即得 $TT^*x = T^*Tx$.

反之, $TT^*x = T^*Tx$ 时, 两边与 x 作内积得 $(T^*x, T^*x) = (Tx, Tx)$, 即 $\|Tx\| = \|T^*x\|$. ∎

引理 3.2.2 设 T 是 Hilbert 空间 X 中的半正规算子, 令 $N = \{x : Tx = -T^*x\}$, 则

(i) N 是 $T|_N$ 的不变子空间;

(ii) $T_N : N \to N$ 是反自伴算子, 即 $iT|_N$ 是自伴算子, 从而 $T|_N$ 是正规算子.

证明 (i) 令 $x \in N$, 则 $Tx = -T^*x$, $\|Tx\|^2 = \|T^*x\|^2$, 即 $(Tx, Tx) = (T^*x, T^*x)$, 化简后得

$$(T^*Tx, x) = (TT^*x, x).$$

当 T 是半正规算子时, 不妨设 T 是亚正规算子, 则由 $((T^*T - TT^*)x, x) = 0$ 得

$$T^*Tx - TT^*x = 0. \tag{3.2.3}$$

另一方面, 对任意 $x \in N$ 有 $TT|_N x = -TT^* x$ 且 $-T^*T|_N x = -T^*Tx$, 再考虑到式 (3.2.3) 即得

$$TT|_N x = -T^*T|_N x.$$

于是 N 是 $T|_N$ 的不变子空间.

(ii) 对任意 $x, y \in N$ 有

$$(T|_N x, y) = (Tx, y) = (-T^* x, y)$$
$$= -(x, Ty) = (x, T|_N y).$$

于是 $T_N : N \to N$ 是反自伴算子. ∎

亚正规算子和半正规算子数值域的一个很重要的性质是谱的闭凸包与数值域闭包相等.

定理 3.2.4　设 T 是 Hilbert 空间 X 中的半正规算子, 则

(i) $\overline{W(T)} = \operatorname{Conv}(\sigma(T))$;

(ii) $W(T)$ 的极点是 T 的特征值;

(iii) $W(T)$ 闭的充分必要条件是 $\operatorname{Conv}(\sigma(T))$ 的极点属于点谱.

证明　(i) 根据谱包含关系, 只需证明 $\overline{W(T)} \subset \operatorname{Conv}(\sigma(T))$ 即可. 当 T 是亚正规算子时, 设 L 是 $\operatorname{Conv}(\sigma(T))$ 的任意一个支撑线. 由于亚正规性质对平移是封闭的, 不妨设 L 就是虚轴且 $\operatorname{Conv}(\sigma(T))$ 位于 L 的左侧. 要证 $\overline{W(T)} \subset \operatorname{Conv}(\sigma(T))$, 只需证对任意 $a + \mathrm{i}b \in W(T)$ 有 $a \leqslant 0$ 即可. 假设不然, 则存在 $\|x\| = 1, Tx = (a + \mathrm{i}b)x + y, (x, y) = 0, a > 0$. 根据定理 3.2.2, 对任意 $c > 0$ 有

$$c^2 \leqslant \|(T - cI)x\|^2 = (a - c)^2 + b^2 + \|y\|^2,$$

即

$$2ac \leqslant a^2 + b^2 + \|y\|^2,$$

这对于充分大的 c 是不可能的.

当 T^* 是亚正规算子时, 根据上述证明 $\overline{W(T^*)} \subset \operatorname{Conv}(\sigma(T^*))$, 从而也能得

$$\overline{W(T)} \subset \operatorname{Conv}(\sigma(T)).$$

于是, 结论得证.

(ii) 不妨设 $0 \in \operatorname{Ex}(W(T))$ 且 $\operatorname{Re}(Tx, x) \leqslant 0$, 则 $-T - T^* \geqslant 0$. 由 $(Tx_0, x_0) = 0$ 可知

$$(T^* x_0, x_0) = 0, \quad ((-T - T^*)x_0, x_0) = 0,$$

再由 $-T - T^* \geqslant 0$ 即得

$$Tx_0 = -T^* x_0.$$

令 $N = \{x : Tx = -T^*x\}$, 则由引理 3.2.2 可知 $T|_N$ 是反自伴算子, 从而 $W(T|_N) \subset$ i$\mathbb{R}$. 又因为 $W(T|_N) \subset W(T)$ 且 $W(T) \cap$ i$\mathbb{R} = \{0\}$, 故 $W(T|_N) = \{0\}$, 从而 $T|_N = 0$ 且 $Tx = T|_N x = 0$, 即 $0 \in \sigma_p(T)$.

(iii) 当 $W(T)$ 为闭集时, $W(T) = \overline{W(T)}$, 从而 $W(T) = \mathrm{Conv}(\sigma(T))$ 且 $\mathrm{Conv}(\sigma(T))$ 的极点就是 $W(T)$ 的极点, 由 (ii) 即得 $\mathrm{Conv}(\sigma(T))$ 的极点属于点谱.

当 $\mathrm{Conv}(\sigma(T))$ 的极点属于点谱时, 考虑到点谱包含于数值域, 故 $\mathrm{Conv}(\sigma(T)) \subset W(T)$, 由 (i) 得 $W(T) = \overline{W(T)}$, 即 $W(T)$ 为闭集. ∎

推论 3.2.2 设 T 是 Hilbert 空间 X 中的亚正规算子, 或者正规算子, 或者酉算子, 或者自伴算子, 则

(i) $\overline{W(T)} = \mathrm{Conv}(\sigma(T))$;

(ii) $W(T)$ 的极点是 T 的特征值;

(iii) $W(T)$ 闭的充分必要条件是 $\mathrm{Conv}(\sigma(T))$ 的极点属于点谱.

证明 根据定义, 亚正规算子, 或者正规算子, 或者酉算子, 或者自伴算子必是半正规算子, 于是由定理 3.2.4 结论得证. ∎

推论 3.2.3 设 T 是酉算子, 则 $W(T)$ 闭的充分必要条件是 $\sigma_c(T) = \varnothing$.

证明 由于酉算子的谱点分布在单位圆周上, 所以 $\mathrm{Conv}(\sigma(T))$ 极点集就是 $\sigma(T)$. 又因为酉算子的剩余谱为空集, 从而 $\sigma(T) = \sigma_p(T)$ 当且仅当 $\sigma_c(T) = \varnothing$. 因此, 由定理 3.2.4 结论得证. ∎

推论 3.2.4 设 T 是自伴算子且 $\sigma(T) = [m, M]$, 则 $m, M \in \sigma_p(T)$.

证明 由于 m, M 是 $\mathrm{Conv}(\sigma(T))$ 的极点, 由定理 3.2.4 结论得证. ∎

推论 3.2.5 设 T 是亚正规算子, 则 $r(T) = w(T) = \|T\|$.

证明 因为当 T 是亚正规算子时 $r(T) = \|T\|$, 对于有界算子而言 $r(T) \leqslant w(T) \leqslant \|T\|$ 是平凡的, 于是 $r(T) = w(T) = \|T\|$. ∎

推论 3.2.6 设 T 是半正规算子且 X 是可分 Hilbert 空间, 则 $W(T)$ 有至多可数个极点.

证明 当 T 是亚正规算子时, 由定理 3.2.3 可知不同特征值对应的特征向量正交. 又因为 X 是可分的, 有至多可数个正交基, 故 T 有至多可数个特征值, 从而再由定理 3.2.4 可知 $W(T)$ 有至多可数个极点. 当 T^* 是亚正规算子时, 同理 $W(T^*)$ 有至多可数个极点. 然而, $\lambda \in W(T)$ 当且仅当 $\overline{\lambda} \in W(T^*)$, 于是 $W(T)$ 也有至多可数个极点. ∎

推论 3.2.7 设 T 是半正规算子, 则 T 是自伴算子当且仅当 $\sigma(T) \subset \mathbb{R}$.

证明 当 T 是自伴算子时, $\sigma(T) \subset \mathbb{R}$ 的证明是平凡的. 反之, 由定理 3.2.4 可知 $\overline{W(T)} = \mathrm{Conv}(\sigma(T)) \subset \mathbb{R}$, $W(T) \subset \mathbb{R}$, 从而 T 是自伴算子. ∎

定理 3.2.5 设 T 是半正规算子且 $AT = T^*A$, 其中 $0 \notin \overline{W(A)}$, 则 T 是自伴算子.

证明　不妨设 T 是亚正规算子, 根据推论 3.2.7, 只需证明 $\sigma(T) \subset \mathbb{R}$ 即可. 由于 $0 \notin \overline{W(A)}$, A 可逆, $ATA^{-1} = T^*$, 故

$$\sigma(T) = \sigma(T^*).$$

考虑到 $\sigma_r(T^*) = \varnothing$ 即得

$$\sigma_{\mathrm{ap}}(T^*) = \sigma(T) = \sigma(T^*).$$

假定存在 $\lambda \neq \bar{\lambda}$ 使得 $\lambda \in \sigma(T)$, 则存在 $\{x_n\}_{n=1}^{\infty}, \|x_n\| = 1, n = 1, 2, \cdots$, 使得

$$\|(T^* - \bar{\lambda}I)x_n\| \leqslant \|(T - \lambda I)x_n\| \to 0.$$

因为 $\|(T^* - \bar{\lambda}I)x_n\| = \|A(T - \bar{\lambda}I)A^{-1}x_n\|$, 故 $\|(T - \bar{\lambda}I)A^{-1}x_n\| \to 0$. 令 $y_n = \dfrac{A^{-1}x_n}{\|A^{-1}x_n\|}$, 则 $\|y_n\| = 1, n = 1, 2, \cdots$, 由定理 3.2.3 可知, 当 $\lambda \neq \bar{\lambda}$ 时, 有

$$(Ay_n, y_n) = \frac{(x_n, A^{-1}x_n)}{\|A^{-1}x_n\|^2} \to 0,$$

这与 $0 \notin \overline{W(A)}$ 矛盾, 于是 $\sigma(T) \subset \mathbb{R}$. ∎

注 3.2.2　当 T, S 是半正规算子时, $T + S$ 的谱半径具有次可加性, 即

$$r(T + S) \leqslant r(T) + r(S).$$

事实上, 考虑到 $r(T) = w(T), r(S) = w(S)$, 有

$$r(T + S) \leqslant w(T + S)$$
$$\leqslant w(T) + w(S) = r(T) + r(S).$$

一般情况下, 上述不等式不一定成立. 比如, 令

$$T = \begin{bmatrix} 0 & 1 \\ 0 & 0 \end{bmatrix}, \quad S = \begin{bmatrix} 0 & 0 \\ -1 & 0 \end{bmatrix},$$

则 $r(T) = r(S) = 0$, 然而 $r(T + S) = 1$.

3.3　相似算子的数值域

3.3.1　相似算子

给定有界线性算子 T_1, T_2, 如果存在可逆线性算子 $S(\, 0 \in \rho(S))$ 使得

$$T_1 = S^{-1}T_2S,$$

则称算子 T_1 与 T_2 是相似算子. 相似算子最重要的性质之一是它们的谱结构相同. 比如, T_1 与 T_2 相似时

$$\sigma(T_1) = \sigma(T_2), \quad \sigma_p(T_1) = \sigma_p(T_2), \quad \sigma_{\mathrm{ap}}(T_1) = \sigma_{\mathrm{ap}}(T_2),$$

且 $\mathcal{R}(T_1)$ 是闭集当且仅当 $\mathcal{R}(T_2)$ 是闭集; $\mathcal{R}(T_1)$ 稠密当且仅当 $\mathcal{R}(T_2)$ 稠密; 等等. 反之, 如果线性算子 T 的谱半径满足 $r(T) < 1$, 则由定理 1.3.4 可知, 存在 B 的不变子空间 M 和可逆算子 $S : X \to M$ 满足

$$T = S^{-1}B|_M S,$$

即, 数值压缩算子 T 与位移算子的限制 $B|_M$ 相似, 其中算子 $B : \ell^2(X) \to \ell^2(X)$ 定义为 $B(x_0, x_1, x_2, x_3, \cdots) =: (x_1, x_2, x_3, \cdots)$. 下列结论说明, 除了数值压缩算子与位移算子的相似性以外, 其他算子在一定的条件下也有相似性.

首先研究加权位移算子何时酉相似的问题. 令 $\{e_n\}_{n=0}^{\infty}$ 是可分 Hilbert 空间 X 的一组正交基, 称算子

$$Se_n = e_{n+1}$$

为位移算子. 位移算子 S 和对角算子 P 的乘积 SP 称为加权位移算子.

定理 3.3.1 设 S 是位移算子, $P = \mathrm{diag}\{\alpha_n\}_{n=0}^{\infty}$ 和 $Q = \mathrm{diag}\{\beta_n\}_{n=0}^{\infty}$ 是对角算子, 如果对全体 n 满足 $|\alpha_n| = |\beta_n|$, 则加权位移算子 SP 和 SQ 酉相似.

证明 定义线性算子 $U = \mathrm{diag}\{\delta_n\}$, 其中 $\delta_0 = 1$, 且

$$\delta_{n+1} = \begin{cases} \dfrac{\alpha_n}{\beta_n}\delta_n, & \beta_n \neq 0, \\ 1, & \beta_n = 0, \end{cases}$$

则 $UU^* = U^*U = I$ 且

$$SPUe_n = \alpha_n \delta_n e_{n+1} = \beta_n \delta_{n+1} e_{n+1} = USQe_n.$$

于是 SP 和 SQ 酉相似. ∎

注 3.3.1 定理 3.3.1 的逆命题不一定成立, 也就是说, 加权位移算子 SP 和 SQ 酉相似时不能推出对全体 n 满足 $|\alpha_n| = |\beta_n|$. 事实上, 令 $P = \mathrm{diag}\{\alpha_n\}, Q = \mathrm{diag}\{\alpha_{n+1}\}, n = 0, \pm 1, \pm 2, \cdots$, 其中 $\{|\alpha_n|\}$ 不是常数列. 定义算子 W 为

$$We_n = e_{n+1}, \quad n = 0, \pm 1, \pm 2, \cdots,$$

则 W 是酉算子且满足 $SPWe_n = WSQe_n$, 即 SP 和 SQ 酉相似. 但是, 至少存在一个 n 使得 $|\alpha_n| \neq |\alpha_{n+1}|$, 因为 $\{|\alpha_n|\}$ 不是常数列.

下列结论说明, 在一定的条件下压缩算子与酉算子相似、极大耗散算子与自伴算子相似, 具体证明可以参阅文献 [39].

引理 3.3.1　设 T 是压缩算子, 则 T 和某个酉算子相似当且仅当单位开圆盘 $D = \{\lambda \in \mathbb{C} : |\lambda| < 1\}$ 包含于 T 的正则集 $\rho(T)$ 且存在常数 a 使得对任意 $\lambda \in D$ 有

$$\|(T - \lambda I)^{-1}\| \leqslant \frac{a}{1 - |\lambda|}.$$

定义 3.3.1　设 T 是 Hilbert 空间中的线性算子 (不一定有界), 如果对任意 $x \in \mathscr{D}(T)$ 有

$$\text{Im}(Tx, x) \geqslant 0,$$

则称 T 是耗散算子. 耗散算子 T 没有非平凡的耗散扩张, 则称 T 是极大耗散算子.

引理 3.3.2　设 T 是极大耗散算子, 则 T 和自伴算子相似当且仅当 T 的 Cayley 变换 $(T - iI)(T + iI)^{-1}$ 与某个酉算子相似.

3.3.2　相似变换下数值域的变化

据我们所知, 线性算子数值域在酉相似变换下保持不变, 即 U 是酉算子时

$$W(T) = W(U^{-1}TU).$$

但是, 在一般的相似变换下数值域不一定保持. 比如, 令

$$T_\lambda = \begin{bmatrix} 0 & \lambda I \\ 0 & 0 \end{bmatrix},$$

则 $W(T_\lambda) = \left\{ z \in \mathbb{C} : |z| \leqslant \dfrac{|\lambda|}{2} \right\}$ (见例 1.1.1). 另一方面, 当 $\lambda \neq 0$ 时, 令

$$T_1 = \begin{bmatrix} 0 & I \\ 0 & 0 \end{bmatrix}, \quad S = \begin{bmatrix} \lambda^{-1}I & 0 \\ 0 & I \end{bmatrix},$$

则

$$S^{-1}T_1S = T_\lambda,$$

即 T_λ 与 T_1 相似, 但是 $W(T_1) = \left\{ z \in \mathbb{C} : |z| \leqslant \dfrac{1}{2} \right\}$, 当 $|\lambda| \neq 1$ 时显然有 $W(T_\lambda) \neq W(T_1)$. 于是, 在一般的相似变换下有界线性算子的数值域会产生多大的变化的问题显得格外重要, 这一节我们将要研究这个问题.

定理 3.3.2　设 T 是有界线性算子, Γ 是包含 $\sigma(T)$ 的开凸集, 则存在可逆算子 S 使得 $\overline{W(STS^{-1})} \subset \Gamma$.

证明 不妨设 Γ 是开单位圆盘, 则由定理 1.3.4 可知, 存在可逆算子 $S: X \to \mathcal{R}(V)$ 满足 $T = S^{-1}B|_{\mathcal{R}(V)}S$, 即

$$STS^{-1} = B|_{\mathcal{R}(V)}.$$

于是, $\overline{W(STS^{-1})} = \overline{W(B|_{\mathcal{R}(V)})}$. 下面证明 $\overline{W(B|_{\mathcal{R}(V)})} \subset \Gamma$. 假定存在 $\{\lambda_n\}_{n=1}^{\infty} \subset W(B|_{\mathcal{R}(V)})$ 使得当 $n \to \infty$ 时 $\lambda_n \to 1$, 则存在 $y_n = (x_n, Tx_n, T^2x_n, \cdots)$, $\sum_{k=0}^{\infty} \|T^k x_n\|^2 = 1, n = 1, 2, \cdots$, 使得

$$(By_n, y_n) = \lambda_n \to 1.$$

另一方面, 经计算易得

$$|\lambda_n| \leqslant 1 - \frac{\|x_n\|}{2}, \quad n = 1, 2, \cdots,$$

且可以断言 $\liminf_{n\to\infty} \|x_n\| > 0$. 若不然, 不妨设 $\lim_{n\to\infty} \|x_n\| = 0$, 则考虑到 $r(T) = \lim_{n\to\infty} \|T^n\|^{\frac{1}{n}}$, 存在 $0 < \rho < 1$ 使得当 n 充分大时有 $\|T^n\| \leqslant \rho^n$ 且

$$\sum_{k=0}^{\infty} \|T^k x_n\|^2 \leqslant \|x_n\|^2 \sum_{k=0}^{\infty} \|T^k\|^2 \to 0.$$

这与 $\|y_n\| = 1$ 矛盾. 于是 $\liminf_{n\to\infty} \|x_n\| > 0$, $\sup|\lambda_n| \leqslant 1 - \inf \frac{\|x_n\|}{2} < 1$, 与 $\lambda_n \to 1$ 矛盾, 从而 $\overline{W(B|_{\mathcal{R}(V)})}$ 含于开单位圆盘. ∎

引理 3.3.3 设 $T = \begin{bmatrix} 1 & 2d \\ 0 & -1 \end{bmatrix}$ 是 2×2 矩阵, 如果 $d \neq 0$, 则 $W(T)$ 是圆心在原点的椭圆, 其中长半轴长为 $\sqrt{1+d^2}$, 短半轴长为 $|d|$.

证明 由于 $\begin{bmatrix} 1 & 2d \\ 0 & -1 \end{bmatrix}$ 与 $\begin{bmatrix} 1 & -2d \\ 0 & -1 \end{bmatrix}$ 酉相似. 事实上, 令 $U = \begin{bmatrix} 1 & 0 \\ 0 & -1 \end{bmatrix}$, 则 U 是酉算子且

$$\begin{bmatrix} 1 & 2d \\ 0 & -1 \end{bmatrix} = U\begin{bmatrix} 1 & -2d \\ 0 & -1 \end{bmatrix}U^{-1},$$

故不妨设 $d > 0$, 令

$$C = \frac{1}{2}((T + T^*) + \gamma(T - T^*)),$$

其中 $\gamma = \dfrac{\sqrt{1+d^2}}{d}$, 则矩阵 C 的两个特征值为 0, 故 C 酉相似于矩阵 $D = \begin{bmatrix} 0 & a \\ 0 & 0 \end{bmatrix}$. 因为 C 与 D 酉相似时 $\mathrm{tr}C^*C = \mathrm{tr}D^*D$, 从而 $a = 2\sqrt{1+d^2}$ 且

$$W(C) = W(D) = \{\lambda \in \mathbb{C} : |\lambda| \leqslant \sqrt{1+d^2}\}.$$

又因为 $x + \mathrm{i}y \in W(T)$ 当且仅当 $x + \mathrm{i}\gamma y \in W(C)$, $W(C)$ 的边界点为 $\{\lambda \in \mathbb{C} : \lambda = \sqrt{1 + d^2}\mathrm{e}^{\mathrm{i}\theta}, \theta \in \mathbb{R}\}$, 于是 $W(T)$ 的边界点为 $\{\lambda \in \mathbb{C} : \lambda = \sqrt{1 + d^2}\cos\theta + \mathrm{i}d\sin\theta, \theta \in \mathbb{R}\}$, 从而 $W(T)$ 是圆心在原点的椭圆, 其中长半轴长为 $\sqrt{1 + d^2}$, 短半轴长为 d. ∎

定理 3.3.3 设 T 是 Hilbert 空间 $X(\dim X > 2)$ 中的有界线性算子且不是单位算子的常数倍, Γ 是平面上的紧集, 则存在可逆算子 S 使得 $\Gamma \subset W(S^{-1}TS)$.

证明 考虑到 $\dim X > 2$ 和 T 不是单位算子的常数倍, 故存在正交投影算子 P 使得 $PT|_{\mathcal{R}(P)}$ 是 2×2 矩阵. 又因为 $W(PT|_{\mathcal{R}(P)}) \subset W(T)$, 若能证明存在可逆算子 S_1 使得 $\Gamma \subset W(S_1^{-1}PT|_{\mathcal{R}(P)}S_1)$ 时, 取 $S = \begin{bmatrix} S_1 & 0 \\ 0 & I \end{bmatrix}$, 则考虑到

$$W(S_1^{-1}PT|_{\mathcal{R}(P)}S_1) \subset W(S^{-1}TS),$$

就能证明 $\Gamma \subset W(S^{-1}TS)$. 不妨设 $PT|_{\mathcal{R}(P)} = \begin{bmatrix} a & c \\ 0 & b \end{bmatrix}$, 分下列两种情形进行证明.

当 $a = b$ 时, 考虑到 T 不是单位算子的常数倍, 故 $c \neq 0$. 令 $d = 2(n + |c| + 1)$, $S_1 = \begin{bmatrix} \dfrac{c}{d} & 0 \\ 0 & 1 \end{bmatrix}$, 则

$$S_1^{-1}PT|_{\mathcal{R}(P)}S_1 = \begin{bmatrix} a & 2(n + |c| + 1) \\ 0 & a \end{bmatrix}.$$

因为 $W(\alpha T + I\beta) = \alpha W(T) + \beta$, 故 $W(S_1^{-1}PT|_{\mathcal{R}(P)}S_1) \supset \{\lambda \in \mathbb{C} : |\lambda| \leqslant n\}$, 考虑到 $n \in \mathbb{N}^+$ 的任意性即得 $\Gamma \subset W(S_1^{-1}PT|_{\mathcal{R}(P)}S_1)$.

当 $a \neq b$ 时, 考虑到

$$\begin{bmatrix} a & c \\ 0 & b \end{bmatrix} = \frac{a - b}{2} \begin{bmatrix} 1 & \dfrac{2c}{a - b} \\ 0 & -1 \end{bmatrix} + \frac{a + b}{2}I,$$

不妨设 $PT|_{\mathcal{R}(P)} = \begin{bmatrix} 1 & d \\ 0 & -1 \end{bmatrix}, d \geqslant 0$. 令 $S_1 = \begin{bmatrix} 1 & n \\ 0 & 1 \end{bmatrix}$, 则

$$S_1^{-1}PT|_{\mathcal{R}(P)}S_1 = \begin{bmatrix} 1 & d + 2n \\ 0 & -1 \end{bmatrix},$$

由引理 3.3.3 知, $W(S_1^{-1}PT|_{\mathcal{R}(P)}S_1)$ 是圆心在原点的椭圆且短半轴长为 $\dfrac{d + 2n}{2}$, 显然

$$W(S_1^{-1}PT|_{\mathcal{R}(P)}S_1) \supset \{\lambda \in \mathbb{C} : |\lambda| \leqslant n\}.$$

考虑到 $n \in \mathbb{N}^+$ 的任意性即得 $\Gamma \subset W(S_1^{-1}PT_{\mathcal{R}(P)}S_1)$. 结论证毕. ∎

在工程与稳定性领域, 一个 $n \times n$ 方阵 A 称为稳定的 (也称为 Hurwitz 矩阵), 如果 A 的每个特征值的实部为负数, 也就是说, 对任意 $\lambda \in \sigma(A)$ 有 $\lambda \in \mathbb{C}^- = \{\lambda \in \mathbb{C} : \mathrm{Re}(\lambda) < 0\}$. 在 Hilbert 空间中, 上述问题可以通过数值域来描述.

定理 3.3.4 设 T 是 Hilbert 空间 X 中的有界线性算子, 则下列命题等价:

(i) $\sigma(T) \subset \mathbb{C}^-$;

(ii) 存在可逆算子 S 使得 $\overline{W(S^{-1}TS)} \subset \mathbb{C}^-$;

(iii) 存在正定可逆算子 P 使得 $\overline{W(P^{-1}TP)} \subset \mathbb{C}^-$;

(iv) 存在正定可逆算子 Q 使得 $\overline{W(TQ)} \subset \mathbb{C}^-$.

证明 (i)$\Rightarrow$ (ii): 当 $\sigma(T) \subset \mathbb{C}^-$ 时, 由定理 3.3.2 即得存在可逆算子 S 使得 $\overline{W(S^{-1}TS)} \subset \mathbb{C}^-$.

(ii)$\Rightarrow$ (iii): 当存在可逆算子 S 使得 $\overline{W(S^{-1}TS)} \subset \mathbb{C}^-$ 时, 考虑 S^{-1} 的极分解 $S^{-1} = U|S^{-1}|$, 其中 U 是等距算子, 即得 $S = |S^{-1}|^{-1}U^*$ 且

$$S^{-1}TS = U|S^{-1}|T|S^{-1}|^{-1}U^*.$$

令 $P^{-1} = |S^{-1}|$, 则 P 是正定可逆算子且 $W(S^{-1}TS) = W(P^{-1}TP)$, 从而结论成立.

(iii)$\Rightarrow$ (iv): 考虑到

$$(TP^2x, x) = ((P^{-1}TP)Px, Px),$$

得当 $W(P^{-1}TP) \subset \{\lambda : \mathrm{Re}(\lambda) \leqslant \delta < 0\}$ 时, $W(TP^2) \subset \{\lambda : \mathrm{Re}(\lambda) \leqslant \delta\|P^{-1}\|^{-2}\} \subset \mathbb{C}^-$, 即 $Q = P^2$ 时 Q 是正定可逆算子且 $\overline{W(TQ)} \subset \mathbb{C}^-$.

(iv)$\Rightarrow$ (i): 由 Q 是正定可逆算子可知 $0 \notin \overline{W(Q)}$. 令 $\lambda \in \sigma(T)$, 则 $0 \in \sigma((TQ - \lambda Q)Q^{-1})$, 故 $0 \in \sigma(TQ - \lambda Q)$. 再由数值域的谱包含关系得

$$0 \in \overline{W(TQ - \lambda Q)},$$

即 $\lambda \in \dfrac{\overline{W(TQ)}}{\overline{W(Q)}}$. 因为 $\overline{W(TQ)} \subset \mathbb{C}^-$ 且 Q 是正定可逆算子, 故 $\lambda \in \mathbb{C}^-$, 即 $\sigma(T) \subset \mathbb{C}^-$. ∎

对 Hilbert 空间 X 中的有界线性算子 T 而言

$$2\mathrm{Re}(Tx, x) = (Tx, x) + (T^*x, x) = (2\mathrm{Re}(T)x, x),$$

于是 $\mathrm{Re}(\overline{W(T)}) = \overline{W(\mathrm{Re}(T))}$. 由定理 3.3.4 可知, 如果 $\sigma(T) \subset \mathbb{C}^-$, 则存在正定可逆算子 P 使得 TP 可逆且 $\mathrm{Re}(TP) < 0$. 此时, 自然可以提出的一个问题是: 对于一个给定的负定可逆算子 Q 是否存在可逆算子 P 使得 $\mathrm{Re}(TP) = Q$ 呢? 答案是肯定的.

定理 3.3.5　设 T 是 Hilbert 空间 X 中的有界线性算子, 则下列命题等价:

(i) $\sigma(T) \subset \mathbb{C}^-$;

(ii) 存在正定可逆算子 P 使得 $TP + PT^* = -I$;

(iii) 若 Q 是给定的负定可逆算子, 则存在正定可逆算子 P, 使得 $TP + PT^* = Q$.

证明　由 (iii) 到 (ii) 是平凡的. 当 (ii) 成立时, 由定理 3.3.4 可知 $\sigma(T) \subset \mathbb{C}^-$, 故只需证明 (i) 能推出 (iii) 即可. 当 $\sigma(T) \subset \mathbb{C}^-$ 时, 由定理 3.3.4 可知存在正定可逆算子 R 使得 $\overline{W(R^{-1}TR)} \subset \mathbb{C}^-$. 考虑算子方程

$$R^{-1}TRX + XRT^*R^{-1} = R^{-1}QR^{-1}, \tag{3.3.1}$$

并令 $\mathfrak{A}(X) = R^{-1}TRX, \mathfrak{B}(X) = XRT^*R^{-1}, \mathfrak{J} = \mathfrak{A} + \mathfrak{B}$, 则容易证明 $\sigma(\mathfrak{A}) \subset \sigma(R^{-1}TR), \sigma(\mathfrak{B}) \subset \sigma(RT^*R^{-1})$ 且 $\mathfrak{A}$ 与 $\mathfrak{B}$ 可交换, 故 $\sigma(\mathfrak{J}) \subset \sigma(\mathfrak{A}) + \sigma(\mathfrak{B})$(见文献 [40] 的引理 0.11). 又因为 $R^{-1}TR$ 和 RT^*R^{-1} 可逆且 $\sigma(T) \subset \mathbb{C}^-$, 于是 $\mathfrak{J}$ 可逆且式 (3.3.1) 存在唯一解. 式 (3.3.1) 两边取共轭得

$$R^{-1}TRX^* + X^*RT^*R^{-1} = R^{-1}QR^{-1}. \tag{3.3.2}$$

式 (3.3.1) 与式 (3.3.2) 相加得

$$R^{-1}TR\mathrm{Re}(X) + \mathrm{Re}(X)RT^*R^{-1} = R^{-1}QR^{-1},$$

从而 $X = \mathrm{Re}(X)$, 即 X 是自伴算子. 为了证明 X 是正定算子只需证明 $\sigma(X) \subset \{t : t > 0\}$ 即可. 对任意 $t \geqslant 0$ 有

$$W(R^{-1}TR(X + tI)) \subset W(R^{-1}TRX) + tW(R^{-1}TR).$$

由式 (3.3.1) 可知 $\overline{W(R^{-1}TRX)} \subset \mathbb{C}^-$, 再考虑到 $\overline{W(R^{-1}TR)} \subset \mathbb{C}^-$, 可得

$$\overline{W(R^{-1}TR(X + tI))} \subset \mathbb{C}^-.$$

于是, 由数值域的谱包含关系可知 $\sigma(R^{-1}TR(X + tI)) \subset \mathbb{C}^-$. 由于 $R^{-1}TR$ 可逆, 故 $X + tI$ 可逆, 即 $\sigma(X) \subset \{t : t > 0\}$. ∎

根据上述结论, 下面的推论是显然的.

推论 3.3.1　设 T 是 Hilbert 空间 X 中的有界线性算子, 如果 $0 \notin \sigma(T) + \sigma(T^*)$, 则

(i) 对任意有界线性算子 Y, 算子方程 $TX + XT^* = Y$ 存在唯一解;

(ii) X 是自伴算子当且仅当 Y 是自伴算子;

(iii) Y 是正定 (或负定) 可逆算子, 则 X 也可逆.

3.4 乘积算子的数值域

这一节我们将要讨论两个算子乘积的数值域以及数值域乘积之间的联系, 这对于刻画乘积算子谱分布极为重要 [41-45].

定理 3.4.1 T, S 是可交换的有界线性算子, 如果 $S \geqslant 0$ 且 T 单射, 则 $W(TS) \subset W(T)W(S)$.

证明 见定理 2.5.2. ∎

推论 3.4.1 T, S 是可交换有界线性算子, 如果 T 是自伴算子, 则 $W(TS) \subset W(T_+S) - W(T_-S)$, 其中 $T_+ = \frac{1}{2}(|T| + T)$, $T = \frac{1}{2}(|T| - T)$, $T = T_+ - T_-$, $T_+ \geqslant 0, T_- \geqslant 0$.

证明 当 T, S 是可交换时, T_+, T_- 也与 S 可交换, 再由定理 3.4.1 可知结论成立. ∎

引理 3.4.1 Δ 是复平面上的紧凸集且 $0 \leqslant a < b$, 则 $[a, b] \cdot \Delta = \{xy : x \in [a, b], y \in \Delta\}$ 是闭凸集.

证明 $[a, b] \cdot \Delta$ 的闭性是显然的. 下面证明凸性. 令 $a_1, a_2 \in [a, b]$, $w_1, w_2 \in \Delta$, $0 \leqslant t \leqslant 1$, 则 $ta_1w_1 + (1 - t)a_2w_2$ 包含于以 aw_1, bw_1, aw_2, bw_2 为顶点的梯形内. 对任意 $0 \leqslant s \leqslant 1$, $sw_1 + (1 - s)w_2$ 包含于 Δ 且对任意 $a \leqslant c \leqslant b$, $csw_1 + c(1 - s)w_2$ 包含于 $[a, b] \cdot \Delta$. 当 c 取遍所有的 $[a, b]$ 中的值时, $csw_1 + c(1 - s)w_2$ 刻画一个线段, 然后 t 取遍区间 $[0, 1]$ 中的所有值时 $csw_1 + c(1 - s)w_2$ 恰好覆盖梯形, 于是 $ta_1w_1 + (1 - t)a_2w_2 \in [a, b] \cdot \Delta$. 结论成立. ∎

定理 3.4.2 T, S 是有界线性算子, 如果 T 是值域闭的非负算子, 则

$$\mathrm{Conv}(\sigma(TS)) \subset \overline{W(T)W(S)}.$$

证明 由引理 3.4.1, $\overline{W(T)W(S)}$ 是凸集, 故只需证明 $\sigma(TS) \subset \overline{W(T)W(S)}$. 当 $0 \in \sigma(TS)$ 时, $0 \in \sigma(T)$ 或 $0 \in \sigma(S)$, 故 $0 \in \overline{W(T)W(S)}$.

当 $0 \neq \lambda \in \sigma(TS)$ 时, 在空间分解 $\mathbb{N}(T) \oplus \mathbb{N}(T)^\perp \to \mathcal{R}(T)^\perp \oplus \mathcal{R}(T)$ 下, 算子 T, S 分别可表示为

$$T = \begin{bmatrix} 0 & 0 \\ 0 & T_{22} \end{bmatrix}, \quad S = \begin{bmatrix} S_{11} & S_{12} \\ S_{21} & S_{22} \end{bmatrix},$$

其中 $T_{22} : \mathbb{N}(T)^\perp \to \mathcal{R}(T)$ 是非负可逆算子且 $0 \notin W(T_{22})$. 此时

$$TS - \lambda I = \begin{bmatrix} -\lambda I & 0 \\ T_{22}S_{21} & T_{22}S_{22} - \lambda I \end{bmatrix},$$

且 $0 \in \sigma(T_{22}S_{22} - \lambda I)$.

$$T_{22}S_{22} - \lambda I = T_{22}(S_{22} - \lambda T_{22}^{-1}),$$

即 $\lambda \in \dfrac{\overline{W(S_{22})}}{W(T_{22}^{-1})}$. 而 $W(S_{22}) \subset W(S)$ 是显然的. 可以断言 $\dfrac{1}{W(T_{22}^{-1})} \subset W(T)$. 事实

上, 令 $\mu \in \dfrac{1}{W(T_{22}^{-1})}$, 则存在 $\|x\| = 1$ 使得 $(T_{22}^{-1}x, x) = \dfrac{1}{\mu}$, 即 $(\sqrt{\mu}T_{22}^{-\frac{1}{2}}x, \sqrt{\mu}T_{22}^{-\frac{1}{2}}x) =$

1, 其中 $T_{22}^{-\frac{1}{2}}$ 是 T_{22}^{-1} 的平方根算子, 并且

$$\left(\begin{bmatrix} 0 & 0 \\ 0 & T_{22} \end{bmatrix} \begin{bmatrix} 0 \\ \sqrt{\mu}T_{22}^{-\frac{1}{2}}x \end{bmatrix}, \begin{bmatrix} 0 \\ \sqrt{\mu}T_{22}^{-\frac{1}{2}}x \end{bmatrix} \right) = \mu.$$

于是 $\dfrac{\overline{W(S_{22})}}{W(T_{22}^{-1})} \subset \overline{W(S)W(T)}$. 结论得证. ∎

注 3.4.1　定理 3.4.2 的结论还可以写成 $\mathrm{Conv}(\sigma(ST)) \subset \overline{W(T)W(S)}$. 事实上, 当 $\sigma(ST)\backslash\{0\} = \sigma(TS)\backslash\{0\}$ 且 $0 \in \sigma(ST)$ 或 $0 \in \sigma(TS)$ 时, 必有 $0 \in \overline{W(T)W(S)}$.

推论 3.4.2　如果 T 是值域闭的非负算子且 TS 是半正规算子, 则 $\overline{W(TS)} \subset \overline{W(T)W(S)}$.

证明　由定理 3.2.4 知, $\mathrm{Conv}(\sigma(TS)) = \overline{W(TS)}$, 故 $\overline{W(TS)} \subset \overline{W(T)W(S)}$. ∎

推论 3.4.3　如果 T 是闭值域算子且 $T = U|T|$ 是 T 的极分解, 则 $\mathrm{Conv}(\sigma(T)) \subset \overline{W(U)W(|T|)}$.

证明　当 T 是闭值域算子时, 由极分解性质可知 $|T|$ 非负且值域是闭的, 再由定理 3.4.2 可知结论成立. ∎

定理 3.4.3　T, S 是有界线性算子, 如果 $0 \notin \overline{W(T)}$, $W(T)$ 与 $W(S)$ 位于平行的两条直线, 则 $\sigma(TS) \subset \mathbb{R}$.

证明　当 $0 \notin \overline{W(T)}$ 时, 易证 $\sigma(TS) \subset \dfrac{\overline{W(S)}}{W(T)}$. 当 $W(T)$ 与 $W(S)$ 位于平行的

两条直线或同一条直线上时, $\dfrac{\overline{W(S)}}{W(T)} \subset \mathbb{R}$. ∎

推论 3.4.4　如果 A, B 自伴且 $0 \notin \overline{W(A)}$, 则 $\sigma(AB) \subset \mathbb{R}$.

推论 3.4.5　如果 A, B 反自伴且 $0 \notin \overline{W(A)}$, 则 $\sigma(AB) \subset \mathbb{R}$.

3.5　无穷维 Hamilton 算子的数值域

以应用为目的或以物理、力学等学科中的问题为背景的偏微分方程求解问题的研究, 不仅是传统应用数学和力学的一个最主要的内容, 而且是当代数学和力学中的一个重要组成部分, 是理论与实际应用之间的一座重要桥梁. 20 世纪 60 年代, Magri, Arnold 等学者为了研究连续统力学问题导出的偏微分方程, 诸如流体力学、弹性力学问题中的偏微分方程以及发展方程问题, 其中包括 KdV 方程、Schrödinger 方程、Maxwell 方程等, 引进了无穷维 Hamilton 正则系统, 而此时, 以上偏微分方

程的研究有了另一种新的研究方法, 即转化成无穷维 Hamilton 正则系统来研究. 因此, 无穷维 Hamilton 正则系统的引进, 开辟了应用偏微分方程求解问题的一条新路, 具有深远意义 [46-48]. 而无穷维 Hamilton 算子是由线性无穷维 Hamilton 系统导出的一类特殊的分块算子矩阵. 通过研究无穷维 Hamilton 算子, 能够刻画无穷维 Hamilton 正则系统的性质, 从而有助于解决偏微分方程的求解问题. 这一节我们将要研究这类分块算子矩阵的数值域、二次数值域等内容.

3.5.1 无穷维 Hamilton 算子的定义

定义 3.5.1 设 X 为 Hilbert 空间, $H = \begin{bmatrix} A & B \\ C & -A^* \end{bmatrix} : \mathscr{D}(H) \subseteq X \times X \to X \times X$ 为稠定线性算子, 且 A 为 X 中的稠定闭线性算子, B, C 均为自伴算子, 则称 H 为无穷维 Hamilton 算子. 进一步, 如果 B, C 是自伴且非负算子, 则称 H 为非负 Hamilton 算子.

特别地, 当 $C = 0$ 时, 称 H 为上三角无穷维 Hamilton 算子; 当 $A = 0$ 时, 称 H 为斜对角无穷维 Hamilton 算子.

若从一般矩阵算子的角度考虑, 无穷维 Hamilton 算子一般情况下满足

$$(JH)^* \supset JH.$$

其中 $J = \begin{bmatrix} 0 & I \\ -I & 0 \end{bmatrix}$. 由于算子 J 能够诱导辛结构, 所以无穷维 Hamilton 算子是辛对称算子.

注 3.5.1 对于无穷维 Hamilton 算子而言, 它的谱结构相当复杂, 有可能是全平面, 有可能是空集, 甚至有可能无穷维 Hamilton 算子不是闭算子.

例 3.5.1 令无穷维 Hamilton 算子为

$$H = \begin{bmatrix} A & 0 \\ 0 & -A^* \end{bmatrix},$$

其中 $X = L^2[0,1], A = \dfrac{\mathrm{d}}{\mathrm{d}t}, \mathscr{D}(A) = \{x \in X : x' \in X, x(0) = x(1) = 0\}$, 则经计算得

$$\sigma(H) = \mathbb{C},$$

即谱集为全平面.

例 3.5.2 令无穷维 Hamilton 算子为

$$H = \begin{bmatrix} A & 0 \\ 0 & -A^* \end{bmatrix},$$

其中 $X = \mathrm{AC}[0,1], A = \mathrm{i}\dfrac{\mathrm{d}}{\mathrm{d}t}, \mathscr{D}(A) = \{x \in X : x \in \mathrm{AC}[0,1], x(0) = 0\}$, 则 $\sigma(A) = \varnothing$,
从而 $\sigma(A^*) = \varnothing$ 且

$$\sigma(H) = \varnothing,$$

即谱集为空集.

例 3.5.3　令无穷维 Hamilton 算子为

$$H = \begin{bmatrix} A & -A \\ A & -A \end{bmatrix},$$

其中 A 是任意无界自伴算子, 则无穷维 Hamilton 算子 H 不是闭算子.

无穷维 Hamilton 算子还有可能存在剩余谱.

例 3.5.4　令 $X = L^2[0,\infty), A = \dfrac{\mathrm{d}}{\mathrm{d}t}, Ax = \dfrac{\mathrm{d}x}{\mathrm{d}t}$,

$$\mathscr{D}(A) = \{x \in X : x \text{ 绝对连续}, x' \in X, x(0) = 0\},$$

则 $A^* = -\dfrac{\mathrm{d}}{\mathrm{d}t}$,

$$\mathscr{D}(A^*) = \{x \in X : x \text{ 绝对连续}, x' \in X\}.$$

令无穷维 Hamilton 算子

$$H = \begin{bmatrix} A & 0 \\ 0 & -A^* \end{bmatrix} = \begin{bmatrix} \dfrac{\mathrm{d}}{\mathrm{d}t} & 0 \\ 0 & \dfrac{\mathrm{d}}{\mathrm{d}t} \end{bmatrix},$$

则经计算可得

$$\sigma_p(H) = \{\lambda \in \mathbb{C} : \mathrm{Re}(\lambda) < 0\},$$

$$\sigma_r(H) = \{\lambda \in \mathbb{C} : \mathrm{Re}(\lambda) > 0\},$$

即剩余谱非空.

无穷维 Hamilton 算子一般情况下是非自伴分块算子矩阵, 与自伴算子谱理论相比, 非自伴算子谱理论研究还没形成完善的理论框架, 并且无穷维 Hamilton 算子的谱比 J-自伴算子、u-标算子、积–微分迁移算子等几类非自伴算子的谱要复杂得多, 因为无穷维 Hamilton 算子有可能存在剩余谱. 因此, 关于无穷维 Hamilton 算子谱理论 [49-59] 的研究已成为泛函分析和量子力学乃至应用力学中比较活跃的学科分支之一, 它引起越来越多的数学家、力学家以及物理学家的关注 [60-62].

3.5.2 无穷维 Hamilton 算子数值域性质

通过前面的讨论可知, 有界线性算子的数值域具有谱包含性质, 所以数值域能够刻画谱点分布范围. 对于无界线性算子而言, 数值域只能刻画近似点谱的分布范围, 在一定条件下才能刻画谱的分布范围. 对无穷维 Hamilton 算子也不例外, 即使是辛自伴无穷维 Hamilton 算子的数值域也不一定能刻画谱点分布.

例 3.5.5 令 $X = L^2[0,\infty), A = \dfrac{\mathrm{d}}{\mathrm{d}t}, Ax = \dfrac{\mathrm{d}x}{\mathrm{d}t}$, 有

$$\mathscr{D}(A) = \{x \in X : x \text{ 绝对连续}, x' \in X, x(0) = 0\},$$

则 $A^* = -\dfrac{\mathrm{d}}{\mathrm{d}t}$, 有

$$\mathscr{D}(A^*) = \{x \in X : x \text{ 绝对连续}, x' \in X\}.$$

令无穷维 Hamilton 算子

$$H = \left[\begin{array}{cc} A & 0 \\ 0 & -A^* \end{array}\right] = \left[\begin{array}{cc} \dfrac{\mathrm{d}}{\mathrm{d}t} & 0 \\ 0 & \dfrac{\mathrm{d}}{\mathrm{d}t} \end{array}\right],$$

则对任意 $u = [x \ y]^{\mathrm{T}} \in \mathscr{D}(H), \|u\| = 1$, 有

$$2\mathrm{Re}(W(Hu, u)) = -|y(0)|^2 \leqslant 0.$$

另一方面, 经计算可得

$$\sigma_p(H) = \{\lambda \in \mathbb{C} : \mathrm{Re}(\lambda) < 0\}.$$

再考虑到 $(JH)^* = JH$, 即得

$$\sigma_r(H) = \{\lambda \in \mathbb{C} : \mathrm{Re}(\lambda) > 0\}.$$

此外, 还有

$$\sigma_c(H) = \{\lambda \in \mathbb{C} : \mathrm{Re}(\lambda) = 0\}.$$

于是 $\sigma(H) = \mathbb{C}$. 综上所述, 无穷维 Hamilton 算子 H 的数值域闭包不包含谱集, 即谱包含关系不成立.

那么, 无穷维 Hamilton 算子何时具有谱包含关系呢?

定理 3.5.1 设 $H = \left[\begin{array}{cc} A & B \\ C & -A^* \end{array}\right] : \mathscr{D}(H) \subset X \times X \to X \times X$ 是无穷维 Hamilton 算子且满足 $(JH)^* = JH$, 如果 $\sigma_p(H)$ 是空集或者关于虚轴对称, 则 $\sigma(H) \subset \overline{W(H)}$ 成立.

证明　当 $\sigma_p(H)$ 是空集时, 考虑到 $(JH)^* = JH$, 有 $\sigma_r(H)$ 是空集, 于是 $\sigma(H)$ $\subset \overline{W(H)}$ 成立.

当 $\sigma_p(H)$ 非空时, 考虑到 $\sigma_p(H)$ 关于虚轴对称, 即得 $\sigma_r(H)$ 仍然是空集, 于是 $\sigma(H) \subset \overline{W(H)}$ 成立. ■

定理 3.5.2　设 $H = \begin{bmatrix} A & B \\ C & -A^* \end{bmatrix} : \mathscr{D}(H) \subset X \times X \to X \times X$ 是无穷维 Hamilton 算子且满足 $(JH)^* = JH$, 如果 $W(T)$ 关于虚轴对称, 则 $\sigma(H) \subset \overline{W(H)}$ 成立.

证明　当 $W(T)$ 关于虚轴对称时, 任取 $\lambda \in \sigma(H)$, 当 $\lambda \in \sigma_{r,1}(H)$ 时 $-\bar{\lambda} \in$ $\sigma_{p,1}(H)$. 于是 $-\bar{\lambda} \in W(H)$. 考虑到 $W(T)$ 关于虚轴对称, 即得 $\lambda \in W(H)$. 又因为 $\sigma(H) = \sigma_{\mathrm{ap}}(H) \cup \sigma_{r,1}(H)$ 且 $\sigma_{\mathrm{ap}}(H) \subset \overline{W(H)}$ 是平凡的, 于是谱包含关系成立. ■

下面将给出具体例子加以说明判别准则的有效性.

例 3.5.6　令 $X = L^2[0,\infty), A = \mathrm{i}\dfrac{\mathrm{d}}{\mathrm{d}t}, Ax = \mathrm{i}\dfrac{\mathrm{d}x}{\mathrm{d}t}$, 有

$$\mathscr{D}(A) = \{x \in X : x \text{ 绝对连续}, x' \in X, x(0) = 0\},$$

则 $A^* = \mathrm{i}\dfrac{\mathrm{d}}{\mathrm{d}t}$,

$$\mathscr{D}(A^*) = \{x \in X : x \text{ 绝对连续}, x' \in X\}.$$

令无穷维 Hamilton 算子

$$H = \begin{bmatrix} A & 0 \\ 0 & -A^* \end{bmatrix} = \begin{bmatrix} \mathrm{i}\dfrac{\mathrm{d}}{\mathrm{d}t} & 0 \\ 0 & -\mathrm{i}\dfrac{\mathrm{d}}{\mathrm{d}t} \end{bmatrix},$$

则经计算得 $W(H) = \{\lambda \in \mathbb{C} : \mathrm{Im}(\lambda) \geqslant 0\}$, 即 $W(T)$ 关于虚轴对称, 于是由定理 3.5.2 得谱包含关系成立.

另一方面, 经计算可得

$$\sigma_p(H) = \{\lambda \in \mathbb{C} : \mathrm{Im}(\lambda) > 0\}.$$

再考虑到 $(JH)^* = JH$, 即得 $\sigma_r(H) = \varnothing$. 此外, 还有

$$\sigma_c(H) = \{\lambda \in \mathbb{C} : \mathrm{Im}(\lambda) = 0\}.$$

于是 $\sigma(H) = \{\lambda \in \mathbb{C} : \mathrm{Im}(\lambda) \geqslant 0\}$, 即谱包含关系成立, 实际运算与理论结果吻合.

下面将要给出无穷维 Hamilton 算子的数值域 $W(T)$ 关于虚轴对称的一些条件.

定理 3.5.3 设 $H = \begin{bmatrix} A & B \\ C & -A^* \end{bmatrix} : \mathscr{D}(H) \subset X \times X \to X \times X$ 是无穷维 Hamilton 算子且满足 $(JH)^* = JH$, 如果 $\mathscr{D}(H) = J\mathscr{D}(H)$, 则 $W(H)$ 关于虚轴对称.

证明 任取 $\lambda \in W(H)$, 则存在 $u \in \mathscr{D}(H), \|u\| = 1$ 使得

$$\lambda = (Hu, u).$$

考虑到 $(JH)^* = JH$, 即得 $\overline{\lambda} = (u, JH^*Ju) = -(Ju, H^*Ju)$. 又因为 $\mathscr{D}(H) = J\mathscr{D}(H)$, 于是 $Ju \in \mathscr{D}(H), \|Ju\| = 1$ 且

$$-\overline{\lambda} = (HJu, Ju),$$

即 $W(H)$ 关于虚轴对称. ∎

推论 3.5.1 设 $H = \begin{bmatrix} A & B \\ C & -A^* \end{bmatrix} : \mathscr{D}(H) \subset X \times X \to X \times X$ 是无穷维 Hamilton 算子, 如果 $\mathscr{D}(A) = \mathscr{D}(A^*)$ 且 $B, C \in \mathscr{B}(X)$, 则 $W(H)$ 关于虚轴对称.

证明 如果 $\mathscr{D}(A) = \mathscr{D}(A^*)$ 且 $B, C \in \mathscr{B}(X)$, 则 $(JH)^* = JH$ 且 $\mathscr{D}(H) = J\mathscr{D}(H)$, 于是 $W(H)$ 关于虚轴对称. ∎

推论 3.5.2 设 $H_0 = \begin{bmatrix} 0 & B \\ C & 0 \end{bmatrix}$ 是斜对角无穷维 Hamilton 算子, 如果 B 或者 C 是半定算子, 则 $\sigma(H_0) \subset \overline{W(H_0)}$.

证明 如果 B 或者 C 是半定算子, 则 $\sigma_r(H_0) = \varnothing$. 由定理 3.5.1, 立即得知 $\sigma(H_0) \subset \overline{W(H_0)}$. ∎

第4章 Hilbert 空间中一些特殊数值域

随着 Hilbert 空间中线性算子数值域研究的深入, 出现了许多不同形式的数值域. 本章将介绍由 Hilbert 空间中线性算子数值域推广而得的一些特殊数值域, 包括二次数值域、ℑ-数值域、本质数值域以及算子多项式数值域等内容.

4.1 Hilbert 空间中线性算子的二次数值域

对于 Hilbert 空间中线性算子的数值域而言, 它的凸性是个极其重要的性质, 也就是说, 如果找到数值域的一个支撑线, 则意味着找到了线性算子谱分布的半平面. 然而, 由于凸集的连通性, 有时不能更精确刻画谱的分布状态, 比如谱集是若干不相交子集的并集时, 数值域无法刻画这种状态. 鉴于此, Tretter[63] 和 Langer[64] 等学者在研究 2×2 分块算子矩阵时引进了二次数值域的概念. 应用二次数值域可以建立自伴 2×2 分块算子矩阵的变分原理, 进而估计算子的特征值. 值得注意的是, 对于有界线性算子来说, 二次数值域是数值域的子集, 但不一定连通, 并且二次数值域也具有谱包含性质. 因此, 关于线性算子的谱刻画方面, 二次数值域能提供比数值域更精确的信息.

4.1.1 二次数值域的定义

首先给出二次数值域的定义.

定义 4.1.1 设 X 是 Hilbert 空间, 对于 $f, g \in X, f, g \neq 0$ 定义

$$
\mathcal{A}_{f,g} = \left[\begin{array}{cc} \dfrac{(Af, f)}{\|f\|^2} & \dfrac{(Bg, f)}{\|f\|\|g\|} \\[2mm] \dfrac{(Cf, g)}{\|f\|\|g\|} & \dfrac{(Dg, g)}{\|g\|^2} \end{array} \right] \in M_2(\mathbb{C}),
$$

则称集合

$$
\mathcal{W}^2(\mathcal{A}) = \{\lambda \in \mathbb{C} : \exists f, g \in X, f, g \neq 0, \det(\mathcal{A}_{f,g} - \lambda I) = 0\}
$$

为 Hilbert 空间 $X \times X$ 上的 2×2 分块算子矩阵

$$
\mathcal{A} = \left[\begin{array}{cc} A & B \\ C & D \end{array} \right]
$$

的二次数值域. 等价地有

$$\mathcal{W}^2(\mathcal{A}) = \{\lambda \in \mathbb{C} : \exists \|f\| = 1, \|g\| = 1, \det(\mathcal{A}_{f,g} - \lambda I) = 0\}.$$

从定义不难发现, 二次数值域也是复数域 $\mathbb{C}$ 的子集, 并且当 $B = 0$ 或者 $C = 0$ 时, 有

$$\mathcal{W}^2(\mathcal{A}) = W(A) \cup W(D),$$

其中 $W(A), W(D)$ 分别表示 A, D 的数值域, 从而, 二次数值域不一定具有数值域的凸性. 下面是关于数值域的一些例子.

例 4.1.1 设 X 是 Hilbert 空间, I 是 X 中的单位算子, 定义 Hilbert 空间 $X \times X$ 中的分块算子矩阵

$$\mathcal{A} = \begin{bmatrix} A & B \\ C & D \end{bmatrix} = \begin{bmatrix} 0 & I \\ 0 & 0 \end{bmatrix},$$

则 $\mathcal{W}^2(\mathcal{A}) = \{0\}$. 事实上, 令 $x = \begin{bmatrix} f & g \end{bmatrix}^{\mathrm{T}} \in X \times X, f, g \neq 0$, 则

$$\mathcal{A}_{f,g} = \begin{bmatrix} \dfrac{(Af,f)}{\|f\|^2} & \dfrac{(Bg,f)}{\|f\|\|g\|} \\ \dfrac{(Cf,g)}{\|f\|\|g\|} & \dfrac{(Dg,g)}{\|g\|^2} \end{bmatrix} = \begin{bmatrix} 0 & \dfrac{(g,f)}{\|f\|\|g\|} \\ 0 & 0 \end{bmatrix},$$

令

$$\det(\mathcal{A}_{f,g} - \lambda) = 0,$$

则得 $\lambda = 0$. 于是

$$\mathcal{W}^2(\mathcal{A}) = \{0\} = \sigma(\mathcal{A}).$$

与例 1.1.1 比较后得, $\mathcal{W}^2(\mathcal{A})$ 的范围比 $W(\mathcal{A})$ 小很多, 而且更能准确刻画谱的分布范围.

例 4.1.2 设 X 是 Hilbert 空间, I 是 X 中的单位算子, B 是 X 中的有界线性算子, 定义 Hilbert 空间 $X \times X$ 中的分块算子矩阵

$$\mathcal{A} = \begin{bmatrix} A & B \\ C & D \end{bmatrix} = \begin{bmatrix} I & B \\ 0 & -I \end{bmatrix},$$

则 $\mathcal{W}^2(\mathcal{A}) = \{1\} \cup \{-1\}$. 事实上, 令 $x = \begin{bmatrix} f & g \end{bmatrix}^{\mathrm{T}} \in X \times X, f, g \neq 0$, 则

$$\mathcal{A}_{f,g} = \begin{bmatrix} \dfrac{(Af,f)}{\|f\|^2} & \dfrac{(Bg,f)}{\|f\|\|g\|} \\ \dfrac{(Cf,g)}{\|f\|\|g\|} & \dfrac{(Dg,g)}{\|g\|^2} \end{bmatrix} = \begin{bmatrix} 1 & \dfrac{(Bg,f)}{\|f\|\|g\|} \\ 0 & -1 \end{bmatrix},$$

令

$$\det(\mathcal{A}_{f,g} - \lambda) = 0,$$

则得 $\lambda = \pm 1$. 于是 $\mathcal{W}^2(\mathcal{A}) = \{1\} \cup \{-1\}$, 这说明 $\mathcal{W}^2(\mathcal{A})$ 不一定是凸集.

4.1.2　二次数值域的基本性质

根据定义, 容易得到下列性质.

性质 4.1.1　设 $\mathcal{A} = \begin{bmatrix} A & B \\ C & D \end{bmatrix}$ 是 Hilbert 空间 $X \times X$ 中的有界线性算子, 则对任意 $\lambda \in \mathcal{W}^2(\mathcal{A})$ 满足

$$|\lambda| \leqslant \frac{1}{2}(w(A) + w(D) + \sqrt{(w(A) + w(D))^2 + 4\|B\|\|C\|}),$$

即 $\mathcal{W}^2(\mathcal{A})$ 是有界集.

证明　设 $\lambda \in \mathcal{W}^2(\mathcal{A})$, 根据定义存在 $f, g \in X, \|f\| = \|g\| = 1$ 使得

$$\lambda^2 - ((Af, f) + (Dg, g))\lambda + (Af, f)(Dg, g) - (Bg, f)(Cf, g) = 0,$$

即

$$\lambda_{f,g} = \frac{1}{2}((Af, f) + (Dg, g) \pm \sqrt{((Af, f) - (Dg, g))^2 + 4(Bg, f)(Cf, g)}),$$

其中 $\sqrt{\cdot}$ 是复数意义下开根号. 于是

$$|\lambda_{f,g}| \leqslant \frac{1}{2}(w(A) + w(D) + \sqrt{(w(A) + w(D))^2 + 4\|B\|\|C\|}).$$

结论证毕. ∎

此外, 二次数值域还有如下基本性质.

引理 4.1.1　给定有界分块算子矩阵 $\mathcal{A} = \begin{bmatrix} A & B \\ C & D \end{bmatrix}$, 则

(i) 对任意 $\alpha, \beta \in \mathbb{C}$ 有 $\mathcal{W}^2(\alpha\mathcal{A} + \beta I) = \alpha\mathcal{W}^2(\mathcal{A}) + \beta$;

(ii) $\mathcal{W}^2(U^{-1}\mathcal{A}U) = \mathcal{W}^2(\mathcal{A})$. 其中 $U = \begin{bmatrix} U_1 & 0 \\ 0 & U_2 \end{bmatrix}$, U_1, U_2 是 Hilbert 空间 X 中的酉算子;

(iii) $\mathcal{W}^2(\mathcal{A}^*) = (\mathcal{W}^2(\mathcal{A}))^* = \{\overline{\lambda} \in \mathbb{C} : \lambda \in \mathcal{W}^2(\mathcal{A})\}$;

(iv) 如果 $\mathcal{A}$ 是自伴算子, 则 $\mathcal{W}^2(\mathcal{A}) \subset \mathbb{R}$, 但反之不然.

证明　(i) 设 $\lambda \in \mathcal{W}^2(\alpha\mathcal{A} + \beta I)$, 则存在 $f, g \in X, \|f\| = 1, \|g\| = 1$, 使得

$$\det \begin{bmatrix} \alpha(Af, f) - (\lambda - \beta) & \alpha(Bg, f) \\ \alpha(Cf, g) & \alpha(Dg, g) - (\lambda - \beta) \end{bmatrix} = 0.$$

不妨设 $\alpha \neq 0$, 则由上式得 $\dfrac{\lambda - \beta}{\alpha} \in \mathcal{W}^2(\mathcal{A})$, 再考虑到 $\lambda = \alpha \dfrac{\lambda - \beta}{\alpha} + \beta$ 即得 $\lambda \in \alpha \mathcal{W}^2(\mathcal{A}) + \beta$, 即 $\mathcal{W}^2(\alpha \mathcal{A} + \beta I) \subset \alpha \mathcal{W}^2(\mathcal{A}) + \beta$. 反包含关系同理可证.

(ii) 设 $\lambda \in \mathcal{W}^2(U^{-1}\mathcal{A}U)$, 则存在 $f, g \in X, f, g \neq 0$ 使得

$$
\det \begin{bmatrix} \dfrac{(U_1^{-1}AU_1 f, f)}{\|f\|^2} - \lambda & \dfrac{(U_1^{-1}BU_2 g, f)}{\|f\|\|g\|} \\ \dfrac{(U_2^{-1}CU_1 f, g)}{\|f\|\|g\|} & \dfrac{(U_2^{-1}DU_2 g, g)}{\|g\|^2} - \lambda \end{bmatrix} = 0,
$$

考虑到 U_1, U_2 是酉算子, $\|U_1 f\| = \|f\|, \|U_2 g\| = \|g\|$, 即得 $\lambda \in \mathcal{W}^2(\mathcal{A})$, 于是 $\mathcal{W}^2(U^{-1}\mathcal{A}U) \subset \mathcal{W}^2(\mathcal{A})$. 反包含关系同理可证.

(iii) 由于 $\mathcal{A}^* = \begin{bmatrix} A^* & C^* \\ B^* & D^* \end{bmatrix}$, 设 $\lambda \in \mathcal{W}^2(\mathcal{A})$, 则存在 $\|f\| = 1, \|g\| = 1$ 使得

$$
\det \begin{bmatrix} (Af, f) - \lambda & (Bg, f) \\ (Cf, g) & (Dg, g) - \lambda \end{bmatrix} = 0,
$$

取共轭后得

$$
\det \begin{bmatrix} (f, Af) - \overline{\lambda} & (f, Bg) \\ (g, Cf) & (g, Dg) - \overline{\lambda} \end{bmatrix} = \det \begin{bmatrix} (A^*f, f) - \overline{\lambda} & (C^*g, f) \\ (B^*f, g) & (D^*g, g) - \overline{\lambda} \end{bmatrix} = 0,
$$

即 $\overline{\lambda} \in \mathcal{W}^2(\mathcal{A}^*)$, 因此 $(\mathcal{W}^2(\mathcal{A}))^* \subset \mathcal{W}^2(\mathcal{A}^*)$. 同理可证 $\mathcal{W}^2(\mathcal{A}^*) \subset (\mathcal{W}^2(\mathcal{A}))^*$.

(iv) 如果 $\mathcal{A}$ 是自伴算子, 则对任意 $f, g \in X, \|f\| = 1, \|g\| = 1, \mathcal{A}_{f,g}$ 满足

$$
\mathcal{A}_{f,g} = \mathcal{A}_{f,g}^*,
$$

即 $\mathcal{A}_{f,g}$ 是对称矩阵, 特征值为实数. 于是 $\mathcal{W}^2(\mathcal{A}) \subset \mathcal{R}$. 反之, 令

$$
\mathcal{A} = \begin{bmatrix} A & B \\ C & D \end{bmatrix} = \begin{bmatrix} I & I \\ 0 & -I \end{bmatrix},
$$

则 $\mathcal{W}^2(\mathcal{A}) = \{1\} \bigcup \{-1\} \subset \mathcal{R}$, 但 $\mathcal{A}$ 不是自伴算子. ∎

4.1.3 二次数值域的谱包含性质

关于二次数值域首先提及的性质: 它是数值域的子集, 并且具有谱包含性质.

定理 4.1.1 $\mathcal{W}^2(\mathcal{A}) \subset W(\mathcal{A})$.

证明 设 $\lambda \in \mathcal{W}^2(\mathcal{A})$, 则存在 $\|f\| = 1, \|g\| = 1$ 使得

$$
\det(\mathcal{A}_{f,g} - \lambda) = 0,
$$

即 λ 是二阶方阵 $\mathcal{A}_{f,g}$ 的特征值. 于是存在 $[\ \alpha_1\ \ \alpha_2\ ]^{\mathrm{T}} \in \mathbb{C}^2$, $|\alpha_1|^2 + |\alpha_2|^2 = 1$ 使得

$$\mathcal{A}_{f,g} \begin{bmatrix} \alpha_1 \\ \alpha_2 \end{bmatrix} = \lambda \begin{bmatrix} \alpha_1 \\ \alpha_2 \end{bmatrix}.$$

上式两边与 $[\ \alpha_1\ \ \alpha_2\ ]^{\mathrm{T}}$ 作内积得

$$(A\alpha_1 f, \alpha_1 f) + (B\alpha_2 g, \alpha_1 f) + (C\alpha_1 f, \alpha_2 g) + (D\alpha_2 g, \alpha_2 g) = \lambda,$$

即

$$\left(\mathcal{A} \begin{bmatrix} \alpha_1 f \\ \alpha_2 g \end{bmatrix}, \begin{bmatrix} \alpha_1 f \\ \alpha_2 g \end{bmatrix} \right) = \lambda.$$

由于 $\|\alpha_1 f\|^2 + \|\alpha_2 g\|^2 = |\alpha_1|^2 + |\alpha_2|^2 = 1$, 于是 $\lambda \in W(\mathcal{A})$. 结论证毕. ∎

定理 4.1.2　设 $\mathcal{W}^2(\mathcal{A})$ 是 2×2 分块算子矩阵 $\mathcal{A}$ 的二次数值域, 则

(i) $\sigma_p(\mathcal{A}) \subset \mathcal{W}^2(\mathcal{A})$;

(ii) $\sigma_r(\mathcal{A}) \subset \mathcal{W}^2(\mathcal{A})$;

(iii) $\sigma(\mathcal{A}) \subset \overline{\mathcal{W}^2(\mathcal{A})}$.

证明　(i) 设 $\lambda \in \sigma_p(\mathcal{A})$, 则存在 $0 \neq u = [\ f\ \ g\ ]^{\mathrm{T}}$ 使得

$$Af + Bg = \lambda f, \quad Cf + Dg = \lambda g.$$

两边分别与 f, g 作内积得

$$(Af, f) + (Bg, f) = \lambda(f, f),$$

$$(Cf, g) + (Dg, g) = \lambda(g, g).$$

当 f, g 中的一个为零向量时, 不妨设 $f = 0, g \neq 0$, 则 $\dfrac{(Dg, g)}{(g, g)} - \lambda = 0$. 取非零向量 $\widehat{f}$ 使得 $(Bg, \widehat{f}) = 0$(由于 $\dim X = \infty$, 所以这样的 $\widehat{f}$ 存在且无穷多个), 则

$$\det(\mathcal{A}_{\widehat{f},g} - \lambda I) = 0,$$

于是 $\lambda \in \mathcal{W}^2(\mathcal{A})$.

当 f, g 同时非零时, 考虑到

$$\frac{(Af, f)}{(f, f)} + \frac{(Bg, f)}{(f, f)} = \lambda,$$

$$\frac{(Cf, g)}{(g, g)} + \frac{(Dg, g)}{(g, g)} = \lambda,$$

即得

$$\det(\mathcal{A}_{f,g} - \lambda I) = 0,$$

从而 $\sigma_p(\mathcal{A}) \subset \mathcal{W}^2(\mathcal{A})$.

(ii) 设 $\lambda \in \sigma_r(\mathcal{A})$, 则 $\overline{\lambda} \in \sigma_p(\mathcal{A}^*)$, $\overline{\lambda} \in \mathcal{W}^2(\mathcal{A}^*)$. 考虑到 $\mathcal{W}^2(\mathcal{A}^*) = (\mathcal{W}^2(\mathcal{A}))^*$, 即得 $\lambda \in \mathcal{W}^2(\mathcal{A})$, 即 $\sigma_r(\mathcal{A}) \subset \mathcal{W}^2(\mathcal{A})$.

(iii) 设 $\lambda \in \sigma_{\mathrm{ap}}(\mathcal{A})$, 则存在 $\|f_n\|^2 + \|g_n\|^2 = 1$ 使得

$$(Af_n, f_n) + (Bg_n, f_n) \to \lambda(f_n, f_n),$$

$$(Cf_n, g_n) + (Dg_n, g_n) \to \lambda(g_n, g_n).$$

当 $\{f_n\}, \{g_n\}$ 中有一个的下极限为 0 时, 不妨设 $f_n \to 0$, 则由 $(Cf_n, g_n) \to 0$ 知

$$\frac{(Dg_n, g_n)}{(g_n, g_n)} \to \lambda.$$

取非零向量序列 $\{\widehat{f_n}\}, \|\widehat{f_n}\| = 1, n = 1, 2, \cdots$ 使得 $(Bg_n, \widehat{f_n}) = 0, n = 1, 2, \cdots$, 则

$$\det(\mathcal{A}_{\widehat{f_n}, g_n} - \lambda I) = \det \begin{bmatrix} (A\widehat{f_n}, \widehat{f_n}) & 0 \\ \dfrac{(C\widehat{f_n}, g_n)}{\|g_n\|} & \dfrac{(Dg_n, g_n)}{(g_n, g_n)} - \lambda \end{bmatrix} \to 0,$$

于是 $\lambda \in \overline{\mathcal{W}^2(\mathcal{A})}$.

当 $\{f_n\}, \{g_n\}$ 的下极限均不为 0 时, 有

$$\frac{(Af_n, f_n)}{(f_n, f_n)} + \frac{(Bg_n, f_n)}{(f_n, f_n)} \to \lambda,$$

$$\frac{(Cf_n, g_n)}{(g_n, g_n)} + \frac{(Dg_n, g_n)}{(g_n, g_n)} \to \lambda,$$

即

$$\det(\mathcal{A}_{f_n, g_n} - \lambda I) \to 0,$$

于是 $\sigma_{\mathrm{ap}}(\mathcal{A}) \subset \overline{\mathcal{W}^2(\mathcal{A})}$. 由于 $\sigma(\mathcal{A}) = \sigma_r(\mathcal{A}) \cup \sigma_{\mathrm{ap}}(\mathcal{A})$, 即得 $\sigma(\mathcal{A}) \subset \overline{\mathcal{W}^2(\mathcal{A})}$. ∎

4.1.4 二次数值域的几何性质

二次数值域不一定是凸集, 甚至是不连通的. 但是由二次数值域的定义可知, 它最多有两个不相交分支, 即

$$\mathcal{W}^2(\mathcal{A}) = \wedge_+(f, g) \cup \wedge_-(f, g),$$

其中

$$\wedge_+(f,g) = \left\{ \frac{1}{2}((Af,f) + (Dg,g) \right.$$
$$\left. + \sqrt{((Af,f) - (Dg,g))^2 + 4(Bg,f)(Cf,g)} : \|f\| = \|g\| = 1 \right\},$$

$$\wedge_-(f,g) = \left\{ \frac{1}{2}((Af,f) + (Dg,g) \right.$$
$$\left. - \sqrt{((Af,f) - (Dg,g))^2 + 4(Bg,f)(Cf,g)} : \|f\| = \|g\| = 1 \right\},$$

且 $\wedge_+(f,g)$ 和 $\wedge_-(f,g)$ 分别是连通的.

引理 4.1.2　设 $\dim X \geqslant 2$, 则 $(W(A) \cup W(D)) \subset \mathcal{W}^2(\mathcal{A})$.

证明　设 $\lambda \in W(A)$, 则根据数值域的定义, 存在 $\|f\| = 1$ 使得

$$(Af, f) = \lambda.$$

又因为 $\dim X \geqslant 2$, 故存在 $\|g\| = 1$ 使得 $(Cf, g) = 0$. 而此时,

$$\det(\mathcal{A}_{f,g} - \lambda) = \det \begin{bmatrix} (Af,f) - \lambda & (Bg,f) \\ 0 & (Dg,g) - \lambda \end{bmatrix} = 0,$$

即 $W(A) \subset \mathcal{W}^2(\mathcal{A})$. 同理可证 $W(D) \subset \mathcal{W}^2(\mathcal{A})$. 综上得, $(W(A) \cup W(D)) \subset \mathcal{W}^2(\mathcal{A})$. ∎

下列结论说明, 当 $W(A)$ 和 $W(D)$ 的距离足够大时, $\mathcal{W}^2(\mathcal{A})$ 由两个不相交部分组成.

定理 4.1.3　设 X 是 Hilbert 空间 $(\dim X \geqslant 2)$, $\overline{W(A)} \cap \overline{W(D)} = \varnothing$ 且 $\mathrm{dist}(W(A), W(D)) > 2\sqrt{\|B\|\|C\|}$, 则 $\mathcal{W}^2(\mathcal{A})$ 由两个不相交部分组成.

证明　设 $\beta = \mathrm{dist}(W(A), W(D))$ 且 L 是满足 $\mathrm{dist}(L, W(A)) = \frac{\beta}{2}$, $\mathrm{dist}(L, W(D))$ $= \frac{\beta}{2}$ 的直线. 令 $\lambda \in L$, 则对任意 $\|f\| = \|g\| = 1$, 有

$$|\det(\mathcal{A}_{f,g} - \lambda)| = |((Af,f) - \lambda)((Dg,g) - \lambda) - (Bg,f)(Cf,g)|$$
$$\geqslant |(Af,f) - \lambda||(Dg,g) - \lambda| - \|B\|\|C\|$$
$$\geqslant \frac{\beta^2}{4} - \|B\|\|C\| > 0,$$

即 $\lambda \notin \mathcal{W}^2(\mathcal{A})$. 于是 $\mathcal{W}^2(\mathcal{A})$ 由两个不相交部分组成. ∎

对于一些特殊的分块算子矩阵, 上述结论中的条件 $\mathrm{dist}(W(A), W(D)) > 2\sqrt{\|B\|\|C\|}$ 可以省略.

定理 4.1.4 给定 Hilbert 空间 $X \times X(\dim X \geqslant 2)$ 中的有界分块算子矩阵 $\mathcal{A} = \begin{bmatrix} A & B \\ B^* & D \end{bmatrix}$, 如果存在 $\alpha \in \mathbb{R}$ 使得 $\mathrm{Re}(W(A)) < \alpha < \mathrm{Re}(W(D))$, 则 $\mathcal{W}^2(\mathcal{A})$ 由两个不相交部分组成.

证明 为了证明 $\mathcal{W}^2(\mathcal{A})$ 是不连通的, 只需证明直线 $L : x = \alpha$ 与 $\mathcal{W}^2(\mathcal{A})$ 没有交点即可. 若不然, 假定 $\alpha + \mathrm{i}\beta \in L \cap \mathcal{W}^2(\mathcal{A})$, 则存在 $\|f\| = \|g\| = 1$, 有

$$
\begin{aligned}
\det(\mathcal{A}_{f,g} - \alpha - \mathrm{i}\beta) &= ((Af,f) - \alpha - \mathrm{i}\beta)((Dg,g) - \alpha - \mathrm{i}\beta) - (Bg,f)(B^*f,g) \\
&= (a - \alpha)(c - \alpha) - (b - \beta)(d - \beta) + \mathrm{i}((a - \alpha)(d - \beta) \\
&\quad + (b - \beta)(c - \alpha)) - t \\
&= 0,
\end{aligned}
$$

其中 $(Af,f) = a + \mathrm{i}b, (Dg,g) = c + \mathrm{i}d, t = (Bg,f)(B^*f,g) \geqslant 0$. 于是有

$$(a - \alpha)(d - \beta) + (b - \beta)(c - \alpha) = 0 \tag{4.1.1}$$

且

$$(a - \alpha)(c - \alpha) - (b - \beta)(d - \beta) - t = 0. \tag{4.1.2}$$

因为 $a < \alpha < c$, 由式 (4.1.1) 知 $(b - \beta)(d - \beta) \geqslant 0$. 进而得

$$(a - \alpha)(c - \alpha) - (b - \beta)(d - \beta) - t < 0.$$

这与式 (4.1.2) 矛盾. 于是 $\mathcal{W}^2(\mathcal{A})$ 由两个不相交部分组成. ∎

同理可证下面的推论.

推论 4.1.1 给定 Hilbert 空间 $X \times X(\dim X \geqslant 2)$ 中的有界分块算子矩阵 $\mathcal{A} = \begin{bmatrix} A & B \\ -B^* & D \end{bmatrix}$, 如果存在 $\beta \in \mathbb{R}$ 使得 $\mathrm{Im}(W(A)) < \beta < \mathrm{Im}(W(D))$, 则 $\mathcal{W}^2(\mathcal{A})$ 由两个不相交部分组成.

4.1.5 二次数值域与预解式估计

二次数值域另一个重要性质是它的预解式估计. 众所周知, 数值域有预解式估计式

$$\|(T - \lambda)^{-1}\| \leqslant \frac{1}{\mathrm{dist}(\lambda, W(T))}, \quad \lambda \notin \overline{W(T)}.$$

然而, 对二次数值域也有类似预解式估计.

引理 4.1.3 如果存在 $\delta > 0$ 使得对任意 $\|f\| = 1, \|g\| = 1$, 有

$$\|\mathcal{A}_{f,g}\alpha\| \geqslant \delta\|\alpha\|, \quad \alpha \in \mathbb{C}^2,$$

则对任意 $u \in X \times X$, 有
$$\|\mathcal{A}u\| \geqslant \delta\|u\|.$$

证明　令 $u \in X \times X$, 则存在 $f, g \in X, \|f\| = 1, \|g\| = 1$ 和 $\alpha_1, \alpha_2 \in \mathbb{C}$ 使得 $u = [\ \alpha_1 f\ \ \alpha_2 g\ ]^{\mathrm{T}}$. 此时, 对 $\alpha = [\ \alpha_1\ \ \alpha_2\ ]^{\mathrm{T}} \in \mathbb{C}^2$ 有
$$\mathcal{A}_{f,g}\alpha = \left[\begin{array}{c} (Af,f)\alpha_1 + (Bg,f)\alpha_2 \\ (Cf,g)\alpha_1 + (Dg,g)\alpha_2 \end{array}\right] = \left[\begin{array}{c} (A(\alpha_1 f) + B(\alpha_2 g), f) \\ (C(\alpha_1 f) + D(\alpha_2 g), g) \end{array}\right],$$
于是
$$\begin{aligned} \|\mathcal{A}_{f,g}\alpha\|^2 &= |(A(\alpha_1 f) + B(\alpha_2 g), f)|^2 + |(C(\alpha_1 f) + D(\alpha_2 g), g)|^2 \\ &\leqslant \|A(\alpha_1 f) + B(\alpha_2 g)\|^2 + \|C(\alpha_1 f) + D(\alpha_2 g)\|^2 \\ &= \|\mathcal{A}u\|^2. \end{aligned}$$

注意到 $\|u\|^2 = \|\alpha_1\|^2 + \|\alpha_2\|^2 = \|\alpha\|^2$, 因此, 当 $\|\mathcal{A}_{f,g}\alpha\| \geqslant \delta\|\alpha\|$ 时必有 $\|\mathcal{A}u\| \geqslant \delta\|u\|$. 结论证毕. ∎

定理 4.1.5　如果 $\lambda \notin \overline{\mathcal{W}^2(\mathcal{A})}$, 则关系式
$$\|(T - \lambda)^{-1}\| \leqslant \frac{\|\mathcal{A}\| + \lambda}{\mathrm{dist}(\lambda, \mathcal{W}^2(\mathcal{A}))^2}$$
成立.

证明　令 $\lambda \notin \overline{\mathcal{W}^2(\mathcal{A})}$, 则对任意 $f, g \in X, \|f\| = 1, \|g\| = 1$ 有
$$\|(\mathcal{A}_{f,g} - \lambda)^{-1}\| = \frac{\|\mathcal{A}_{f,g} - \lambda\|}{|\det(\mathcal{A}_{f,g} - \lambda)|} = \frac{\|\mathcal{A}_{f,g} - \lambda\|}{|(\lambda - \lambda_1(f,g))(\lambda - \lambda_2(f,g))|},$$
其中 $\lambda_1(f,g), \lambda_2(f,g)$ 是 $\mathcal{A}_{f,g}$ 的特征值. 注意到
$$\|\mathcal{A}_{f,g}\| \leqslant \|\mathcal{A}\|,$$
$$|\lambda - \lambda_1(f,g)| \geqslant \mathrm{dist}(\lambda, \mathcal{W}^2(\mathcal{A})),$$
$$|\lambda - \lambda_2(f,g)| \geqslant \mathrm{dist}(\lambda, \mathcal{W}^2(\mathcal{A})),$$
对任意 $f, g \in X, \|f\| = 1, \|g\| = 1$ 有
$$\|(\mathcal{A}_{f,g} - \lambda)^{-1}\| \leqslant \frac{\|\mathcal{A} - \lambda I\|}{\mathrm{dist}(\lambda, \mathcal{W}^2(\mathcal{A}))^2} \leqslant \frac{\|\mathcal{A}\| + |\lambda|}{\mathrm{dist}(\lambda, \mathcal{W}^2(\mathcal{A}))^2}.$$

由引理 4.1.3 知, 对任意 $u \in X \times X$ 有
$$\|(\mathcal{A} - \lambda)u\| \geqslant \frac{\mathrm{dist}(\lambda, \mathcal{W}^2(\mathcal{A}))^2}{\|\mathcal{A}\| + |\lambda|}\|u\|,$$

由于 $\lambda \notin \overline{\mathcal{W}^2(\mathcal{A})}$ 蕴涵 $\lambda \in \rho(\mathcal{A})$, 于是

$$\|(\mathcal{A} - \lambda)^{-1}\| \leqslant \frac{\|\mathcal{A}\| + \lambda}{\mathrm{dist}(\lambda, \mathcal{W}^2(\mathcal{A}))^2}$$

成立. ∎

4.1.6　二次数值半径

类似于数值半径, 还可以定义描述二次数值域分布范围的二次数值半径.

定义 4.1.2　设 $\mathcal{A} = \begin{bmatrix} A & B \\ C & D \end{bmatrix}$ 是 Hilbert 空间 $X \times X$ 中的有界 2×2 分块算子矩阵, 其二次数值半径 $w^2(\mathcal{A})$ 定义为

$$w^2(\mathcal{A}) = \sup\{|\lambda| : \lambda \in \mathcal{W}^2(\mathcal{A})\}.$$

下面是二次数值半径的例子.

例 4.1.3　设 X 是 Hilbert 空间, I 是 X 中的单位算子, 定义 Hilbert 空间 $X \times X$ 中的分块算子矩阵

$$\mathcal{A} = \begin{bmatrix} 0 & I \\ 0 & 0 \end{bmatrix},$$

则 $\mathcal{W}^2(\mathcal{A}) = \{0\}$(见例 4.1.1). 于是, $w^2(\mathcal{A}) = 0$.

例 4.1.4　设 X 是 Hilbert 空间, I 是 X 中的单位算子, B 是 X 中的有界线性算子, 定义 Hilbert 空间 $X \times X$ 中的分块算子矩阵

$$\mathcal{A} = \begin{bmatrix} A & B \\ C & D \end{bmatrix} = \begin{bmatrix} I & B \\ 0 & -I \end{bmatrix},$$

则 $w^2(\mathcal{A}) = 1$(见例 4.1.2).

由二次数值域、数值域以及谱集的关系, 容易证明关系式

$$r(\mathcal{A}) \leqslant w^2(\mathcal{A}) \leqslant w(\mathcal{A}) \leqslant \|\mathcal{A}\|.$$

根据二次数值半径的定义及二次数值域基本性质, 容易证明下列性质.

性质 4.1.2　设 $\mathcal{A}$ 是 Hilbert 空间 $X \times X$ 中的有界 2×2 分块算子矩阵, 则

(i) $w^2(\mathcal{A}) = w^2(U^*\mathcal{A}U)$, 其中 $U = \begin{bmatrix} U_1 & 0 \\ 0 & U_2 \end{bmatrix}$, U_1, U_2 是酉算子;

(ii) $w^2(\mathcal{A}) = w^2(\mathcal{A}^*) = w^2(-\mathcal{A})$;

(iii) $\mathcal{A} = \begin{bmatrix} A & B \\ 0 & D \end{bmatrix}$ 或 $\mathcal{A} = \begin{bmatrix} A & 0 \\ C & D \end{bmatrix}$, 则 $w^2(\mathcal{A}) = \max\{w(A), w(D)\}$. 特别地, 当 $\mathcal{A} = \begin{bmatrix} A & 0 \\ 0 & D \end{bmatrix}$ 时, $w(\mathcal{A}) = w^2(\mathcal{A})$.

证明   结论 (i), (ii) 的证明是平凡的, 下面证明结论 (iii). 当 $\mathcal{A} = \begin{bmatrix} A & B \\ 0 & D \end{bmatrix}$

或 $\mathcal{A} = \begin{bmatrix} A & 0 \\ C & D \end{bmatrix}$ 时, 容易证明

$$\mathcal{W}^2(\mathcal{A}) = W(A) \cup W(D),$$

于是有 $w^2(\mathcal{A}) = \max\{w(A), w(D)\}$. 特别地, 当 $\mathcal{A} = \begin{bmatrix} A & 0 \\ 0 & D \end{bmatrix}$ 时, $W(\mathcal{A}) =$
$\mathrm{Conv}(W(A) \cup W(D))$, 从而 $w(\mathcal{A}) = w^2(\mathcal{A})$. ∎

据我们所知, 数值半径是个范数. 但是, 二次数值半径不满足三角不等式 $w^2(\mathcal{A}_1 + \mathcal{A}_2) \leqslant w^2(\mathcal{A}_1) + w^2(\mathcal{A}_2)$, 故它不是范数, 甚至不是准范数. 例如, 令

$$\mathcal{A}_1 = \begin{bmatrix} 0 & I \\ 0 & 0 \end{bmatrix}, \quad \mathcal{A}_2 = \begin{bmatrix} 0 & 0 \\ I & 0 \end{bmatrix},$$

经计算易得 $w^2(\mathcal{A}_1) = w^2(\mathcal{A}_2) = 0, w^2(\mathcal{A}_1 + \mathcal{A}_2) = 1$, 不满足三角不等式. 从这个例子不难发现, $w(\mathcal{A}_1) = \dfrac{1}{2}, \|\mathcal{A}_1\| = 1$. 于是, 二次数值半径与数值半径、算子范数之间一般情况下也没有反向不等式.

根据 Normaloid 算子及 Spectraloid 算子的定义, 下列推论是显然的.

推论 4.1.2   设 $\mathcal{A}$ 是 Hilbert 空间 $X \times X$ 中的有界 2×2 分块算子矩阵, 则 $\mathcal{A}$ 是 Normaloid 算子当且仅当 $w^2(\mathcal{A}) = \|\mathcal{A}\|$; 如果 $\mathcal{A}$ 是 Spectraloid 算子, 则 $w^2(\mathcal{A}) = r(\mathcal{A})$ 且 $w^2(\mathcal{A}^n) = [w^2(\mathcal{A})]^n$.

4.1.7   无穷维 Hamilton 算子二次数值域

无穷维 Hamilton 算子一般情况下是一个 2×2 分块算子矩阵, 因此可以定义它的二次数值域:

$$\mathcal{W}^2(H) = \left\{ \lambda \in \mathbb{C} : \exists \begin{bmatrix} f & g \end{bmatrix}^{\mathrm{T}} \in \mathscr{D}(H), f, g \neq 0, \det(H_{f,g} - \lambda I) = 0 \right\}, \quad (4.1.3)$$

其中 $H_{f,g} = \begin{bmatrix} \dfrac{(Af,f)}{\|f\|^2} & \dfrac{(Bg,f)}{\|f\|\|g\|} \\ \dfrac{(Cf,g)}{\|f\|\|g\|} & \dfrac{(-A^*g,g)}{\|g\|^2} \end{bmatrix}.$

由于无穷维 Hamilton 算子结构的特殊性, 它的二次数值域也有一些特殊的性质.

定理 4.1.6 设 $H = \begin{bmatrix} A & B \\ C & -A^* \end{bmatrix}$ 是无穷维 Hamilton 算子, $\mathscr{D}(A) = \mathscr{D}(A^*)$, B, C 在全空间上有界, 如果存在 $\alpha > 0$ 使得 $\mathrm{Re}(W(A)) > \alpha$ 且 $r(B)r(C) < \alpha^2$, 则 $\mathcal{W}^2(H) \cap \mathrm{i}\mathbb{R} = \varnothing$.

证明 当 $\mathscr{D}(A) = \mathscr{D}(A^*)$ 时, $\lambda \in W(A)$ 当且仅当 $\overline{\lambda} \in W(A^*)$, 故 $\mathrm{Re}(W(A)) > \alpha$ 时 $\mathrm{Re}(W(-A^*)) < -\alpha$. 对任意 $\mathrm{i}\beta \in \mathrm{i}\mathbb{R}$ 和 $\|f\| = \|g\| = 1$, 有

$$
\begin{aligned}
|\det(H_{f,g} - \mathrm{i}\beta I)| &= |((Af, f) - \mathrm{i}\beta)((-A^*g, g) - \mathrm{i}\beta) - (Bg, f)(Cf, g)| \\
&\geqslant |((Af, f) - \mathrm{i}\beta)((-A^*g, g) - \mathrm{i}\beta)| - |(Bg, f)(Cf, g)| \\
&\geqslant \alpha^2 - \|B\|\|C\| = \alpha^2 - r(B)r(C) > 0,
\end{aligned}
$$

于是 $\mathcal{W}^2(H) \cap \mathrm{i}\mathbb{R} = \varnothing$. ∎

定理 4.1.7 设 $H = \begin{bmatrix} A & B \\ C & -A^* \end{bmatrix} : \mathscr{D}(A) \times \mathscr{D}(A^*) \to X \times X$ 是无穷维 Hamilton 算子, 则 $(W(A) \cup W(-A^*)) \subset \mathcal{W}^2(H)$.

证明 设 $\lambda \in W(A)$, 则存在 $f \in \mathscr{D}(A), \|f\| = 1$ 使得 $(Af, f) - \lambda = 0$. 由于 $\mathscr{D}(B) \cap \mathscr{D}(-A^*)$ 在 X 中稠密, $\dim X = \infty$. 从而存在 $g \in (\mathscr{D}(B) \cap \mathscr{D}(-A^*)), \|g\| = 1$ 使得

$$
(Cf, g) = 0.
$$

此时

$$
\det\left(\begin{bmatrix} ((A - \lambda I)f, f) & (Bg, f) \\ (Cf, g) & ((-A^* - \lambda I)g, g) \end{bmatrix} \right) = \det\left(\begin{bmatrix} 0 & (Bg, f) \\ 0 & ((-A^* - \lambda I)g, g) \end{bmatrix} \right) = 0,
$$

即 $W(A) \subset \mathcal{W}^2(H)$. 同理可证 $W(-A^*) \subset \mathcal{W}^2(H)$. ∎

推论 4.1.3 设 $H = \begin{bmatrix} A & B \\ C & -A^* \end{bmatrix}$ 是无穷维 Hamilton 算子, $\mathscr{D}(A) = \mathscr{D}(A^*)$, B, C 在全空间上有界, 如果 $W(A) \cap W(-A^*) \neq \varnothing$, 则 $\mathcal{W}^2(H) \cap \mathrm{i}\mathbb{R} \neq \varnothing$.

对一般稠定闭线性算子 T, 关系式 $\sigma_{\mathrm{ap}}(T) \subset \overline{W(T)}$ 是平凡的. 但对无穷维 Hamilton 算子的二次数值域而言, 关系式 $\sigma_{\mathrm{ap}}(H) \subset \overline{\mathcal{W}^2(H)}$ 不一定成立.

例 4.1.5 令无穷维 Hamilton 算子为

$$
H = \begin{bmatrix} 0 & B \\ 0 & 0 \end{bmatrix},
$$

其中 B 是无界自伴算子, 则 $\mathcal{W}^2(H) = \{0\}$. 然而, $\sigma_{\mathrm{ap}}(H) = \mathbb{C}$.

下面将要讨论 $\sigma_{\mathrm{ap}}(H) \subset \overline{\mathcal{W}^2(H)}$ 何时成立的问题.

定理 4.1.8 设 $H = \begin{bmatrix} A & B \\ C & -A^* \end{bmatrix}$ 是对角占优无穷维 Hamilton 算子, 如果算子 B 在 $\mathscr{D}(D)$ 上的限制 $B|_{\mathscr{D}(A^*)}$ 是有界算子或者 C 在 $\mathscr{D}(A)$ 上的限制 $C|_{\mathscr{D}(A)}$ 是有界算子, 则 $\sigma_{\mathrm{ap}}(H) \subset \overline{W^2(H)}$.

证明 令 $\lambda \in \sigma_{\mathrm{ap}}(H)$, 则根据近似点谱定义存在 $\begin{bmatrix} f_n & g_n \end{bmatrix}^{\mathrm{T}} \in \mathscr{D}(H), \|f_n\|^2 + \|g_n\|^2 = 1, n = 1, 2, \cdots$, 使得当 $n \to \infty$ 时

$$(H - \lambda I) \begin{bmatrix} f_n \\ g_n \end{bmatrix} \to 0,$$

即

$$(A - \lambda I)f_n + Bg_n \to 0 \quad \text{且} \quad Cf_n + (-A^* - \lambda I)g_n \to 0.$$

不妨设 $B|_{\mathscr{D}(A^*)}$ 是有界算子, 则 $\{Bg_n\}$ 是有界序列, 再由第一式得 $\{Af_n\}$ 是有界序列. 由于 C 关于 A 是相对有界, 存在非负数 a, b 使得

$$\|Cx\| \leqslant a\|x\| + b\|Ax\|, \quad \forall x \in \mathscr{D}(A),$$

从而 $\{Cf_n\}$ 是有界序列, 再由第二式得 $\{A^*g_n\}$ 是有界序列.

当 $\liminf_{n\to\infty} \|f_n\| > 0$ 且 $\liminf_{n\to\infty} \|g_n\| > 0$ 时, 有

$$\frac{((A - \lambda I)f_n, f_n)}{\|f_n\|^2} + \frac{(Bg_n, f_n)}{\|f_n\|^2} \to 0,$$

$$\frac{(Cf_n, g_n)}{\|g_n\|^2} + \frac{((-A^* - \lambda I)g_n, g_n)}{\|g_n\|^2} \to 0.$$

进而得

$$\det\left(\begin{bmatrix} \dfrac{((A - \lambda I)f_n, f_n)}{\|f_n\|^2} & \dfrac{(Bg_n, f_n)}{\|f_n\|^2} \\ \dfrac{(Cf_n, g_n)}{\|g_n\|^2} & \dfrac{((-A^* - \lambda I)g_n, g_n)}{\|g_n\|^2} \end{bmatrix}\right) = |H_{f_n, g_n} - \lambda I| \to 0.$$

从而 $\lambda \in \overline{W^2(H)}$.

当 $\liminf_{n\to\infty} \|f_n\|$ 和 $\liminf_{n\to\infty} \|g_n\|$ 中有一个为 0 时, 考虑到 $\|f_n\|^2 + \|g_n\|^2 = 1$, 不妨设 $\lim_{n\to\infty} \|g_n\| \to 0, \lim_{n\to\infty} \|f_n\| > 0$. 由于 $Bg_n \to 0$, 从而 $(A - \lambda)f_n \to 0$, 也就是说 $\lambda \in \sigma_{\mathrm{ap}}(A)$. 由于 $\sigma_{\mathrm{ap}}(A) \subset \overline{W(A)}$, 且由定理 4.1.7 知, $\overline{W(A)} \subset \overline{W^2(H)}$, 即 $\lambda \in \overline{W^2(H)}$.

当 $C|_{\mathscr{D}(A)}$ 是有界算子时, 结论同理可证. ∎

定理 4.1.9 设 $H = \begin{bmatrix} A & B \\ C & -A^* \end{bmatrix}$ 是斜对角占优无穷维 Hamilton 算子, 如果算子 A 在 $\mathscr{D}(C)$ 上的限制 $A|_{\mathscr{D}(C)}$ 是有界算子或者 A^* 在 $\mathscr{D}(B)$ 上的限制 $A^*|_{\mathscr{D}(B)}$ 是有界算子, 则 $\sigma_{\mathrm{ap}}(H) \subset \overline{\mathcal{W}^2(H)}$.

根据定理 4.1.9, 下面的推论是显然的.

推论 4.1.4 设 $H = \begin{bmatrix} A & B \\ C & -A^* \end{bmatrix}$ 是无穷维 Hamilton 算子, 如果满足下列条件之一:

(i) $C \in \mathscr{B}(X)$, $B \in \mathscr{B}(X)$;

(ii) $A \in \mathscr{B}(X)$,

则 $\sigma_{\mathrm{ap}}(H) \subset \overline{\mathcal{W}^2(H)}$.

考虑到对稠定闭算子 T, 有 $\sigma(T) = \sigma_{r,1}(T) \cup \sigma_{\mathrm{ap}}(T)$, 根据定理 4.1.9 容易证明以下结论.

推论 4.1.5 设 $H = \begin{bmatrix} A & B \\ C & -A^* \end{bmatrix}$ 是无穷维 Hamilton 算子, 如果 B, C 全空间上有界或者 A 全空间上有界, 则 $\sigma(H) \subset \overline{\mathcal{W}^2(H)}$ 当且仅当 $\sigma_{r,1}(H) \subset \overline{\mathcal{W}^2(H)}$.

定理 4.1.10 设 $H = \begin{bmatrix} A & B \\ C & -A^* \end{bmatrix} : \mathscr{D}(H) \subset X \times X \to X \times X$ 是无穷维 Hamilton 算子, 如果 $\mathscr{D}(A) = \mathscr{D}(A^*)$ 且 $B, C \in \mathscr{B}(X)$, 则有如下结论:

(i) $\mathcal{W}^2(H)$ 关于虚轴对称;

(ii) $\sigma(H) \subset \overline{\mathcal{W}^2(H)}$.

证明 (i) 设 $\lambda \in \mathcal{W}^2(H)$, 则存在 $\begin{bmatrix} x & y \end{bmatrix}^{\mathrm{T}} \in \mathscr{D}(H)$ 且 $x, y \neq 0$ 使得

$$\det \begin{bmatrix} \dfrac{(Ax, x)}{(x, x)} - \lambda & \dfrac{(By, x)}{\|x\|\,\|y\|} \\[3mm] \dfrac{(Cx, y)}{\|x\|\,\|y\|} & \dfrac{(-A^*y, y)}{(y, y)} - \lambda \end{bmatrix} = 0.$$

从而有

$$\left(\frac{(x, A^*x)}{(x, x)} - \lambda \right) \left(\frac{(y, -Ay)}{(y, y)} - \lambda \right) = \frac{(y, Bx)(x, Cy)}{\|x\|^2\|y\|^2}.$$

两边取共轭后得

$$\left(\frac{(A^*x, x)}{(x, x)} - \overline{\lambda} \right) \left(\frac{(-Ay, y)}{(y, y)} - \overline{\lambda} \right) = \frac{(Bx, y)(Cy, x)}{\|x\|^2\|y\|^2}.$$

进而得

$$\det \begin{bmatrix} \dfrac{(Ay,y)}{(y,y)} + \overline{\lambda} & \dfrac{(Bx,y)}{\|x\|\,\|y\|} \\[3mm] \dfrac{(Cy,x)}{\|x\|\,\|y\|} & \dfrac{(-A^*x,x)}{(x,x)} + \overline{\lambda} \end{bmatrix} = \det \begin{bmatrix} \dfrac{(A^*x,x)}{(x,x)} - \overline{\lambda} & \dfrac{(Cy,x)}{\|x\|\,\|y\|} \\[3mm] \dfrac{(Bx,y)}{\|x\|\|y\|} & \dfrac{(-Ay,y)}{(y,y)} - \overline{\lambda} \end{bmatrix} = 0,$$

即 $-\overline{\lambda} \in \mathcal{W}^2(H)$, 从而 $\mathcal{W}^2(H)$ 关于虚轴对称.

(ii) 应用 $\mathcal{W}^2(H)$ 的关于虚轴对称性, 容易证明

$$(\sigma_p(H) \cup \sigma_r(H)) \subset \mathcal{W}^2(H).$$

故只需证明 $\sigma_c(H) \subset \overline{\mathcal{W}^2(H)}$ 即可. 设 $\lambda_0 \in \sigma_c(H)$, 则存在正交化序列 $\{x_n = [x_n^{(1)} \ x_n^{(2)}]^{\mathrm{T}} \in \mathscr{D}(H)\}, \|x_n\| = 1, n = 1,2,\cdots$, 使得当 $n \to \infty$ 时, 有

$$(H - \lambda_0)x_n \to 0,$$

即

$$(A - \lambda_0)x_n^{(1)} + Bx_n^{(2)} = f_n \to 0,$$

$$Cx_n^{(1)} + (-A^* - \lambda_0)x_n^{(2)} = g_n \to 0.$$

首先, $\{x_n^{(1)}\}, \{x_n^{(2)}\}$ 的下极限不等于 0 时, 不妨设对 $n = 1,2,\cdots$, 有 $\|x_n^{(1)}\| > 0$ 且 $\|x_n^{(2)}\| > 0$, 则由上式得

$$\frac{(Ax_n^{(1)}, x_n^{(1)})}{(x_n^{(1)}, x_n^{(1)})} - \lambda_0 + \frac{(Bx_n^{(2)}, x_n^{(1)})}{(x_n^{(1)}, x_n^{(1)})} = \frac{(f_n, x_n^{(1)})}{(x_n^{(1)}, x_n^{(1)})},$$

$$\frac{(Cx_n^{(1)}, x_n^{(2)})}{(x_n^{(2)}, x_n^{(2)})} + \frac{(-A^*x_n^{(2)}, x_n^{(2)})}{(x_n^{(2)}, x_n^{(2)})} - \lambda_0 = \frac{(g_n, x_n^{(2)})}{(x_n^{(2)}, x_n^{(2)})},$$

令 $d_n(\lambda) = \det \begin{bmatrix} \dfrac{(Ax_n^{(1)}, x_n^{(1)})}{(x_n^{(1)}, x_n^{(1)})} - \lambda & \dfrac{(Bx_n^{(2)}, x_n^{(1)})}{(x_n^{(1)}, x_n^{(1)})} \\[3mm] \dfrac{(Cx_n^{(1)}, x_n^{(2)})}{(x_n^{(2)}, x_n^{(2)})} & \dfrac{(-A^*x_n^{(2)}, x_n^{(2)})}{(x_n^{(2)}, x_n^{(2)})} - \lambda \end{bmatrix}$, 则有

$$d_n(\lambda) = \det \begin{bmatrix} \dfrac{(Ax_n^{(1)}, x_n^{(1)})}{(x_n^{(1)}, x_n^{(1)})} - \lambda & \dfrac{(Bx_n^{(2)}, x_n^{(1)})}{\|x_n^{(1)}\|\|x_n^{(2)}\|} \\[3mm] \dfrac{(Cx_n^{(1)}, x_n^{(2)})}{\|x_n^{(1)}\|\|x_n^{(2)}\|} & \dfrac{(-A^*x_n^{(2)}, x_n^{(2)})}{(x_n^{(2)}, x_n^{(2)})} - \lambda \end{bmatrix}.$$

由于 $d_n(\lambda)$ 是关于 λ 首项系数为 1 的一元二次函数, 从而两个零点不妨设为 $\lambda_n^{(1)}$, $\lambda_n^{(2)}$, 则有 $\lambda_n^{(1)} \in \mathcal{W}^2(H), \lambda_n^{(2)} \in \mathcal{W}^2(H)$ 且

$$d_n(\lambda) = (\lambda - \lambda_n^{(1)})(\lambda - \lambda_n^{(2)}),$$

考虑到 $n \to \infty$ 时 $f_n \to 0, g_n \to 0$, 从而易得

$$d_n(\lambda_0) \to 0,$$

因此, $\lambda_n^{(1)} \to \lambda_0$ 或 $\lambda_n^{(2)} \to \lambda_0$, 故 $\lambda_0 \in \overline{\mathcal{W}^2(H)}$.

其次, $\{x_n^{(1)}\}, \{x_n^{(2)}\}$ 中一个的下极限等于 0 时, 不妨设对 $n = 1, 2, \cdots$ 有 $\|x_n^{(1)}\| > 0$ 且当 $n \to \infty$ 时, $\|x_n^{(2)}\| \to 0$, 则由于 $Cx_n^{(1)} \in X, n = 1, 2, \cdots$ 且 $\dim(X) = \infty$, 从而存在 $y_n \in \mathscr{D}(A^*), y_n \neq 0, n = 1, 2, \cdots$, 使得

$$(Cx_n^{(1)}, y_n) = 0, \quad n = 1, 2, \cdots.$$

令 $\lambda_n = \dfrac{(Ax_n^{(1)}, x_n^{(1)})}{(x_n^{(1)}, x_n^{(1)})}$, 则有

$$\det \begin{bmatrix} \dfrac{(Ax_n^{(1)}, x_n^{(1)})}{(x_n^{(1)}, x_n^{(1)})} - \lambda_n & \dfrac{(By_n, x_n^{(1)})}{\|y_n\|\|x_n^{(1)}\|} \\[3mm] \dfrac{(Cx_n^{(1)}, y_n)}{\|x_n^{(1)}\|\|y_n\|} & \dfrac{(-A^*y_n, y_n)}{(y_n, y_n)} - \lambda_n \end{bmatrix} = \det \begin{bmatrix} 0 & \dfrac{(By_n, x_n^{(1)})}{\|y_n\|\|x_n^{(1)}\|} \\[3mm] 0 & \dfrac{(-A^*y_n, y_n)}{(y_n, y_n)} - \lambda_n \end{bmatrix} = 0,$$

即

$$\lambda_n \in \mathcal{W}^2(H).$$

又因为 $\lambda_0 = \lambda_n + \dfrac{(Bx_n^{(2)}, x_n^{(1)})}{\|x_n^{(1)}\|^2} - \dfrac{(f_n, x_n^{(1)})}{\|x_n^{(1)}\|^2}$, B 是连续的且 $x_n^{(2)} \to 0, f_n \to 0$ 可知

$$\lambda_n \to \lambda_0.$$

即 $\lambda_0 \in \overline{\mathcal{W}^2(H)}$.

最后, 对 $n = 1, 2, \cdots$ 有 $\|x_n^{(2)}\| > 0$, 且当 $n \to \infty$ 时 $\|x_n^{(1)}\| \to 0$, 由 A 是稠定线性算子以及 C 的连续性同理可证 $\lambda_0 \in \overline{\mathcal{W}^2(H)}$. 综上所述, $\sigma(H) \subset \overline{\mathcal{W}^2(H)}$. ∎

推论 4.1.6 设 $H_0 = \begin{bmatrix} 0 & B \\ C & 0 \end{bmatrix}$ 是斜对角无穷维 Hamilton 算子, 如果 B 或者 C 是半定算子, 则 $\sigma(H_0) \subset \overline{\mathcal{W}^2(H_0)}$.

证明 如果 B 或者 C 是半定算子, 则 $\sigma_r(H_0) = \varnothing$. 由推论 4.1.5 知 $\sigma(H_0) \subset \overline{\mathcal{W}^2(H_0)}$ 成立. ∎

4.2   Hilbert 空间中线性算子的本质数值域

据我们所知, 在无穷维可分 Hilbert 空间 X 中的有界线性算子 T 是紧算子当且仅当对 X 的任意正交基 $\{e_n\}$ 满足 $\lim_{n\to\infty}(Te_n, e_n) = 0$. 此时, 自然可以提出一个问题: 当有界线性算子 T 满足什么条件时存在 X 的正交基 $\{e_n\}$ 使得

$$\lim_{n\to\infty}(Te_n, e_n) = 0 \tag{4.2.1}$$

成立呢? 显然, 紧算子包含于这类算子, 对于非紧的算子 T 也有可能存在正交基使得式 (4.2.1) 成立. 比如, $l^2[1,\infty)$ 空间中的右移算子 S_r 对正交基 $\{e_n = (0,\cdots,0,1,0,\cdots)\}_{n=1}^{+\infty}$ 就有

$$\lim_{n\to\infty}(S_r e_n, e_n) = 0,$$

但 S_r 不是紧算子. 于是, 为了彻底解决上述问题, Williams[65] 等首先引进了本质数值域的概念, 然后 Gustafson[66], Wolf[67-69] 等进行了系统的研究.

4.2.1   本质数值域定义

定义 4.2.1 设 T 是 Hilbert 空间 X 中的有界线性算子, 其本质数值域 $W_e(T)$ 定义为

$$W_e(T) = \bigcap_{K \in \mathcal{K}(X)} \overline{W(T + K)},$$

其中 $\mathcal{K}(X)$ 表示全体紧算子组成的理想.

从定义不难发现本质数值域是复数域 $\mathbb{C}$ 的非空凸、闭子集且满足 $W_e(T) \subset \overline{W(T)}$, 下面是关于本质数值域的一些例子.

例 4.2.1 设 T 是从 l^2 空间到 l^2 空间的有界线性算子, 定义为

$$Tx = \left(\frac{x_1}{1}, \frac{x_2}{2}, \frac{x_3}{3}, \cdots\right),$$

其中 $x = (x_1, x_2, x_3, \cdots)$, 则 $W_e(T) = \{0\}$. 事实上, 令 $\{e_n\}_{n=1}^{+\infty}$ 是 l^2 的一组正交基, 则注意到 T 是紧算子, 于是对任意 $K \in \mathcal{K}(X)$ 有 $T + K$ 是紧算子, 进而当 $n \to \infty$ 时, 有

$$\|(T + K)e_n\| \to 0,$$

从而 $\left((T+K)\dfrac{e_n}{\|e_n\|}, \dfrac{e_n}{\|e_n\|}\right) \to 0$, 即 $0 \in \bigcap_{K \in \mathcal{K}(X)} \overline{W(T + K)} = W_e(T)$.

另一方面, 取 $K = -T$, 则 $\bigcap_{K \in \mathcal{K}(X)} \overline{W(T + K)} \subset \overline{W(T + (-T))} = \{0\}$. 于是 $W_e(T) = \{0\}$.

4.2.2 本质数值域的性质

根据定义, 容易得到下列性质.

性质 4.2.1 设 T, S 是 Hilbert 空间 X 中的有界线性算子, 则

(i) $W_e(\alpha T + \beta I) = \alpha W_e(T) + \beta (\alpha \neq 0)$;

(ii) $\lambda \in W_e(T)$ 当且仅当 $\overline{\lambda} \in W_e(T^*)$;

(iii) $W_e(U^*TU) = W_e(T)$, 其中 U 是酉算子;

(iv) $W_e(\mathrm{Re}(T)) = \mathrm{Re}(W_e(T))$ 且 $W_e(\mathrm{Im}(T)) = \mathrm{Im}(W_e(T))$, 其中 $\mathrm{Re}(T) = \dfrac{T + T^*}{2}$, $\mathrm{Im}(T) = \dfrac{T - T^*}{2\mathrm{i}}$;

(v) $W_e(T + S) \subset W_e(T) + W_e(S)$;

(vi) $W_e(T) = \{0\}$ 当且仅当 T 是紧算子;

(vii) $W_e(T + K) = W_e(T)$, 其中 K 是紧算子.

证明 (i)—(iv) 的证明是平凡的. 令 $\lambda \in W_e(T + S)$, 则对任意 $K \in \mathcal{K}(X)$ 都有 $\lambda \in \overline{W(T + S + K)}$, 从而存在 $\{x_n\}_{n=1}^{+\infty} \subset X, \|x_n\| = 1, n = 1, 2, \cdots$, 使得 $n \to \infty$ 时

$$((T + S + K)x_n, x_n) \to \lambda,$$

即

$$\left(\left(T + \frac{K}{2} \right) x_n, x_n \right) + \left(\left(S + \frac{K}{2} \right) x_n, x_n \right) \to \lambda.$$

因为 $\left\{ A_n = \left(\left(T + \dfrac{K}{2} \right) x_n, x_n \right) \right\}_{n=1}^{\infty}$ 是复平面 $\mathbb{C}$ 上的有界无穷序列, 故存在收敛子列, 不妨设当 $k \to \infty$ 时 $\left(\left(T + \dfrac{K}{2} \right) x_{n_k}, x_{n_k} \right) \to \lambda_1$, 则 $\lambda_1 \in W_e(T), \lambda - \lambda_1 \in W_e(S)$, 从而 (v) 成立.

当 T 是紧算子时, $\bigcap_{K \in \mathcal{K}(X)} \overline{W(T + K)} \subset \overline{W(T + (-T))} = \{0\}$, 故 $W_e(T) = \{0\}$. 反之, $W_e(T) = \{0\}$ 时, 假定 T 不是紧算子, 则存在弱收敛到 0 的序列 $\{x_n\}_{n=1}^{\infty}$ 使得 $\{Tx_n\}$ 不会强收敛到 0, 即 $\{(T + K)x_n\}$ 不会强收敛到 0, 这与 $\bigcap_{K \in \mathcal{K}(X)} \overline{W(T + K)} = \{0\}$ 矛盾.

根据本质数值域定义, (vii) 的证明是显然的. ∎

下面将要给出关于本质数值域的一些等价描述[70-71].

定理 4.2.1 设 T 是可分 Hilbert 空间 X 中的有界线性算子, 则下列论述相互等价:

(i) $0 \in W_e(T)$;

(ii) 存在 X 中的一组正交向量组 $\{e_n\}$ 使得 $\lim_{n \to \infty}(Te_n, e_n) = 0$;

(iii) 存在 X 的一组正交基 $\{e_n\}$ 使得 $\lim_{n \to \infty}(Te_n, e_n) = 0$;

(iv) 存在一个无穷维投影算子 P 使得 PTP 是紧算子.

证明 (i)$\to$ (ii): 设 $\varepsilon_n \to 0(n \to \infty)$, 不妨设存在 k 个正交向量 $e_1, e_2, \cdots, e_k$ 使得 $(Te_k, e_k) < \varepsilon_k$. 令 $M = \mathrm{Span}\{e_1, e_2, \cdots, e_k\}$, $P : X \to M$ 是正交投影算子, 为了证明存在向量 $e_{k+1} \in M^\perp$ 使得 $(Te_{k+1}, e_{k+1}) < \varepsilon_{k+1}$, 只需证明 $0 \in \overline{W((I-P)T|_{M^\perp})}$ 即可. 令 $\mu \in W((I-P)T|_{M^\perp})$, 定义算子 K 为

$$K = \mu P - TP - PT + PTP,$$

则 K 是有限秩算子, 从而是紧算子且

$$T + K = \mu P + (I-P)T(I-P) = \mu I_M \oplus (I-P)T|_{M^\perp}.$$

考虑到 $\overline{W(T+K)} = \mathrm{Conv}(W(\mu I_M), W((I-P)T|_{M^\perp}))$, $W(\mu I_M) = \{\mu\} \subset W((I-P)T|_{M^\perp})$ 即得

$$\overline{W(T+K)} = \overline{W((I-P)T|_{M^\perp})}.$$

于是, 由 $0 \in W_e(T)$ 可知 $0 \in \overline{W((I-P)T|_{M^\perp})}$, 即存在 X 中的一组正交向量组 $\{e_n\}$ 使得 $\lim_{n\to\infty}(Te_n, e_n) = 0$.

(ii)$\to$ (iii): 可分 Hilbert 空间中的正交向量组可以延拓成正交基, 于是结论是显然的.

(iii)$\to$ (iv): 设 $\{e_n\}$ 是 X 的一组正交基, 则由 $(Te_n, e_n) \to 0$ 可知存在子列使得 $\sum_{k=1}^{+\infty} |(Te_{n_k}, e_{n_k})|^2$ 收敛, 于是不妨设

$$\sum_{k=1}^{+\infty} |(Te_n, e_n)|^2 < \infty.$$

再由 Bessel 不等式 $\sum_{n=1}^{+\infty} |(x, e_n)|^2 \leqslant \|x\|^2$ 知, 令 $n_1 = 1$, 则有

$$\sum_{n=1}^{+\infty} |(Te_{n_1}, e_n)|^2 \leqslant \|Te_{n_1}\|^2, \quad \sum_{n=1}^{+\infty} |(Te_n, e_{n_1})|^2 \leqslant \|T^* e_{n_1}\|^2,$$

于是存在 $n_2 \in \mathbb{N}$ 使得

$$\sum_{n=n_2}^{+\infty} |(Te_{n_1}, e_n)|^2 \leqslant \frac{1}{2}, \quad \sum_{n=n_2}^{+\infty} |(Te_n, e_{n_1})|^2 \leqslant \frac{1}{2}.$$

依次类推, 得到正交序列 $\{e_{n_k}\}$ 使得

$$\sum_{n=n_k}^{+\infty} |(Te_{n_1}, e_n)|^2 \leqslant \frac{1}{2^k}, \quad \sum_{n=n_k}^{+\infty} |(Te_n, e_{n_1})|^2 \leqslant \frac{1}{2^k}.$$

令 $M = \text{Span}\{e_k\}_{k=1}^{+\infty}$, $P : X \to M$ 是正交投影算子, 则 P 是无穷维投影算子且结合 $\sum_{k=1}^{+\infty} |(Te_n, e_n)|^2 < \infty$ 可得

$$\sum_{i=1}^{\infty} \|PTPe_{n_i}\|^2 = \sum_{i=1, j=1}^{\infty} |(PTPe_{n_i}, e_{n_j})|^2 = \sum_{i=1, j=1}^{\infty} |(Te_{n_i}, e_{n_j})|^2 < \infty,$$

即 PTP 是 Hilbert-Schmidt 算子, 从而是紧算子.

(iv)$\to$ (i): 设 $M = \mathcal{R}(P)$, 则 $\dim M = \infty$ 且令 $\{e_n\}_{n=1}^{\infty}$ 是 M 的一组正交基, 则 $\{e_n\}_{n=1}^{\infty}$ 弱收敛到 0 且

$$(PTPe_n, e_n) = (Te_n, e_n) \to 0.$$

于是对任意 $K \in \mathcal{K}(X)$ 有

$$((T + K)e_n, e_n) = (Te_n, e_n) + (Ke_n, e_n) \to 0,$$

即 $0 \in W_e(T)$. 结论证毕. ∎

由例 4.2.1 可知, 本质数值域不一定具有谱包含性质. 但是, 它包含本质谱. 值得注意的是, 关于本质谱的定义很多文献中有不同的定义方式. 为了定义本质谱, 首先引进 Fredholm 算子及半 Fredholm 算子的定义.

定义 4.2.2 设 T 是稠定闭线性算子, 如果 $\mathcal{R}(T)$ 是闭的且 $\dim\mathbb{N}(T) < \infty$, 则称 T 为左半 Fredholm 算子; 如果 $\mathcal{R}(T)$ 是闭的且 $\dim\mathcal{R}(T)^{\perp} < \infty$, 则称 T 为右半 Fredholm 算子; 如果 T 既是左半 Fredholm 算子又是右半 Fredholm 算子, 则称 T 是 Fredholm 算子; 如果 T 是左半 Fredholm 算子或者右半 Fredholm 算子, 则称 T 是半 Fredholm 算子.

注 4.2.1 左可逆算子是左半 Fredholm 算子, 右可逆算子是右半 Fredholm 算子; T 是左半 Fredholm 算子当且仅当 T^* 是右半 Fredholm 算子.

定义 4.2.3 若 T 是半 Fredholm 算子且 $\text{nul}(T) = \dim\mathbb{N}(T)$ 和 $\text{def}(T) = \dim\mathcal{R}(T)^{\perp}$ 至少有一个是有限时称 $\text{ind}(T) = \text{nul}(T) - \text{def}(T)$ 为算子 T 的指标; 指标为 0 的 Fredholm 算子称为 Weyl 算子.

下面讨论如下八种形式定义的本质谱:

$$\sigma_{e,i}(T) = \mathbb{C} \backslash \triangle_i(T), \quad i = 1, 2, \cdots, 6;$$
$$\sigma_{e,7}(T) = \bigcap_{K \in \mathcal{K}(X)} \sigma_{\text{ap}}(T + K);$$
$$\sigma_{e,8}(T) = \bigcap_{K \in \mathcal{K}(X)} \sigma_{\delta}(T + K).$$

其中 $\Delta_i(T)(i=1,2,\cdots,6)$ 的定义如下:

$$\Delta_1(T)=\{\lambda\in\mathbb{C}:T-\lambda \text{ 是左半 Fredholm 算子}\};$$
$$\Delta_2(T)=\{\lambda\in\mathbb{C}:T-\lambda \text{ 是右半 Fredholm 算子}\};$$
$$\Delta_3(T)=\{\lambda\in\mathbb{C}:T-\lambda \text{ 是半 Fredholm 算子}\};$$
$$\Delta_4(T)=\{\lambda\in\mathbb{C}:T-\lambda \text{ 是 Fredholm 算子}\};$$
$$\Delta_5(T)=\{\lambda\in\mathbb{C}:T-\lambda \text{ 是 Weyl 算子}\};$$
$$\Delta_6(T)=\{\lambda\in\Delta_5(T):\lambda \text{ 的去心邻域包含于}\rho(T)\}.$$

注 4.2.2　$\sigma_{e,1}(T),\sigma_{e,2}(T),\sigma_{e,3}(T),\sigma_{e,4}(T)$ 分别称为 Gutasfson 本质谱、Weidmann 本质谱、Kato 本质谱、Wolf 本质谱; $\sigma_{e,5}(T)$ 称为 Schechter 本质谱或 Weyl 谱; $\sigma_{e,6}(T)$ 称为 Browder 本质谱; $\sigma_{e,7}(T),\sigma_{e,8}(T)$ 分别称为本质近似点谱和本质亏谱 (详情见文献 [72 − 74]).

容易证明如下关系式

$$\sigma_{e,3}(T)=\sigma_{e,1}(T)\bigcup\sigma_{e,2}(T)\subset\sigma_{e,4}(T)\subset\sigma_{e,5}(T)\subset\sigma_{e,6}(T).$$

此外, 在文献 [75] 中还证明了

$$\sigma_{e,5}(T)=\sigma_{e,7}(T)\bigcup\sigma_{e,8}(T),\quad\sigma_{e,1}(T)\subset\sigma_{e,7}(T),\quad\sigma_{e,2}(T)\subset\sigma_{e,8}(T).$$

下列引理的证明见 [76].

引理 4.2.1　设 T 是稠定闭线性算子, 则

(i) $\lambda\notin\sigma_{e,7}(T)$ 当且仅当 $\lambda\in\Delta_1(T)$ 且 $\mathrm{ind}(T-\lambda I)\leqslant 0$;

(ii) $\lambda\notin\sigma_{e,8}(T)$ 当且仅当 $\lambda\in\Delta_2(T)$ 且 $\mathrm{ind}(T-\lambda I)\geqslant 0$.

定理 4.2.2　设 T 是 Hilbert 空间 X 中的有界线性算子, 则有如下结论:

(i) $\sigma_{e,i}(T)\subset W_e(T)(i=1,2,\cdots,5,7,8)$;

(ii) 令 $\lambda\in\sigma(T)\backslash W_e(T)$, 则 λ 是有限重特征值.

证明　(i) 由 [7] 的定理 IV 5.26 可知, 对任意 $K\in\mathcal{K}(X)$ 有 $\sigma_{e,i}(T+K)=\sigma_{e,i}(T),i=1,2,\cdots,5$, 即

$$\sigma_{e,i}(T)=\bigcap_{K\in\mathcal{K}(X)}\sigma_{e,i}(T+K),\quad i=1,2,\cdots,5.$$

从而由有界线性算子的谱包含关系即得 $\sigma_{e,i}(T)\subset W_e(T)(i=1,2,\cdots,5)$. 关于 $\sigma_{e,7}(T)$ 和 $\sigma_{e,8}(T)$, 令 $\lambda\notin W_e(T)$, 则存在 $K\in\mathcal{K}(X)$ 使得 $\lambda\notin\overline{W(T+K)}$, 即 $\lambda\notin\sigma_{e,7}(T+K)\cup\sigma_{e,8}(T+K)$. 再由引理 4.2.1 和 [7] 的定理 IV 5.26 可知 $\lambda\notin\sigma_{e,7}(T)\cup\sigma_{e,8}(T)$, 于是 $\sigma_{e,j}(T)\subset W_e(T)(j=7,8)$ 成立.

(ii) 可以断言 $\sigma(T) = \sigma_{e,5}(T) \cup \sigma_p(T)$. 事实上, 只需证明 $\sigma(T) \subset (\sigma_{e,5}(T) \cup \sigma_p(T))$ 即可. 当 $\lambda \in \sigma(T)$ 时, 令 $\lambda \notin \sigma_{e,5}(T)$, 则根据 Weyl 算子的定义, 有 $\mathcal{R}(T-\lambda I)$ 闭且 $\mathrm{nul}(T-\lambda I) = \mathrm{def}(T-\lambda I) < \infty$. 假定 $\mathrm{nul}(T-\lambda I) = 0$, 则 $\mathrm{def}(T-\lambda I) = 0$, 故 $\mathcal{R}(T-\lambda I) = X$, 这与 $\lambda \in \sigma(T)$ 矛盾. 于是 $\mathrm{nul}(T-\lambda I) \neq 0$, 即 $\lambda \in \sigma_p(T)$. 因此, $\lambda \in \sigma(T) \backslash W_e(T)$, 则 $\lambda \in \sigma_p(T)$. 又因为 $\lambda \notin W_e(T)$, 可知, $T-\lambda I$ 是 Weyl 算子, 故 $\dim \mathbb{N}(T-\lambda I) = \dim \mathcal{R}(T-\lambda I)^\perp < \infty$, 从而 λ 是有限重特征值. ∎

4.2.3 本质数值域与数值域的联系

根据本质数值域的定义容易得到 $W_e(T) \subset \overline{W(T)}$. 事实上, 令 $\lambda \in W_e(T)$, 则对任意紧算子 K 有
$$\lambda \in W_e(T+K),$$
由定理 4.2.1 可知, 存在 X 中的一组正交向量组 $\{e_n\}$ 使得
$$\lim_{n\to\infty} ((T+K)e_n, e_n) = \lambda.$$
正交向量组弱收敛到零, K 是紧算子, $K e_n \to 0$. 于是 $(T e_n, e_n) \to \lambda$, 即 $\lambda \in \overline{W(T)}$.

此外, 本质数值域对于刻画有界线性算子数值域闭包以及数值域的闭性也有重要应用.

定理 4.2.3 设 T 是 Hilbert 空间 X 中的有界线性算子, 则
$$\mathrm{Ex}(\overline{W(T)}) \subset W_e(T) \cup W(T).$$
特别地, $\overline{W(T)} = \mathrm{Conv}(W(T) \cup W_e(T))$.

证明 令 $\lambda \in \mathrm{Ex}(\overline{W(T)})$, 则考虑到 $W(\alpha T + \beta I) = \alpha W(T) + \beta$, 不妨设 $\mathrm{Re}(W(T)) \geqslant 0$ 且 $\lambda = 0$. 由 $0 \in \overline{W(T)}$ 可知, 存在序列 $\{x_n\}_{n=1}^\infty, \|x_n\| = 1 (n = 1, 2, 3, \cdots)$ 使得当 $n \to \infty$ 时, 有
$$(T x_n, x_n) \to 0.$$
又因为 Hilbert 空间中的闭单位球是弱列紧的, 故存在 $\{x_n\}$ 的子列弱收敛到 $x(\|x\| \leqslant 1)$. 不妨设 $\{x_n\}$ 弱收敛到 x, 则有如下三种可能:

(i) 当 $\|x\| = 0$ 时, 对任意 $K \in \mathcal{K}(X)$ 有 $\{K x_n\}$ 强收敛到 0 且
$$((T+K)x_n, x_n) = (T x_n, x_n) + (K x_n, x_n) \to 0,$$
即 $0 \in W_e(T)$.

(ii) 当 $\|x\| = 1$ 时, 易知
$$\begin{aligned}\|x_n - x\|^2 &= (x_n - x, x_n - x) = (x_n, x_n) - 2\mathrm{Re}(x_n, x) + (x, x)\\&= 2 - 2\mathrm{Re}(x_n, x) \to 2 - 2\mathrm{Re}(x, x)\\&= 0.\end{aligned}$$

于是

$$|(Tx, x)| \leqslant |(T(x - x_n), x)| + |(Tx_n, x - x_n)| + |(Tx_n, x_n)|$$
$$\leqslant \|x - x_n\| \|T^* x\| + \|T\| \|x - x_n\|$$
$$\to 0,$$

从而 $(Tx, x) = 0$, 也就是说 $0 \in W(T)$.

(iii) 当 $0 < \|x\| < 1$ 时, 易知

$$\|x_n - x\|^2 = (x_n - x, x_n - x) = (x_n, x_n) - 2\mathrm{Re}(x_n, x) + (x, x)$$
$$= 1 + \|x\|^2 - 2\mathrm{Re}(x_n, x) \to 1 - \|x\|^2 > 0.$$

也就是说, 当 n 充分大时, $x_n - x \neq 0$, 此时令 $y_n = \dfrac{x_n - x}{\|x_n - x\|}$, 则 $n \to \infty$ 时

$$(Ty_n, y_n) \to -\frac{(Tx, x)}{1 - \|x\|^2},$$

即 $-\dfrac{(Tx, x)}{1 - \|x\|^2} \in \overline{W(T)}$. 而 $\mathrm{Re}\left(-\dfrac{(Tx, x)}{1 - \|x\|^2}\right) = -\dfrac{\mathrm{Re}(Tx, x)}{1 - \|x\|^2} \leqslant 0$, 再由 $\mathrm{Re}(W(T)) \geqslant 0$, 可得 $\mathrm{Re}(Tx, x) = 0$. 假定 $\mathrm{Im}(Tx, x) \neq 0$, 则 $\overline{W(T)}$ 与虚轴的交点不唯一, 这与 0 是 $\overline{W(T)}$ 的极点矛盾, 于是 $\mathrm{Im}(Tx, x) = 0$, 即 $0 \in W(T)$. 综上所述, $\mathrm{Ex}(\overline{W(T)}) \subset (W(T) \cup W_e(T))$. 再由 $\overline{W(T)} = \mathrm{Conv}(\mathrm{Ex}(\overline{W(T)}))$ (Krein-Milan 定理) 可证等式 $\overline{W(T)} = \mathrm{Conv}(W(T) \cup W_e(T))$ 成立. ∎

根据定理 4.2.3, 容易得到下列推论.

推论 4.2.1 设 T 是 Hilbert 空间 X 中的有界线性算子, 则 $W(T)$ 是闭集当且仅当 $W_e(T) \subset W(T)$.

证明 当 $W(T)$ 是闭集时, $W(T) = \overline{W(T)}$. 再考虑到 $W_e(T) = \overline{W(T)}$, 即得 $W_e(T) \subset W(T)$.

反之, $W_e(T) \subset W(T)$ 时, $\overline{W(T)} = \mathrm{Conv}(W(T) \cup W_e(T)) = \mathrm{Conv}(W(T)) = W(T)$, 即 $W(T)$ 是闭集. ∎

注 4.2.3 当 T 是 Hilbert 空间 X 中的紧算子时, $W_e(T) = \{0\}$. 于是, 由上述推论可得 $W(T)$ 是闭集当且仅当 $0 \in W(T)$(见定理 3.1.7).

推论 4.2.2 设 T 是 Hilbert 空间 X 中的有界线性算子, 则 $W_e(T) = \overline{W(T)}$ 当且仅当 $\mathrm{Ex}(W(T)) \subset W_e(T)$; 特别地, 当 $\mathrm{Ex}(W(T)) = \varnothing$ 时 $W_e(T) = \overline{W(T)}$.

证明 当 $W_e(T) = \overline{W(T)}$ 时, $\mathrm{Ex}(W(T)) \subset W_e(T)$ 的证明是显然的.

反之, 当 $\mathrm{Ex}(W(T)) \subset W_e(T)$ 时, $\mathrm{Ex}(\overline{W(T)}) \subset \overline{W_e(T)} = W_e(T)$, 两边取凸包即得 $W_e(T) = \overline{W(T)}$. ∎

推论 4.2.3 设 T 是 Hilbert 空间 X 中的有界线性算子, λ 是 $\overline{W(T)}$ 的角点, 则 $\lambda \in W_e(T)$ 或者是 T 的有限重孤立特征值.

证明 当 $\lambda \notin W_e(T)$ 时, 考虑到 $\overline{W(T)} = \mathrm{Conv}(W(T) \cup W_e(T))$ 必有 λ 是 $W(T)$ 的角点. 由定理 1.4.6 可知 $\lambda \in \sigma_p(T)$. 又因为 $W_e(T)$ 包含本质谱, $T - \lambda I$ 是 Fredholm 算子, 因此 $\lambda \in \sigma_p(T)$ 是有限重的. 下面证明 λ 是孤立的. 由于 $\mathbb{N}(T - \lambda I) = \mathbb{N}(T^* - \overline{\lambda}I) = \mathcal{R}(T - \lambda I)^\perp$, 在分解 $X = \mathbb{N}(T - \lambda I) \oplus \mathcal{R}(T - \lambda I)$ 下 $T - \lambda$ 可表示成

$$T - \lambda = \begin{bmatrix} 0 & 0 \\ 0 & T_1 \end{bmatrix},$$

其中 $T_1(\lambda) : \mathcal{R}(T - \lambda I) = \mathbb{N}(T - \lambda I)^\perp \to \mathcal{R}(T - \lambda I)$ 是双射, 故可逆. 由于正则集是开集, 当 ε 充分小时, 对任意 $z \in \{z : 0 < |z| < \varepsilon\}$, 都有 $z \in \rho(T - \lambda I)$, 也就是说 0 是 $T - \lambda I$ 的孤立特征值, 即 λ 是 T 的孤立特征值. 结论证毕. ∎

定义 4.2.4 设 λ 是闭凸集 G 的一个角点, 如果存在 $\varepsilon > 0$, 使得 $B_\varepsilon(\lambda) \cap \partial(G)$ 是由 λ 射出的射线组成的, 则称 λ 是直系的, 其中 $B_\varepsilon(\lambda) = \{z \in \mathbb{C} : |z - \lambda| < \varepsilon\}$.

推论 4.2.4 设 T 是 Hilbert 空间 X 中的有界线性算子, 如果 λ 是 $\overline{W(T)}$ 的角点且 $\lambda \notin W_e(T)$, 则 λ 是直系的.

证明 当 λ 是 $\overline{W(T)}$ 的角点且 $\lambda \notin W_e(T)$ 时, 由推论 4.2.3 知 λ 是 T 的有限重孤立特征值. 令 $X = \mathbb{N}(T - \lambda I) \oplus \mathbb{N}(T - \lambda I)^\perp$, 则 T 可表示成

$$T = \begin{bmatrix} \lambda I & 0 \\ 0 & T_1 \end{bmatrix}.$$

于是

$$W(T) = \mathrm{Conv}(\{\lambda\} \cup W(T_1)),$$

且 $\lambda \notin \overline{W(T_1)}$. 事实上, 假定 $\lambda \in \overline{W(T_1)}$, 则考虑到 $W(T_1) \subset W(T)$ 得 λ 是 $\overline{W(T_1)}$ 的角点, 于是 λ 是 T_1 的正则有限重孤立特征值, 这与 $\mathbb{N}(T - \lambda I) \cap \mathbb{N}(T - \lambda I)^\perp = \{0\}$ 矛盾. 从而 $B_\varepsilon(\lambda) \cap \overline{W(T)}$ 由直线段组成, 即 λ 是直系的. ∎

注 4.2.4 从上述推论可知, 闭半圆盘不是紧算子的数值域. 事实上, 不妨设该闭半圆盘的半径为 1 且圆心在原点, 则 $\lambda = 1$ 和 $\lambda = -1$ 是闭半圆盘的角点. 另一方面, 如果该闭半圆盘是某个紧算子 T 的数值域, 则 $\pm 1 \notin W_e(T)$, 由推论 4.2.4 可知 $\lambda = \pm 1$ 是直系的, 这与事实矛盾.

为了运用本质数值域来刻画数值域闭包, 首先给出下列引理.

引理 4.2.2 如果 $\mathrm{Im}(W(T)) \geqslant 0$, 则 $W(T) \cap \mathbb{R} = \{(Tx, x) : \|x\| = 1, x \in \mathbb{N}(\mathrm{Im}(T))\}$.

证明　关系式 $W(T) \cap \mathbb{R} \supset \{(Tx,x) : \|x\| = 1, x \in \mathbb{N}(\mathrm{Im}(T))\}$ 的证明是平凡的. 反之, 令 $\lambda \in W(T) \cap \mathbb{R}$, 则存在 $\|x\| = 1$ 使得

$$\lambda = (Tx,x) = (\mathrm{Re}(T)x,x) + \mathrm{i}(\mathrm{Im}(T)x,x).$$

考虑到 $\lambda \in \mathbb{R}$ 有 $(\mathrm{Im}(T)x,x) = 0$. 又因为 $\mathrm{Im}(W(T)) \geqslant 0$, 故 $\mathrm{Im}(T)x = 0$, 即 $x \in \mathbb{N}(\mathrm{Im}(T))$. 结论证毕. ∎

类似地, 可以证明下列结论.

引理 4.2.3　如果 $\mathrm{Re}(W(T)) \geqslant 0$, $\mathrm{i}\mathbb{R}$ 表示虚轴, 则 $W(T) \cap \mathrm{i}\mathbb{R} = \{(Tx,x) : \|x\| = 1, x \in \mathbb{N}(\mathrm{Re}(T))\}$.

定理 4.2.4　设 T 是 Hilbert 空间 X 中的有界线性算子, 则

$$\overline{W(T)} = (W(T) \cup W_e(T)) \dot\cup L(T).$$

其中 $L(T)$ 表示可数多个不相交开直线段的并集, 这些开直线段的一个端点位于 $\mathrm{Ex}(W(T)) \setminus W_e(T)$, 另一个端点位于 $\mathrm{Ex}(W_e(T)) \setminus W(T)$, $\dot\cup$ 表示不相交的并.

证明　只需证明 $\overline{W(T)} \subset (W(T) \cup W_e(T)) \dot\cup L(T)$ 即可. 令 $\lambda \in \overline{W(T)}$ 且 $\lambda \notin W(T) \cup W_e(T)$, 则由定理 4.2.3 可知 $\lambda \in \partial\overline{W(T)}$ 且 $\lambda \notin \mathrm{Ex}(\overline{W(T)})$. 从而存在一条直线 L 使得

$$L \cap \overline{W(T)} = [\alpha, \beta].$$

显然 $\alpha, \beta \in \mathrm{Ex}(\overline{W(T)}) \subset W_e(T) \cup W(T)$. 考虑到 $\lambda \notin W(T) \cup W_e(T)$, α, β 不可能同时包含于 $W(T)$ 或者 $W_e(T)$. 不妨设 $\alpha \in \mathrm{Ex}(W(T)) \setminus W_e(T)$, $\beta \in \mathrm{Ex}(W_e(T)) \setminus W(T)$, 则考虑到 $W_e(T)$ 的闭性, 闭直线段 $[\alpha, \beta]$ 与 $W_e(T)$ 的交集是闭集, 即存在 $\mu \in (\mathrm{Ex}(W_e(T)) \setminus W(T)) \cap (\lambda, \beta]$ 使得

$$[\alpha, \beta] \cap W_e(T) = [\mu, \beta].$$

如果同样存在 $\eta \in (\mathrm{Ex}(W(T)) \setminus W_e(T)) \cap [\alpha, \lambda)$ 使得

$$[\alpha, \beta] \cap W(T) = [\alpha, \eta] \tag{4.2.2}$$

成立, 则 $\lambda \in (\eta, \mu)$, 即开直线段 (η, μ) 就是证明结论所需的集合.

为了证明式 (4.2.2) 成立, 不妨设 $\mathrm{Im}(T) \geqslant 0, \lambda = 0$, 直线段 $[\mu, \beta], \beta > \mu$ 位于正半实轴, $W(T) \cap \mathbb{R}$ 位于负半实轴, 则由引理 4.2.2 知

$$[\alpha, \beta] \cap W(T) = \mathbb{R} \cap W(T) = \{(Tx,x) : \|x\| = 1, x \in \mathbb{N}(\mathrm{Im}(T))\}.$$

令 $P : X \to \mathbb{N}(\mathrm{Im}(T))$ 是正交投影算子, 则

$$\{(Tx,x) : \|x\| = 1, x \in \mathbb{N}(\mathrm{Im}(T))\} = W(PT|_{\mathcal{R}(P)}).$$

容易证明 $\mathcal{R}(P)$ 是有限维的. 事实上, 假定 $\mathcal{R}(P)$ 是无穷维的, 则存在正交序列 $\{x_n\}_n^\infty \subset \mathbb{N}(\operatorname{Im}(T)), \|x_n\| = 1, n = 1, 2, \cdots$, 使得

$$(Tx_n, x_n) \in [\alpha, \beta] \cap W(T), \quad n = 1, 2, \cdots.$$

因为 $[\alpha, \beta]$ 是实轴上的有界区间, $\{(Tx_n, x_n)\}$ 存在收敛子列且极限点位于负半实轴. 另一方面, 由定理 4.2.1, $\{(Tx_n, x_n)\}$ 的收敛子列的极限点属于 $W_e(T) \cap \mathbb{R}$, 而 $W_e(T) \cap \mathbb{R}$ 位于正半实轴, 推出矛盾. 于是 $\mathcal{R}(P)$ 是有限维的, $W(PT|_{\mathcal{R}(P)})$ 是闭集, 故存在 $\eta \in (\operatorname{Ex}(W(T)) \backslash W_e(T)) \cap [\alpha, \lambda)$ 使得式 (4.2.2) 成立. ∎

利用本质数值域还可以刻画紧算子数值域边界的结构特性.

定理 4.2.5 设 T 是无穷维 Hilbert 空间 X 中的紧算子, 则 $\partial W(T) \backslash W(T)$ 由形如 $[0, \lambda)$ 的直线段构成且线段个数最多两个, 其中 $[0, \lambda)$ 可以退化成一点或空集.

证明 当 $0 \in W(T)$ 时, 由定理 3.1.7 可知 $\partial W(T) \backslash W(T) = \varnothing$, 故结论成立. 当 $0 \notin W(T)$ 时, 由于 $W_e(T) = \{0\}$, $\operatorname{Ex}(W_e(T)) \backslash W(T) = \{0\}$, 由定理 4.2.4 可知 $L(T)$ 由形如 $(0, \lambda)$ 的直线段构成. 又因为 $0 \in \partial W(T)$ 且 $W(T)$ 是凸集, 所以在 $W(T)$ 的边界上形如 $(0, \lambda)$ 的直线段个数不会超过两个. 结论证毕. ∎

注 4.2.5 运用上面的结论可以解决给定的凸集是否为某个紧算子的数值域的问题. 比如, 令 Δ 表示以点 $A(1, 0), B(0, 1), C(-1, 0)$ 为顶点的三角形闭区域, 则凸集 $\Delta_1 = \Delta \backslash [-1, 0], \Delta_2 = \Delta \backslash [-1, 1]$ 和 $\Delta_3 = \Delta \backslash [-1, 1)$ 不是紧算子的数值域. 事实上, 易知

$$\partial \Delta_1 \backslash \Delta_1 = [-1, 0],$$
$$\partial \Delta_2 \backslash \Delta_2 = [-1, 1],$$
$$\partial \Delta_3 \backslash \Delta_3 = [-1, 1).$$

而这些集合均不是形如 $[0, \lambda)$ (半开半闭) 的直线段, 故由定理 4.2.5 可知它们不是紧算子的数值域.

4.3 Hilbert 空间中线性算子多项式数值域

4.3.1 算子多项式数值域定义

考虑线性算子多项式

$$P(\lambda) = A_m \lambda^m + A_{m-1} \lambda^{m-1} + \cdots + A_0,$$

其中 $A_i, i = 0, 1, \cdots, m$ 是 Hilbert 空间 X 中的有界线性算子, 则称

$$W(P(\lambda)) := \{\lambda \in \mathbb{C} : (P(\lambda)x, x) = 0, \|x\| = 1\}$$

为算子多项式 $P(\lambda)$ 的数值域. 当 $P(\lambda)=I\lambda-A$ 时, $P(\lambda)$ 的数值域就是 A 的经典数值域 $W(A)$. 因此, 算子多项式数值域是经典数值域的一种推广形式. 不仅如此, 算子多项式数值域也有非常广泛的实际应用价值. 比如, 在稳定性理论领域, 如果代数多项式 $P(\lambda)$ 全体根的实部为负数, 则称 $P(\lambda)$ 为稳定多项式. 关于稳定多项式, 一个非常重要的问题是稳定多项式凸组合的稳定性问题, 即 $P_i(\lambda)(i=1,2,\cdots,m)$ 是稳定多项式时, 它的任意凸组合

$$Q(\lambda)=\sum_{i=1}^{m}\eta_i P_i(\lambda),\quad \sum_{i=1}^{m}\eta_i=1$$

是否稳定的问题. 然而, 该问题可以等价地转化成确定一类多项式数值域的分布问题. 因此, 这一节将介绍多项式数值域及其性质.

下面是多项式数值域的例子.

例 4.3.1　令 $P(\lambda)=\lambda^2\begin{bmatrix}I&0\\0&-I\end{bmatrix}-\begin{bmatrix}I&0\\0&I\end{bmatrix}$, 其中 I 是 Hilbert 空间 X 中的单位算子, 则

$$\begin{aligned}W(P(\lambda))&=\{\lambda\in\mathbb{C}:\lambda^2 q=1,\ q\in[-1,1]\}\\&=\left\{re^{i\theta}:r\geqslant 1,\theta=\frac{k\pi}{2},k=0,1,2,3\right\},\end{aligned}$$

即 $W(P(\lambda))$ 由起点在单位圆周上的四条射线组成.

例 4.3.2　令 $P(\lambda)=\lambda^2\begin{bmatrix}I&0\\0&I\end{bmatrix}-\begin{bmatrix}I&0\\0&-I\end{bmatrix}$, 其中 I 是 Hilbert 空间 X 中的单位算子, 则

$$\begin{aligned}W(P(\lambda))&=\{\lambda\in\mathbb{C}:\lambda^2=q,\ q\in[-1,1]\}\\&=\left\{re^{i\theta}:0\leqslant r\leqslant 1,\theta=\frac{k\pi}{2},k=0,1,2,3\right\},\end{aligned}$$

即 $W(P(\lambda))$ 由四个以原点为起点的线段组成.

注 4.3.1　上述例子说明, 有界线性算子多项式 $P(\lambda)$ 的多项式数值域 $W(P(\lambda))$ 不一定有界, 也不一定是凸集, 甚至不一定是连通集.

下面是关于多项式数值域的一些基本性质.

性质 4.3.1　令 $P(\lambda)=A_m\lambda^m+A_{m-1}\lambda^{m-1}+\cdots+A_0$ 是算子多项式, 其中 $A_i\in\mathscr{B}(X),A_m\neq 0,i=0,1,\cdots,m$.

(i) 对任意 $\mu\in\mathbb{C}$ 有 $W(P(\lambda+\mu))=W(P(\lambda))-\mu$;

(ii) 如果 $\bigcap_{i=0}^{m}\mathbb{N}(A_i)\neq\{0\}$, 则 $W(P(\lambda))=\mathbb{C}$, 其中 $\mathbb{N}(A)$ 表示线性算子 A 的零空间;

(iii) 如果 $Q \in \mathscr{B}(X)$ 可逆 (即 $0 \in \rho(Q)$), 则 $W(Q^*P(\lambda)Q) = W(P(\lambda))$;

(iv) $W(P(\lambda))\backslash\{0\} = \left\{ \dfrac{1}{\lambda} : \lambda \in W(\widehat{P}(\lambda)) \right\}$, 其中 $\widehat{P}(\lambda) = A_m + A_{m-1}\lambda + \cdots + A_1\lambda^{m-1} + A_0\lambda^m$, 且 $0 \in W(P(\lambda)) \cap W(\widehat{P}(\lambda))$ 当且仅当 $0 \in W(A_0) \cap W(A_m)$.

证明 (i) 令 $\hat{\lambda} \in W(P(\lambda + \mu))$, 则存在 $x \neq 0$, 使得

$$(P(\hat{\lambda} + \mu)x, x) = 0.$$

令 $\lambda = \hat{\lambda} + \mu$, 则 $\lambda \in W(P(\lambda))$ 且 $\hat{\lambda} = \lambda - \mu$. 于是 $W(P(\lambda + \mu)) \subset W(P(\lambda)) - \mu$. 同理可证 $W(P(\lambda)) - \mu \subset W(P(\lambda + \mu))$.

(ii) 令 $0 \neq x_0 \in \bigcap_{i=0}^{m} \mathbb{N}(A_i)$, 则对任意 $\lambda \in \mathbb{C}$, 有

$$(P(\lambda)x_0, x_0) = \lambda^m(A_m x_0, x_0) + \lambda^{m-1}(A_{m-1}x_0, x_0) + \cdots + \lambda(A_1 x_0, x_0) + (A_0 x_0, x_0) = 0,$$

于是 $W(P(\lambda)) = \mathbb{C}$.

(iii) 令 $\lambda \in W(Q^*P(\lambda)Q)$, 则存在 $x \neq 0$, 使得

$$(Q^*P(\lambda)Qx, x) = (P(\lambda)Qx, Qx) = 0.$$

因为 Q 可逆, 故 $Qx \neq 0$. 于是 $\lambda \in W(P(\lambda))$. 反之, 当 $\lambda \in W(P(\lambda))$ 时, 存在 $x \neq 0$, 使得

$$(P(\lambda)x, x) = 0.$$

考虑到 Q 是满射, 存在 $x^* \neq 0$ 使得 $Qx^* = x$, 此时

$$(P(\lambda)x, x) = (P(\lambda)Qx^*, Qx^*) = (Q^*P(\lambda)Qx^*, x^*) = 0,$$

即 $\lambda \in W(Q^*P(\lambda)Q)$.

(iv) 根据算子多项式数值域的定义, 该结论的证明是平凡的. ∎

同理可证下列性质.

性质 4.3.2 令 $P(\lambda) = A_m\lambda^m + A_{m-1}\lambda^{m-1} + \cdots + A_0$ 是算子多项式, 其中 $A_i \in \mathscr{B}(X), A_m \neq 0, i = 0, 1, \cdots, m$, 则

(i) 对任意 $0 \neq \mu \in \mathbb{C}$ 有 $W(P(\mu\lambda)) = \dfrac{1}{\mu}W(P(\lambda))$;

(ii) 如果 $W(P(\lambda)) = \{\lambda_0\}$, 则 $\lambda_0^m A_m + \lambda_0^{m-1}A_{m-1} + \cdots + \lambda_0 A_1 + A_0 = 0$.

注 4.3.2 性质 4.3.2(ii) 的逆命题不一定成立. 比如, 令 $\lambda_0 = 1$, 有

$$P(\lambda) = \lambda^2 \begin{bmatrix} I & 0 \\ 0 & I \end{bmatrix} - \lambda \left(\begin{bmatrix} I & 0 \\ 0 & I \end{bmatrix} + \begin{bmatrix} I & 0 \\ 0 & 2I \end{bmatrix} \right) + \begin{bmatrix} I & 0 \\ 0 & 2I \end{bmatrix},$$

则 $P(\lambda_0) = 0$, 而 $W(P(\lambda)) = [1, 2] \neq \{1\}$.

4.3.2　算子多项式数值域的有界性

对于有限维的情形, 当 $A_i(i = 0, 1, \cdots, m)$ 为矩阵时, 文献 [77-81] 中系统地研究了矩阵多项式数值域的一系列性质, 得到了矩阵多项式

$$P(\lambda) = A_m\lambda^m + A_{m-1}\lambda^{m-1} + \cdots + A_0, \quad A_i \in M_n, \quad i = 0, 1, \cdots, m$$

的数值域 $W(P(\lambda))$ 为闭集而且 $W(P(\lambda))$ 有界当且仅当 $0 \notin W(A_m)$ 等一系列结论. 然而, 对于无穷维情形, 算子多项式数值域 $W(P(\lambda))$ 不一定是闭集, 且 $W(P(\lambda))$ 不一定有界.

例 4.3.3　令 $P(\lambda) = A_1\lambda - A_0$, 其中

$$A_0 = I, \quad A_1 = \begin{bmatrix} 1 & 0 & 0 & 0 \\ 0 & \dfrac{1}{2} & 0 & 0 \\ 0 & 0 & \dfrac{1}{3} & 0 \\ \vdots & \vdots & \vdots & \vdots \end{bmatrix},$$

则 $W(A_1) = (0, 1]$ 且

$$W(P(\lambda)) = \left\{ \frac{1}{(A_1x, x)} : \|x\| = 1 \right\} = [1, +\infty),$$

也就是说 $W(P(\lambda))$ 不是有界闭集.

下面解决多项式数值域 $W(P(\lambda))$ 何时有界的问题.

定理 4.3.1　令 $P(\lambda) = A_m\lambda^m + A_{m-1}\lambda^{m-1} + \cdots + A_0$ 是算子多项式, 其中 $A_i \in \mathscr{B}(X), A_m \neq 0, i = 0, 1, \cdots, m$.

(i) 如果 $0 \notin \overline{W(A_m)}$, 则 $W(P(\lambda))$ 有界, 反之不然;

(ii) 如果 $0 \notin W(A_m)$ 且存在 $\mu_i \in \mathbb{C}$ 使得 $A_i = \mu_i A_m, i = 0, 1, \cdots, m - 1$, 则 $W(P(\lambda))$ 有界.

证明　(i) 对任意 $\|x\| = 1$, 取 $|\lambda| > 1 + \dfrac{\gamma}{\delta}$, 其中 $\gamma = \max\{w(A_i)\}_{i=0}^{m-1}, w(A_i)(i = 1, 2, \cdots, m)$ 是 $A_i(i = 1, 2, \cdots, m)$ 的数值半径, $\delta = \inf\{|(A_mx, x)| : \|x\| = 1\}$, 则 $\delta > 0$ 且

$$\begin{aligned} \sum_{i=0}^{m-1} \left| \frac{(A_ix, x)}{(A_mx, x)} \right| |\lambda|^i &\leqslant \frac{\gamma}{\delta} \sum_{i=0}^{m-1} |\lambda|^i \\ &= \frac{\gamma}{\delta} \frac{|\lambda|^m - 1}{|\lambda| - 1} \\ &< \frac{\gamma}{\delta} \frac{|\lambda|^m}{|\lambda| - 1} \\ &\leqslant |\lambda|^m, \end{aligned}$$

从而 $\lambda \notin W(P(\lambda))$, 即 $W(P(\lambda)) \subset \left\{\lambda \in \mathbb{C} : |\lambda| \leqslant 1 + \dfrac{\gamma}{\delta}\right\}$. 于是 $W(P(\lambda))$ 是有界集.

反之不一定成立. 比如, 令 $P(\lambda) = A_1\lambda + A_0$, 其中

$$A_0 = A_1 = \begin{bmatrix} 1 & & & & \\ & \dfrac{1}{2} & & & \\ & & \ddots & & \\ & & & \dfrac{1}{n} & \\ & & & & \ddots \end{bmatrix},$$

则 $0 \in \overline{W(A_1)} = [0,1]$. 然而, 对任意 $x \neq 0$, 当 $\lambda(A_1x, x) + (A_0x, x) = 0$ 时即得 $\lambda + 1 = 0$, 也就是说 $W(P(\lambda)) = \{-1\}$ 有界.

(ii) 如果 $0 \notin W(A_m)$ 且存在 $\mu_i \in \mathbb{C}$ 使得 $A_i = \mu_i A_m, i = 0, 1, \cdots, m-1$, 则对任意 $x \neq 0$ 有 $(A_mx, x) \neq 0$ 且

$$\lambda^m(A_mx, x) + \lambda^{m-1}(A_{m-1}x, x) + \cdots + \lambda(A_1x, x) + (A_0x, x) = 0$$

蕴涵

$$\lambda^m + \mu_{m-1}\lambda^{m-1} + \cdots + \mu_1\lambda + \mu_0 = 0.$$

因此 $W(P(\lambda))$ 是有界集. ∎

4.3.3 算子多项式数值域的谱包含性质

类似于一般线性算子的谱集, 还可以定义算子多项式的谱. 算子多项式 $P(\lambda)$ 的预解集 $\rho(P(\lambda))$ 定义为

$$\rho(P(\lambda)) := \{\lambda \in \mathbb{C} : P(\lambda)\text{是双射}\},$$

谱集定义为 $\sigma(P(\lambda)) := \mathbb{C}\backslash\rho(P(\lambda))$. 另外, 点谱、剩余谱、连续谱和近似点谱定义为

$$\sigma_p(P(\lambda)) = \{\lambda \in \mathbb{C} : P(\lambda) \text{ 不是单射}\};$$

$$\sigma_r(P(\lambda)) = \{\lambda \in \mathbb{C} : P(\lambda) \text{ 是单射}, \overline{\mathcal{R}(P(\lambda))} \neq X\};$$

$$\sigma_c(P(\lambda)) = \{\lambda \in \mathbb{C} : P(\lambda) \text{ 是单射}, \overline{\mathcal{R}(P(\lambda))} = X, \mathcal{R}(P(\lambda)) \neq X\};$$

$$\sigma_{\mathrm{ap}}(P(\lambda)) = \{\lambda \in \mathbb{C} : \exists\{x_n\}_{n=1}^{+\infty} \subset X, \|x_n\| = 1, n = 1, 2, \cdots, P(\lambda)x_n \to 0, n \to +\infty\}.$$

据我们所知, 一般有界算子的数值域具有谱包含性质. 然而, 对算子多项式数值域 $W(P(\lambda))$ 而言, 即使 $A_i \in \mathscr{B}(X)$ 也不一定具有谱包含性质.

例 4.3.4 令 $P(\lambda) = A_1\lambda + A_0$, 其中

$$A_0 = A_1 = \begin{bmatrix} 1 & & & & \\ & \dfrac{1}{2} & & & \\ & & \ddots & & \\ & & & \dfrac{1}{n} & \\ & & & & \ddots \end{bmatrix},$$

则 $A_i, i = 0, 1$ 是单射, 于是 $W(P(\lambda)) = \{-1\}$. 又因为 $0 \in \sigma_{ap}(A_i), i = 0, 1$, 存在 $\{x_n\}_{n=1}^{+\infty} \subset X, \|x_n\| = 1, n = 1, 2, \cdots$, 使得

$$A_i x_n \to 0, \quad i = 0, 1,$$

即对任意 $\lambda \in \mathbb{C}$ 有 $P(\lambda) x_n \to 0$. 因此, $\sigma_{\mathrm{ap}}(P(\lambda)) = \mathbb{C}$ 且谱包含关系不成立.

下面回答算子多项式数值域何时有谱包含关系成立的问题.

定理 4.3.2 令 $P(\lambda) = A_m \lambda^m + A_{m-1} \lambda^{m-1} + \cdots + A_0$ 是算子多项式, 其中 $A_i \in \mathscr{B}(X), i = 0, 1, \cdots, m$. 如果 $0 \notin \overline{W(A_m)}$, 则 $\sigma(P(\lambda)) \subset \overline{W(P(\lambda))}$.

证明 关系式 $\sigma_p(P(\lambda)) \cup \sigma_r(P(\lambda)) \subset W(P(\lambda))$ 的证明是平凡的. 下面证明 $\sigma_{\mathrm{ap}}(P(\lambda)) \subset \overline{W(P(\lambda))}$. 令 $\lambda \in \sigma_{ap}(P(\lambda))$, 则存在 $\{x_n\}_{n=1}^{\infty}, \|x_n\| = 1, n = 1, 2, \cdots$, 使得

$$P(\lambda) x_n \to 0.$$

于是有

$$\lambda^m (A_m x_n, x_n) + \lambda^{m-1}(A_{m-1} x_n, x_n) + \cdots + \lambda(A_1 x_n, x_n) + (A_0 x_n, x_n) \to 0.$$

设 $\lambda_n^{(1)}, \lambda_n^{(2)}, \cdots, \lambda_n^{(m)}$ 是方程

$$\lambda^m + \lambda^{m-1} \frac{(A_{m-1} x_n, x_n)}{(A_m x_n, x_n)} + \cdots + \lambda \frac{(A_1 x_n, x_n)}{(A_m x_n, x_n)} + \frac{(A_0 x_n, x_n)}{(A_m x_n, x_n)} = 0$$

的 m 个根, 则 $\{\lambda_n^{(i)}\}_{n=1}^{\infty} \subset W(P(\lambda)), i = 1, 2, \cdots, m$ 且

$$(\lambda - \lambda_n^{(1)})(\lambda - \lambda_n^{(2)}) \cdots (\lambda - \lambda_n^{(m)}) \to 0,$$

这蕴涵对某些 j 有 $\lambda - \lambda_n^{(j)} \to 0$, 于是 $\lambda \in \overline{W(P(\lambda))}$. 结论证毕. ∎

多项式数值域谱包含性质在解决算子方程

$$A_1 Z G_2 - G_1 Z A_2 = E \tag{4.3.1}$$

的解的存在唯一性问题中具有重要应用, 其中 $A_i, G_i, i = 1, 2$ 是给定的有界线性算子. 具体地, 如果 $0 \notin \overline{W(G_i)}, i = 1, 2$, 且算子多项式数值域闭包 $\overline{W(\lambda G_1 - A_1)}$, $\overline{W(\lambda G_2 - A_2)}$ 不相交, 则由谱包含性可知 $\sigma(\lambda G_1 - A_1)$ 和 $\sigma(\lambda G_2 - A_2)$ 不相交, 再由 [19] 的定理 IV2.1 可知, 方程 (4.3.1) 存在唯一解 $Z \in \mathscr{B}(X)$.

4.3.4　算子多项式数值域的连通性与凸性

多项式数值域一般情况下不一定连通 (见例 4.3.1), 因此下面解决算子多项式数值域何时为连通的问题.

定理 4.3.3 令 $P(\lambda) = A_m\lambda^m + A_{m-1}\lambda^{m-1} + \cdots + A_0$ 是算子多项式, 其中 $A_i \in \mathscr{B}(X), i = 0, 1, \cdots, m$. 如果 $0 \notin W(A_m)$ 且存在 $0 \neq x^* \in X$, 使得

$$C_m^j\left[\frac{(A_{m-1}x^*, x^*)}{m(A_m x^*, x^*)}\right]^j = \frac{(A_{m-j}x^*, x^*)}{(A_m x^*, x^*)}, \quad j = 1, 2, \cdots, m,$$

则 $W(P(\lambda))$ 是连通的, 其中 $C_m^j = \dfrac{m!}{j!(m-j)!}$.

证明 考虑到 $0 \notin W(A_m)$, 对任意 $x \neq 0$, 有 $(A_m x, x) \neq 0$ 且

$$W(P(\lambda)) = \left\{\lambda \in \mathbb{C} : \lambda^m + \lambda^{m-1}\frac{(A_{m-1}x, x)}{(A_m x, x)} + \cdots + \lambda\frac{(A_1 x, x)}{(A_m x, x)} + \frac{(A_0 x, x)}{(A_m x, x)} = 0, x \neq 0\right\}.$$

设 $\lambda_i(x)(i = 1, 2, \cdots, m)$ 是方程

$$\lambda^m + \lambda^{m-1}\frac{(A_{m-1}x, x)}{(A_m x, x)} + \cdots + \lambda\frac{(A_1 x, x)}{(A_m x, x)} + \frac{(A_0 x, x)}{(A_m x, x)} = 0 \tag{4.3.2}$$

的根, 则

$$\begin{aligned}
0 &= \lambda^m + \lambda^{m-1}\frac{(A_{m-1}x, x)}{(A_m x, x)} + \cdots + \lambda\frac{(A_1 x, x)}{(A_m x, x)} + \frac{(A_0 x, x)}{(A_m x, x)} \\
&= (\lambda - \lambda_1(x))(\lambda - \lambda_2(x))\cdots(\lambda - \lambda_m(x)).
\end{aligned}$$

另一方面, 由给定条件知 $-\dfrac{(A_{m-1}x^*, x^*)}{m(A_m x^*, x^*)}$ 是方程 (4.3.2) 的根且

$$\begin{aligned}
0 &= \left(\lambda + \frac{(A_{m-1}x^*, x^*)}{m(A_m x^*, x^*)}\right)^m \\
&= (\lambda - \lambda_1(x^*))(\lambda - \lambda_2(x^*))\cdots(\lambda - \lambda_m(x^*)),
\end{aligned}$$

于是 $-\dfrac{(A_{m-1}x^*, x^*)}{m(A_m x^*, x^*)} = \lambda_i(x^*), i = 1, 2, \cdots$. 又因为 $\lambda_i(x)(i = 1, 2, \cdots, m)$ 是连续的, 故 $W(P(\lambda))$ 是连通集. ∎

利用定理 4.3.3, 容易得到下面推论[82].

推论 4.3.1 考虑算子多项式 $P(\lambda) = \lambda^m I - A_0$, 如果 $0 \in W(A_0)$, 则 $W(P(\lambda))$ 是连通的.

证明 如果 $0 \in W(A_0)$, 则考虑到 $A_i = 0, i = 1, 2, \cdots, m-1$, 存在 $0 \neq x^* \in X$ 使得

$$0 = C_m^j\left[\frac{(A_{m-1}x^*, x^*)}{m(A_m x^*, x^*)}\right]^j = \frac{(A_{m-j}x^*, x^*)}{(A_m x^*, x^*)}, \quad j = 1, 2, \cdots, m.$$

因此 $W(P(\lambda))$ 是连通的. ∎

下面将举例说明定理 4.3.3 的有效性.

例 4.3.5　考虑算子多项式 $P(\lambda) = A_2\lambda^2 - A_0$, 其中

$$A_2 = \begin{bmatrix} I & 0 \\ 0 & I \end{bmatrix}, \quad A_0 = \begin{bmatrix} I & 0 \\ 0 & -I \end{bmatrix},$$

则经计算易得

$$
\begin{aligned}
W(P(\lambda)) &= \{\lambda \in \mathbb{C} : \lambda^2 = t, t \in [-1,1]\} \\
&= \left\{\lambda = re^{i\theta} : 0 \leqslant r \leqslant 1, \theta = \frac{k\pi}{2}, k = 0,1,2,3\right\}.
\end{aligned}
$$

因此 $W(P(\lambda))$ 是连通的.

另一方面, 取 $x^* = \begin{bmatrix} x_1 \\ -x_1 \end{bmatrix}, x_1 \neq 0$, 则有

$$C_m^j \left[\frac{(A_{m-1}x^*, x^*)}{m(A_m x^*, x^*)}\right]^j = \frac{(A_{m-j}x^*, x^*)}{(A_m x^*, x^*)}, \quad j = 1, 2.$$

由定理 4.3.3 可知, $W(P(\lambda))$ 是连通的, 结论完全吻合.

类似地, 可以得到如下定理.

定理 4.3.4　令 $P(\lambda) = A_m\lambda^m + A_{m-1}\lambda^{m-1} + \cdots + A_0$ 是算子多项式, 其中 $A_i \in \mathscr{B}(X), i = 0, 1, \cdots, m$. 如果 $0 \notin W(A_m)$ 且存在 $0 \neq x^* \in X$ 使得

$$C_m^j \left[\frac{(A_0 x^*, x^*)}{(A_m x^*, x^*)}\right]^{\frac{j}{m}} = \frac{(A_{m-j}x^*, x^*)}{(A_m x^*, x^*)}, \quad j = 1, 2, \cdots, m,$$

则 $W(P(\lambda))$ 是连通的.

线性算子数值域的另一个重要性质是凸性. 因此, 自然要问算子多项式数值域是否为凸集呢? 答案是否定的, 如例 4.3.1. 下面回答算子多项式数值域何时为凸集的问题.

定理 4.3.5　令

$$P(\lambda) = A_m\lambda^m + A_{m-1}\lambda^{m-1} + \cdots + A_0,$$

其中 $A_i \in \mathscr{B}(X), i = 0, 1, \cdots, m$. 如果存在 $0 \neq \mu \in \mathbb{C}$ 使得 $\mu A_m \geqslant 0, 0 \notin \overline{W(A_m)}$, A_m 与 $A_j, j = m-1, m-2, \cdots, 0$ 可交换且对任意 $0 \neq x \in X$ 满足

$$C_m^j \left[\frac{(A_m^{-1} A_{m-1}x, x)}{m}\right]^j = (A_m^{-1} A_{m-j}x, x), \quad j = 1, 2, \cdots, m,$$

则算子多项式数值域 $W(P(\lambda))$ 是凸集.

证明 不妨设 $A_m \geqslant 0$. 考虑到 $0 \notin \overline{W(A_m)}$, 即得 $0 \in \rho(A_m)$ 且

$$P(\lambda) = A_m(\lambda^m + \lambda^{m-1}A_m^{-1}A_{m-1} + \cdots + \lambda A_m^{-1}A_1 + A_m^{-1}A_0). \quad (4.3.3)$$

由于 A_m 与 $A_j, j = m-1, m-2, \cdots, 0$ 可交换, 故可以断言 $W(P(\lambda)) = W(\widetilde{P}(\lambda))$, 其中

$$\widetilde{P}(\lambda) = \lambda^m + \lambda^{m-1}A_m^{-1}A_{m-1} + \cdots + \lambda A_m^{-1}A_1 + A_m^{-1}A_0,$$

于是 $W(P(\lambda))$ 是凸集当且仅当 $W(\widetilde{P}(\lambda))$ 是凸集. 事实上, 令 $\lambda \in W(P(\lambda))$, 则存在 $x \neq 0$ 使得

$$(A_m(\lambda^m + \lambda^{m-1}A_m^{-1}A_{m-1} + \cdots + \lambda A_m^{-1}A_1 + A_m^{-1}A_0)x, x) = 0. \quad (4.3.4)$$

令 $A_m^{\frac{1}{2}}$ 是 A_m 的平方根算子, 则 $A_m^{\frac{1}{2}} \neq 0$, 且由 A_m 与 $A_j, j = m-1, m-2, \cdots, 0$ 可交换可知, $A_m^{\frac{1}{2}}$ 也与 $\widetilde{P}(\lambda)$ 可交换, 于是

$$\begin{aligned}0 &= (A_m\widetilde{P}(\lambda)x, x) \\ &= (A_m^{\frac{1}{2}}\widetilde{P}(\lambda)x, A_m^{\frac{1}{2}}x) \\ &= (\widetilde{P}(\lambda)A_m^{\frac{1}{2}}x, A_m^{\frac{1}{2}}x),\end{aligned}$$

即 $W(P(\lambda)) \subset W(\widetilde{P}(\lambda))$. 反之, 考虑到 $0 \in \rho(A_m^{\frac{1}{2}})$, 平方根算子 $A_m^{-\frac{1}{2}}$ 与 $\widetilde{P}(\lambda)$ 的可交换性, 容易证明 $W(\widetilde{P}(\lambda)) \subset W(P(\lambda))$, 故 $W(P(\lambda)) = W(\widetilde{P}(\lambda))$.

为了证明 $W(\widetilde{P}(\lambda))$ 是凸集, 下面证明 $W(\widetilde{P}(\lambda)) = W\left(-\frac{1}{m}A_m^{-1}A_{m-1}\right)$. 令 $\lambda \in W(\widetilde{P}(\lambda))$, 则存在 $x \neq 0$ 使得 $(\widetilde{P}(\lambda)x, x) = 0$. 由给定条件

$$C_m^j\left[\frac{(A_m^{-1}A_{m-1}x, x)}{m}\right]^j = (A_m^{-1}A_{m-j}x, x), \quad j = 1, 2, \cdots, m,$$

可知

$$\left(\lambda + \frac{(A_m^{-1}A_{m-1}x, x)}{m}\right)^m = 0,$$

因此 $\lambda = -\frac{(A_m^{-1}A_{m-1}x, x)}{m}$, 即 $W(\widetilde{P}(\lambda)) \subset W\left(-\frac{1}{m}A_m^{-1}A_{m-1}\right)$.

另外, 令 $\lambda = -\frac{1}{m}(A_m^{-1}A_{m-1}x, x)$, 其中 $\|x\| = 1$, 则 $\left(\lambda + \frac{(A_m^{-1}A_{m-1}x, x)}{m}\right)^m = 0$. 再由给定条件知

$$\lambda^m + \lambda^{m-1}(A_m^{-1}A_{m-1}x, x) + \cdots + \lambda(A_m^{-1}A_1x, x) + (A_m^{-1}A_0x, x) = 0,$$

即 $W\left(-\frac{1}{m}A_m^{-1}A_{m-1}\right) \subset W(\widetilde{P}(\lambda))$, 于是 $W(\widetilde{P}(\lambda)) = W\left(-\frac{1}{m}A_m^{-1}A_{m-1}\right)$. 结论证毕. ∎

类似可证下列结论.

定理 4.3.6 令

$$P(\lambda) = A_m \lambda^m + A_{m-1} \lambda^{m-1} + \cdots + A_0,$$

其中 $A_i \in \mathscr{B}(X), i = 0, 1, \cdots, m$. 如果存在 $0 \neq \mu \in \mathbb{C}$ 使得 $\mu A_m \geqslant 0, 0 \notin \overline{W(A_m)}$, A_m 与 $A_j, j = m-1, m-2, \cdots, 0$ 可交换且对任意 $0 \neq x \in X$ 满足

$$\mathrm{C}_m^j [(A_m^{-1} A_0 x, x)]^{\frac{j}{m}} = (A_m^{-1} A_{m-j} x, x), \quad j = 1, 2, \cdots, m,$$

则算子多项式数值域 $W(P(\lambda))$ 是凸集.

4.3.5　算子多项式数值域的边界点

最后我们将要讨论算子多项式数值域的边界.

定理 4.3.7 如果 λ_0 是 $W(P(\lambda))$ 的孤立点且 $0 \notin \overline{W(A_m)}$, 则 0 是 $W(P(\lambda_0))$ 的孤立点.

证明 当 λ_0 是 $W(P(\lambda))$ 的孤立点时, $\lambda_0 \in W(P(\lambda))$ 且 $0 \in W(P(\lambda_0))$ 是显然的. 假定 0 不是 $W(P(\lambda_0))$ 的孤立点, 存在序列 $\{\lambda_n\} \subset W(P(\lambda_0))$ 使得 $\lambda_n \to 0$, 故存在序列 $\{x_n\}, \|x_n\| = 1, n = 1, 2, \cdots$ 使得

$$(P(\lambda_0) x_n, x_n) = \lambda_n \to 0.$$

考虑到 $0 \notin \overline{W(A_m)}$ 有

$$\lambda_0^m + \lambda_0^{m-1} \frac{(A_{m-1} x_n, x_n)}{(A_m x_n, x_n)} + \cdots + \lambda_0 \frac{(A_1 x_n, x_n)}{(A_m x_n, x_n)} + \frac{(A_0 x_n, x_n)}{(A_m x_n, x_n)} \to 0. \tag{4.3.5}$$

令 $\lambda_i(x_n), i = 1, 2, \cdots, m$ 是方程

$$\lambda^m + \lambda^{m-1} \frac{(A_{m-1} x_n, x_n)}{(A_m x_n, x_n)} + \cdots + \lambda \frac{(A_1 x_n, x_n)}{(A_m x_n, x_n)} + \frac{(A_0 x_n, x_n)}{(A_m x_n, x_n)} = 0$$

的 m 个根, 则 $\lambda_i(x_n) \in W(P(\lambda))$ 且式 (4.3.5) 可写成

$$(\lambda_0 - \lambda_1(x_n))(\lambda_0 - \lambda_2(x_n)) \cdots (\lambda_0 - \lambda_m(x_n)) \to 0,$$

于是, 存在 j 使得 $\lambda_j(x_n) \to \lambda_0 (n \to \infty)$, 这与 λ_0 是 $W(P(\lambda))$ 的孤立点矛盾. ∎

推论 4.3.2 如果 λ_0 是 $W(P(\lambda))$ 的孤立点且 $0 \notin \overline{W(A_m)}$, 则 $P(\lambda_0) = 0$ 且 $\lambda_0 \in \sigma_p(P(\lambda))$.

证明 当 λ_0 是 $W(P(\lambda))$ 的孤立点时, 由定理 4.3.7 可知 0 是 $W(P(\lambda_0))$ 的孤立点. 考虑到 $W(P(\lambda_0))$ 的凸性即得 $W(P(\lambda_0)) = \{0\}$, 于是 $P(\lambda_0) = 0$. ∎

定理 4.3.8 如果 λ_0 是 $W(P(\lambda))$ 的边界点, 则 0 是 $W(P(\lambda_0))$ 的边界点.

证明 当 λ_0 是 $W(P(\lambda))$ 的边界点时, 存在 $\{\lambda_n\} \subset W(P(\lambda))$ 使得 $\lambda_n \to \lambda_0$, 故存在 $\{x_n\}_{n=1}^{\infty}, \|x_n\| = 1, n = 1, 2, \cdots$, 使得

$$(P(\lambda_n)x_n, x_n) = 0, \quad n = 1, 2, \cdots.$$

于是有

$$
\begin{aligned}
|(P(\lambda_0)x_n, x_n)| &= |(P(\lambda_0)x_n, x_n) - (P(\lambda_n)x_n, x_n)| \\
&= |((P(\lambda_0) - P(\lambda_n))x_n, x_n)| \leqslant \|P(\lambda_0) - P(\lambda_n)\| \\
&\to 0,
\end{aligned}
$$

这蕴涵 $0 \in \overline{W(P(\lambda_0))}$, 故只需证明 0 不是 $W(P(\lambda_0))$ 的内点即可.

令 $\{\mu_n\} \subset \mathbb{C}\backslash W(P(\lambda))$ 且 $\mu_n \to \lambda_0$. 假定 0 是 $W(P(\lambda_0))$ 的内点, 则存在圆盘邻域 $S(0, \varepsilon)$ 使得 $S(0, \varepsilon) \subset W(P(\lambda_0))$. 考虑到 $W(P(\lambda_0))$ 的凸性, 存在单位向量 $x_i, i = 1, 2, 3$ 使得 0 属于三角形

$$\mathrm{Conv}\{(P(\lambda_0)x_1, x_1), (P(\lambda_0)x_2, x_2), (P(\lambda_0)x_3, x_3)\} \subset S(0, \varepsilon)$$

的内点, 并且有

$$\lim_{n \to \infty} (P(\mu_n)x_i, x_i) = (P(\lambda_0)x_i, x_i), \quad i = 1, 2, 3, 4.$$

考虑到 $W(P(\mu_n))$ 的凸性, 当 n 充分大时, 存在 $\|x^*\| = 1$ 使得 $(P(\mu_n)x^*, x^*) = 0$, 即, 当 n 充分大时 $\mu_n \in W(P(\lambda))$, 推出矛盾. ∎

4.4 不定度规空间中线性算子的数值域

不定度规空间上的算子理论并不是 Hilbert 空间上算子理论逻辑上的简单推广, 而是有着深厚的理论基础的. 它的应用涉及物理学、数学及力学的各个方面. 比如, 相对论中的"时–空"空间就是一个不定度规空间. "不定度规空间"最初出现在 Dirac 的有关量子场论的文章中, 并广泛应用于量子场论领域, 如李政道和 Wick 提出的李-Wick 理论就是运用不定度规来消除量子场论中发散困难的一种理论. 后来, Pontrayagin 为了运用数学方法研究不定度规空间中的力学问题, 最先开始系统地探讨不定度规空间上算子理论的. 从那以后, Krein, Iokhvidov, Langer, Azizov, Phillips, Bognár, Sobolev, 夏道行, 严绍宗等许多数学家研究不定度规空间上的算子理论, 并取得了不少成果 [83-88]. 但与 Hilbert 空间上算子理论相比, 则相差甚远, 还有很多问题亟待解决. 本节将介绍不定度规空间中线性算子的数值域.

4.4.1　完备不定度规空间及其定义

首先给出完备不定度规空间的定义.

定义 4.4.1　设 K_0 是复数域 $\mathbb{C}$ 上线性空间, $[\cdot, \cdot]$ 是 K_0 上双线性 Hermite 泛函, 即满足

(i) 对任意 $x, y \in K_0$ 满足 $[x, y] = \overline{[y, x]}$;

(ii) 对任意 $\alpha, \beta \in \mathbb{C}, x, y, z \in K_0$ 满足

$$[\alpha x + \beta y, z] = \alpha[x, z] + \beta[y, z],$$

则称 $[\cdot, \cdot]$ 是 K_0 上的准度规, 而称 $\{K_0, [\cdot, \cdot]\}$ 是准不定度规空间. 如果准度规 $[\cdot, \cdot]$ 是非退化的, 则称准度规为度规, 相应地, 称 $\{K_0, [\cdot, \cdot]\}$ 是不定度规空间.

定义 4.4.2　设 $\{K, [\cdot, \cdot]\}$ 是不定度规空间, $x \in K$, 如果满足 $[x, x] \geqslant 0$, 则称 x 是非负向量, 由非负向量构成的子空间称为非负子空间; 如果满足 $[x, x] > 0$, 则称 x 是正向量, 由正向量构成的子空间称为正子空间; 如果满足 $[x, x] = 0$, 则称 x 是零性向量, 又称为迷向向量. 由迷向向量构成的子空间称为迷向子空间. 同理可定义非正子空间、负子空间等.

下面将引进一类重要不定度规空间——完备不定度规空间. 本节的算子理论就是建立在这种空间上的.

定义 4.4.3　设 $\{K, [\cdot, \cdot]\}$ 是不定度规空间, 如果存在 K 的正子空间 K_+ 和负子空间 K_- 使得

$$K = K_+ \oplus K_-, \tag{4.4.1}$$

并且 $[\cdot, \cdot]$ 限制在 K_+ 上时, $\{K_+, [\cdot, \cdot]\}$ 成为 Hilbert 空间; 而 $-[\cdot, \cdot]$ 限制在 K_- 上时, $\{K_-, -[\cdot, \cdot]\}$ 也成为 Hilbert 空间, 那么称 $\{K, [\cdot, \cdot]\}$ 是完备不定度规空间, 也称为 Krein 空间. 而称分解 (4.4.1) 是 K 的正则分解.

设 $\{K, [\cdot, \cdot]\}$ 是完备不定度规空间, $K = K_+ \oplus K_-$ 是一个正则分解, 则对 $x, y \in K$ 有唯一分解 $x = x_+ + x_-, y = y_+ + y_-, x_\pm, y_\pm \in K_\pm$, 并在 K 上引进新内积

$$(x, y) = [x_+, y_+] - [x_-, y_-], \tag{4.4.2}$$

则称 $(\cdot, \cdot)$ 是由正则分解 $K = K_+ \oplus K_-$ 诱导的内积. 记 $(\cdot, \cdot)$ 导出的 K 上范数为

$$\|x\| = (x, x)^{\frac{1}{2}}, \quad x \in K. \tag{4.4.3}$$

显然, 由正则分解诱导的内积得到的 $\{K, (\cdot, \cdot)\}$ 不仅是内积空间, 而且是 Hilbert 空间. $K_\pm$ 是 $\{K, (\cdot, \cdot)\}$ 的闭子空间. 如果用 $P_\pm$ 分别表示 Hilbert 空间 $(K, (\cdot, \cdot))$ 在 $K_\pm$ 上正交投影算子, 令 $\Im = P_+ - P_-$, 那么 (4.4.2) 还可以写成

$$(x, y) = [\Im x, y] = [x, \Im y]. \tag{4.4.4}$$

此时, 算子 $\Im$ 称为正则分解对应的度规算子 (或标准对称算子 (canonical symmetry)), 双线性泛函 $[\cdot,\cdot]$ 也记为 $[\cdot,\cdot]_\Im$. 度规算子有如下性质

$$\Im = \Im^* = \Im^{-1}.$$

比如, 算子 $\Im_1 = \begin{bmatrix} 0 & iI \\ -iI & 0 \end{bmatrix}, \Im_2 = \begin{bmatrix} 0 & I \\ I & 0 \end{bmatrix}$ 等都能诱导不定度规. 按照定义, 对于完备不定度规空间至少有一个正则分解, 而且由这个正则分解诱导的内积 $(\cdot,\cdot)$, $\{K,(\cdot,\cdot)\}$ 是 Hilbert 空间, 从而 K 上有了拓扑, 再由范数等价定理得知, K 上的拓扑不依赖于正则分解的选取, 是由完备不定度规空间自身决定的. 这样, 在完备不定度规空间上可以引进集合的 "有界" "连续" "闭" 等概念, 这和通常 Hilbert 空间一样, 不再一一加以具体定义. 另外, 关于线性算子的共轭算子定义方式与 Hilbert 空间的也类似, 对于线性算子 T 避免产生混淆, 不定度规意义下的共轭算子记为 $T^\dagger$, 而内积意义下的共轭算子仍记为 T^*. 完备不定度规空间中的共轭算子和 Hilbert 空间中的共轭算子之间也有一定的联系. 比如, 令 $\mathfrak{H} = (K,[\cdot,\cdot]_\Im)$ 是完备不定度规空间, $[\cdot,\cdot]_\Im$ 诱导出的标准对称算子 (度规算子) 设为 $\Im, T : \mathscr{D}(T) \subset X \to X$ 是稠定线性算子, 则不定度规意义下的共轭算子 $T^\dagger$ 和 Hilbert 空间意义下的共轭算子 T^* 之间有如下联系:

$$T^\dagger = \Im T^* \Im.$$

从而, 上式是沟通 Hilbert 空间共轭算子概念和完备不定度规空间中的共轭算子概念的桥梁.

定义 4.4.4　Krein 空间 $\{K,[\cdot,\cdot]_\Im\}$ 中线性算子 T 称为 $\Im$-对称算子, 如果满足 $T \subset T^\dagger$; 如果满足 $T = T^\dagger$, 则称 $\Im$-自伴算子; 如果对任意 $x \in \mathscr{D}(T)$ 有 $[Tx,x]_\Im \geqslant 0$, 则称 T 为 $\Im$-非负算子.

引理 4.4.1　令 A 是 Krein 空间 $\{K,[\cdot,\cdot]\}$ 中的稠定 $\Im$-非负算子, 如果存在 $x_0 \in \mathscr{D}(A)$ 使得 $[Ax_0,x_0] = 0$, 则 $Ax_0 = 0$.

证明　证明与 Hilbert 空间的情形类似. ∎

下面是 Krein 空间 $\{K,[\cdot,\cdot]_\Im\}$ 中稠定闭线性算子谱的性质.

引理 4.4.2　设 T 是 Krein 空间 $\{K,[\cdot,\cdot]_\Im\}$ 中稠定闭线性算子, 则

(i) $\lambda \in \sigma_{p,1}(T)$ 当且仅当 $\overline{\lambda} \in \sigma_{r,1}(T^\dagger)$;

(ii) $\lambda \in \sigma_{p,2}(T)$ 当且仅当 $\overline{\lambda} \in \sigma_{r,2}(T^\dagger)$;

(iii) $\lambda \in \sigma_{p,3}(T)$ 当且仅当 $\overline{\lambda} \in \sigma_{p,3}(T^\dagger)$;

(iv) $\lambda \in \sigma_{p,4}(T)$ 当且仅当 $\overline{\lambda} \in \sigma_{p,4}(T^\dagger)$;

(v) $\lambda \in \sigma_c(T)$ 当且仅当 $\overline{\lambda} \in \sigma_c(T^\dagger)$;

(vi) $\lambda \in \sigma_{\mathrm{ap}}(T)$ 当且仅当 $\overline{\lambda} \in \sigma_\delta(T^\dagger)$;

(vii) $\lambda \in \sigma_{\mathrm{com}}(T)$ 当且仅当 $\overline{\lambda} \in \sigma_p(T^\dagger)$;

(viii) $\lambda \in \rho(T)$ 当且仅当 $\bar{\lambda} \in \rho(T^{\dagger})$.

证明　只证结论 (i), 其他证明类似. 当 $\lambda \in \sigma_{p,1}(T)$ 时, 由定理 1.3.1 可知 $\bar{\lambda} \in \sigma_{r,1}(T^*)$, 再由

$$T^{\dagger} = \Im T^* \Im, \quad \Im^2 = I$$

可知 $\bar{\lambda} \in \sigma_{r,1}(T^{\dagger})$. 反之同理. ∎

引理 4.4.3　设 T 是 Krein 空间 $\{K, [\cdot,\cdot]_{\Im}\}$ 中的 $\Im$-自伴算子, 则有 $\sigma_r(T) \cap \mathbb{R} = \varnothing$.

证明　假定存在 $\lambda \in \mathbb{R}$ 使得 $\lambda \in \sigma_r(T)$, 则由引理 4.4.2 得 $\lambda \in \sigma_p(T^{\dagger}) = \sigma_p(T)$, 推出矛盾. ∎

引理 4.4.4　设 T 是 Krein 空间 $\{K, [\cdot,\cdot]_{\Im}\}$ 中的 $\Im$-非负自伴算子, 则有

(i) $\sigma_p(T) \cap (\mathbb{C}^+ \cup \mathbb{C}^-) = \varnothing$;

(ii) $\sigma_r(T) = \varnothing$;

(iii) 如果 $\rho(T) \neq \varnothing$, 则 $\mathbb{C}^+ \cup \mathbb{C}^- \subset \rho(T)$. 其中 $\mathbb{C}^+$, $\mathbb{C}^-$ 分别表示上、下开半平面.

证明　(i) 设 $\lambda \in \sigma_p(T) \cap (\mathbb{C}^+ \cup \mathbb{C}^-)$, 对应的特征向量为 x_0, 则

$$[Tx_0, x_0]_{\Im} = \lambda [x_0, x_0]_{\Im}.$$

由于 $[Tx_0, x_0]_{\Im} \geqslant 0$, $\lambda \in \mathbb{C}^+ \cup \mathbb{C}^-$, 从而 $[x_0, x_0]_{\Im} = 0$, 即 $[Tx_0, x_0]_{\Im} = 0$. 由引理 4.4.1 知, $Tx_0 = 0$, 于是 $\lambda = 0$, 推出矛盾.

(ii) 设 $\lambda \in \sigma_r(T)$, 则 $\bar{\lambda} \in \sigma_p(T^{\dagger}) = \sigma_p(T)$, 由 (i) 知 $\lambda \in \mathbb{R}$, 这与引理 4.4.3 矛盾.

(iii) 首先证明 T 为连续算子时有 $\mathbb{C}^+ \cup \mathbb{C}^- \subset \rho(T)$. 假定存在 $\bar{\lambda}_0 \neq \lambda_0 \in \sigma(T)$, 则由 (i), (ii) 知

$$\lambda_0 \in \sigma_c(T).$$

因此存在正交化序列 $\{x_n\}(\|x_n\| = 1, n = 1, 2, \cdots)$ 使得

$$(T - \lambda_0 I)x_n \to 0.$$

由于

$$[(T - \lambda_0 I)x_n, x_n]_{\Im} = [(T - \mathrm{Re}(\lambda_0))x_n, x_n]_{\Im} - i\mathrm{Im}(\lambda_0)[x_n, x_n]_{\Im},$$

并且 $\mathrm{Im}(\lambda_0) \neq 0$, 因此 $[x_n, x_n]_{\Im} \to 0$, $[Tx_n, x_n]_{\Im} \to 0$. 又因为

$$[Tx_n, x_n]_{\Im} = (\Im Tx_n, x_n) = ((\Im T)^{\frac{1}{2}} x_n, (\Im T)^{\frac{1}{2}} x_n),$$

所以 $(\Im T)^{\frac{1}{2}} x_n \to 0$, 再由 $(\Im T)^{\frac{1}{2}}$ 的连续性知

$$Tx_n \to 0,$$

这与 $\|x_n\| = 1$ 矛盾. 因此 $\mathbb{C}^+ \cup \mathbb{C}^- \subset \rho(T)$.

最后证明对于一般的 T 具有 $\mathbb{C}^+ \cup \mathbb{C}^- \subset \rho(T)$. 由假设 $\rho(T) \neq \varnothing$ 可知, $(\mathbb{C}^+ \cup \mathbb{C}^-) \cap \rho(T) \neq \varnothing$, 取 $\overline{\mu}_0 \neq \mu_0 \in \rho(T)$, 则由 [88] 的推论 2.3.12 知

$$\overline{\mu}_0 \in \rho(T).$$

令 $B_0 = (T - \overline{\mu}_0 I)^{-1} T (T - \mu_0 I)^{-1}$, 与上面同理可证 B_0 连续并且非负自伴. 于是

$$\sigma(B_0) \cap (\mathbb{C}^+ \cup \mathbb{C}^-) = \varnothing.$$

由谱映射定理知

$$\sigma(B_0) = \left\{ \mu \in \mathbb{C} : \mu = \frac{\lambda}{(\lambda - \overline{\mu}_0)(\lambda - \mu_0)}, \lambda \in \sigma(T) \right\},$$

且对于 $\overline{\lambda}_0 \neq \lambda_0$, 当 $|\overline{\lambda}_0| \neq |\mu_0|$ 时, $\dfrac{\lambda_0}{(\lambda_0 - \overline{\mu}_0)(\lambda_0 - \mu_0)}$ 不是实数, 因此有

$$\frac{\lambda_0}{(\lambda_0 - \overline{\mu}_0)(\lambda_0 - \mu_0)} \in \rho(B_0) \Rightarrow \lambda_0 \in \rho(T),$$

即

$$(\mathbb{C}^+ \cup \mathbb{C}^-) \setminus \{\lambda \in \mathbb{C} : |\lambda| = |\mu_0|\} \subset \rho(T). \tag{4.4.5}$$

另一方面, 再取 $\overline{\mu}_1 \neq \mu_1 \in \rho(T), |\mu_1| \neq |\mu_0|$, 与上面同理得

$$(\mathbb{C}^+ \cup \mathbb{C}^-) \setminus \{\lambda \in \mathbb{C} : |\lambda| = |\mu_1|\} \subset \rho(T). \tag{4.4.6}$$

综合式 (4.4.5) 与式 (4.4.6), 结论得证. ∎

4.4.2 完备不定度规空间中的 $\mathfrak{S}$-数值域

为了解决完备不定度规空间中线性算子极大耗散性以及极大准定不变子空间的存在性等问题, 数学家们引进了完备不定度规空间中线性算子的 $\mathfrak{S}$-数值域[89-90].

定义 4.4.5 不定度规空间 $\{K, [\cdot, \cdot]_{\mathfrak{S}}\}$ 中的有界算子 A 的数值域定义为

$$W_{\mathfrak{S}}(A) = \left\{ \frac{[Ax, x]_{\mathfrak{S}}}{[x, x]_{\mathfrak{S}}} : [x, x]_{\mathfrak{S}} \neq 0 \right\},$$

并称其为 $\mathfrak{S}$-数值域, 其中 $[\cdot, \cdot]_{\mathfrak{S}} = (\mathfrak{S} \cdot, \cdot)$.

注 4.4.1 容易证明

$$W_{\mathfrak{S}}(A) = \{[Ax, x]_{\mathfrak{S}} : [x, x]_{\mathfrak{S}} = 1\} \cup \{-[Ax, x]_{\mathfrak{S}} : [x, x]_{\mathfrak{S}} = -1\}.$$

如果 A 是无界算子, 则与 Hilbert 空间类似, 向量 x 限制在定义域内即可.

下面是不定度规空间中 $\mathfrak{S}$-数值域的例子.

例 4.4.1　令 $A = \begin{bmatrix} I & 0 \\ 0 & -I \end{bmatrix}$, 诱导不定度规的标准对算子为 $\mathfrak{S} = \begin{bmatrix} 0 & \mathrm{i}I \\ -\mathrm{i}I & 0 \end{bmatrix}$, 则

$$W_{\mathfrak{S}}(A) = \left\{ \lambda = -\mathrm{i}\frac{\mathrm{Re}(x,y)}{\mathrm{Im}(x,y)} : \mathrm{Im}(x,y) \neq 0 \right\} = -\mathrm{i}\mathbb{R},$$

其中 $[\cdot,\cdot]_{\mathfrak{S}} = (\mathfrak{S}\cdot,\cdot)$.

例 4.4.2　令 $A = \begin{bmatrix} I & 0 \\ 0 & -I \end{bmatrix}$, 诱导不定度规的标准对算子为 $\mathfrak{S} = \begin{bmatrix} 0 & I \\ I & 0 \end{bmatrix}$, 则

$$W_{\mathfrak{S}}(A) = \left\{ \lambda = \mathrm{i}\frac{\mathrm{Im}(x,y)}{\mathrm{Re}(x,y)} : \mathrm{Re}(x,y) \neq 0 \right\} = \mathrm{i}\mathbb{R},$$

其中 $[\cdot,\cdot]_{\mathfrak{S}} = (\mathfrak{S}\cdot,\cdot)$.

下面是关于 $\mathfrak{S}$-数值域的一些基本性质.

性质 4.4.1　设 T, S 是 Krein 空间 $\{K, [\cdot,\cdot]_{\mathfrak{S}}\}$ 中的有界算子, 则

(i) $W_{\mathfrak{S}}(\alpha T + \beta I) = \alpha W_{\mathfrak{S}}(T) + \beta$;

(ii) $W_{\mathfrak{S}}(T + S) \subset W_{\mathfrak{S}}(T) + W_{\mathfrak{S}}(S)$;

(iii) $W_{\mathfrak{S}}(T) \subset \mathbb{R}$ 当且仅当 T 是 $\mathfrak{S}$-对称算子;

(iv) $\lambda \in W_{\mathfrak{S}}(T)$ 当且仅当 $\overline{\lambda} \in W_{\mathfrak{S}}(\mathfrak{S}T^*\mathfrak{S})$;

(v) $W_{\mathfrak{S}}(\mathrm{Re}(T)) \subset \dfrac{1}{2}(W_{\mathfrak{S}}(T) + \overline{W_{\mathfrak{S}}(T)})$ 且 $W_{\mathfrak{S}}(\mathrm{Im}(T)) \subset \dfrac{1}{2}(W_{\mathfrak{S}}(T) - \overline{W_{\mathfrak{S}}(T)})$,

其中 $\mathrm{Re}(T) = \dfrac{T + T^*}{2}, \mathrm{Im}(T) = \dfrac{T - T^*}{2\mathrm{i}}$;

(vi) $W_{\mathfrak{S}}(U^{-1}TU) = W_{\mathfrak{S}}(T)$, 其中 U 满足 $U^*U = UU^* = I, \mathfrak{S}U = U\mathfrak{S}$.

证明　结论 (i)—(iv) 的证明是平凡的. 下面证明 (v): 令 $\lambda \in W_{\mathfrak{S}}(\mathrm{Re}(T))$, 则存在 $[x,x]_{\mathfrak{S}} \neq 0$ 使得

$$\begin{aligned}
\lambda &= \frac{1}{2}\left(\frac{[Tx,x]_{\mathfrak{S}}}{[x,x]_{\mathfrak{S}}} + \frac{[T^*x,x]_{\mathfrak{S}}}{[x,x]_{\mathfrak{S}}} \right) \\
&= \frac{1}{2}\left(\frac{[Tx,x]_{\mathfrak{S}}}{[x,x]_{\mathfrak{S}}} + \frac{[\mathfrak{S}T^{\dagger}\mathfrak{S}x,x]_{\mathfrak{S}}}{[x,x]_{\mathfrak{S}}} \right) \\
&= \frac{1}{2}\left(\frac{[Tx,x]_{\mathfrak{S}}}{[x,x]_{\mathfrak{S}}} + \frac{\overline{[T\mathfrak{S}x,\mathfrak{S}x]_{\mathfrak{S}}}}{[\mathfrak{S}x,\mathfrak{S}x]_{\mathfrak{S}}} \right) \\
&\in \frac{1}{2}(W_{\mathfrak{S}}(T) + \overline{W_{\mathfrak{S}}(T)}).
\end{aligned}$$

第二个包含关系的证明完全类似.

最后证明 (vi): 考虑到 $U^{\dagger} = \mathfrak{S}U^*\mathfrak{S}$ 和 $\mathfrak{S}U = U\mathfrak{S}$ 有

$$[Ux, Ux]_{\mathfrak{S}} = [\mathfrak{S}U^*\mathfrak{S}Ux, x]_{\mathfrak{S}} = [\mathfrak{S}U^*U\mathfrak{S}x, x]_{\mathfrak{S}} = [x,x]_{\mathfrak{S}}$$

且

$$[U^{-1}TUx,x]_\Im = [\Im U^\dagger \Im TUx,x]_\Im = [TUx,Ux]_\Im.$$

从而 $W_\Im(U^{-1}TU) = W_\Im(T)$. ∎

4.4.3 $\Im$-数值域的有界性及凸性

Hilbert 空间中有界算子的数值域是有界的, 但不定度规空间中有界算子的 $\Im$-数值域不一定有界, 如例 4.4.1. 下面将讨论不定度规空间中有界算子的 $\Im$-数值域何时有界的问题.

引理 4.4.5 设 T, S 是 Hilbert 空间 X 中的有界线性算子, 如果存在一个有界算子 P 使得 $T^* = SP$, 则存在 $\lambda \geqslant 0$ 使得 $T^*T \leqslant \lambda SS^*$.

证明 当存在有界算子 P 使得 $T^* = SP$ 时

$$\begin{aligned}
T^*T &= SPP^*S^* \\
&= \|P\|^2 SS^* - S(\|P\|^2 I - PP^*)S^* \\
&\leqslant \|P\|^2 SS^*.
\end{aligned}$$

于是, 令 $\lambda = \|P\|^2$, 则 $T^*T \leqslant \lambda SS^*$. ∎

定理 4.4.1 设 T 是 Krein 空间 $\{K, [\cdot,\cdot]_\Im\}$ 中的有界算子, 如果满足下列条件之一:

(i) $T = \lambda I$;

(ii) 标准对称算子 $\Im$ 是确定的 (即 $\Im > 0$ 或 $\Im < 0$),

则 $W_\Im(T)$ 有界.

证明 当 $T = \lambda I$ 时, $W_\Im(T)$ 有界是显然的. 当 $\Im$ 是确定算子时, 不妨设 $\Im > 0$, 则考虑到 $\Im = \Im^* = \Im^{-1}$ 有

$$T^* = \Im(\Im T^*).$$

由引理 4.4.5 可知存在 $\lambda \geqslant 0$ 使得 $T^*T \leqslant \lambda \Im \Im^* = \lambda$. 又因为

$$\begin{aligned}
\frac{[Tx,x]_\Im}{[x,x]_\Im} &= \frac{(\Im^{\frac{1}{2}}Tx, \Im^{\frac{1}{2}}x)}{(\Im x,x)} \\
&\leqslant \frac{(\Im^{\frac{1}{2}}Tx, \Im^{\frac{1}{2}}Tx)^{\frac{1}{2}}(\Im^{\frac{1}{2}}x, \Im^{\frac{1}{2}}x)^{\frac{1}{2}}}{(\Im x,x)} \\
&= \frac{(T^*Tx,x)^{\frac{1}{2}}}{(\Im x,x)^{\frac{1}{2}}} \leqslant \sqrt{\lambda}\left[\frac{(x,x)}{(\Im x,x)}\right]^{\frac{1}{2}}.
\end{aligned}$$

于是 $W_\Im(T)$ 有界. ∎

关于经典数值域的一个重要性质是凸性. 显然, 不定度规空间中有界算子的 $\Im$-数值域不一定是凸集. 下面将解决 $\Im$-数值域何时为凸集的问题.

定理 4.4.2　设 T 是 Krein 空间 $\{K, [\cdot, \cdot]_\Im\}$ 中的有界算子, 如果标准对称算子 $\Im$ 是确定的, 则 $W_\Im(T)$ 是凸集.

证明　$\Im$ 是确定算子时, 不妨设 $\Im > 0$, 则

$$\frac{[Tx, x]_\Im}{[x, x]_\Im} = \frac{(\Im^{\frac{1}{2}} T \Im^{\frac{3}{2}} \Im^{\frac{1}{2}} x, \Im^{\frac{1}{2}} x)}{(\Im^{\frac{1}{2}} x, \Im^{\frac{1}{2}} x)},$$

即 $W_\Im(T) = W(\Im^{\frac{1}{2}} T \Im^{\frac{3}{2}})$ 是凸集. ∎

4.4.4　$\Im$-数值域的谱包含性质

Hilbert 空间中有界算子的数值域具有谱包含性质, 但不定度规空间中有界算子的 $\Im$-数值域不一定有谱包含性质, 甚至特征值也不含其中, 如例 4.4.1. 下面将讨论不定度规空间中有界算子的 $\Im$-数值域何时有谱包含性质的问题.

定理 4.4.3　令 T 是不定度规空间 $\{K, [\cdot, \cdot]_\Im\}$ 中的有界 $\Im$-非负自伴算子 (即 $T = T^\dagger \geqslant 0$), 则 $\sigma_p(T) \backslash \{0\} \subset W_\Im(T), \sigma(T) \subset \overline{W_\Im(T)}$.

证明　令 $\lambda \in \sigma_p(T) \backslash \{0\}$, 则存在 $x_0 \neq 0$ 使得

$$Tx_0 = \lambda x_0,$$

于是 $[Tx_0, x_0]_\Im = \lambda [x_0, x_0]_\Im$. 可以断言 $[x_0, x_0]_\Im \neq 0$. 事实上, 如果 $[x_0, x_0]_\Im = 0$, 则 $[Tx_0, x_0]_\Im = 0$, 由引理 4.4.1 知 $Tx_0 = 0$, $\lambda = 0$, 推出矛盾. 于是

$$\lambda = \frac{[Tx_0, x_0]_\Im}{[x_0, x_0]_\Im} \in W_\Im(T),$$

即 $\sigma_p(T) \backslash \{0\} \subset W_\Im(T)$.

下面证明 $\sigma(T) \subset \overline{W_\Im(T)}$. 由于 $\sigma(T) \subset \mathbb{R}$ 且 $\sigma_r(T) = \varnothing$, 故 $\sigma(T) = \sigma_{\mathrm{ap}}(T)$. 令 $\lambda \in \sigma_{\mathrm{ap}}(T) \backslash \{0\}$, 则存在 $\|x_n\| = 1$ 使得

$$(T - \lambda) x_n \to 0,$$

进而有

$$[Tx_n, x_n]_\Im - \lambda [x_n, x_n]_\Im \to 0.$$

当 $\{[x_n, x_n]_\Im\}$ 的下极限为 0 时, 不妨设 $[x_n, x_n]_\Im \to 0$, 则

$$\begin{aligned}
[Tx_n, x_n]_\Im &= (\Im Tx_n, x_n) \\
&= ((\Im T)^{\frac{1}{2}} x_n, (\Im T)^{\frac{1}{2}} x_n) \\
&\to 0,
\end{aligned}$$

故 $(\Im T)^{\frac{1}{2}}x_n \to 0$. 由于 $(\Im T)^{\frac{1}{2}}$ 有界,

$$\Im T x_n = (\Im T)^{\frac{1}{2}}(\Im A)^{\frac{1}{2}}x_n \to 0,$$

从而

$$T x_n \to 0, \quad \lambda x_n \to 0,$$

这与 $\|x_n\| = 1$ 矛盾. 于是 $\sigma_{\mathrm{ap}}(T)\backslash\{0\} \subset \overline{W_\Im(T)}$.

令 $0 \in \sigma_{\mathrm{ap}}(T)$, 则存在 $\|x_n\| = 1$ 使得

$$T x_n \to 0.$$

如果 $[x_n, x_n]_\Im$ 的下极限不等于 0, 则有 $0 \in \overline{W_\Im(T)}$. 如果 $[x_n, x_n]_\Im$ 的下极限等于 0, 不妨设 $[x_n, x_n]_\Im \to 0$, 令 $y_n = x_n + \Im x_n$, 则

$$[y_n, y_n]_\Im = [x_n, x_n]_\Im + [\Im x_n, x_n]_\Im + [x_n, \Im x_n]_\Im + [\Im x_n, \Im x_n]_\Im$$
$$\to 2,$$

且

$$[T y_n, y_n]_\Im = [T x_n, x_n]_\Im + [T\Im x_n, x_n]_\Im + [T x_n, \Im x_n]_\Im + [T\Im x_n, \Im x_n]_\Im$$
$$\to [T\Im x_n, \Im x_n]_\Im.$$

当 $|[T\Im x_n, \Im x_n]_\Im|$ 的下极限为零时, 不妨设 $[T\Im x_n, \Im x_n]_\Im \to 0$, 则

$$\lambda_n = \frac{[T y_n, y_n]_\Im}{[y_n, y_n]_\Im} \to 0,$$

于是 $0 \in \overline{W_\Im(T)}$. 当 $|[T\Im x_n, \Im x_n]_\Im|$ 的下极限大于零时, $[T^{\frac{1}{2}}\Im x_n, T^{\frac{1}{2}}\Im x_n]_\Im$ 的下极限不等于零, 令

$$z_n = T^{\frac{1}{2}}\Im x_n,$$

则 $\{[z_n, z_n]_\Im\}$ 的下极限不等于零且

$$[T z_n, z_n]_\Im = [T\Im x_n, T\Im x_n]_\Im,$$

由于 $[x_n, x_n]_\Im \to 0$, 并考虑到 T 和 $[\cdot, \cdot]_\Im$ 的连续性, 有

$$[T\Im x_n, T\Im x_n]_\Im \to 0,$$

从而 $0 \in \overline{W_\Im(T)}$. 结论证毕. ∎

注 4.4.2　结论 $\sigma_p(T) \subset W_{\Im}(T)$ 一般情况下不成立. 而且, 当 T 为无界时, 结论 $\sigma(A) \subset \overline{W_{\Im}(T)}$ 也不一定成立.

例 4.4.3　令 X 是 Hilbert 空间, 其内积记为 $(\cdot, \cdot)$. 令 $K = X \times X$ 且

$$[\cdot, \cdot]_{\Im} = (\Im \cdot, \cdot),$$

其中 $\Im = \begin{bmatrix} 0 & I \\ I & 0 \end{bmatrix}$. 首先, 取 $T = \begin{bmatrix} 0 & 0 \\ I & 0 \end{bmatrix}$, 则

$$W_{\Im}(T) = \left\{ \frac{(x, x)}{2\mathrm{Re}(x, y)} : \begin{bmatrix} x \\ y \end{bmatrix} \in X \times X, \mathrm{Re}(x, y) \neq 0 \right\},$$

且 $0 \in \sigma_p(T)$, $0 \notin W_{\Im}(T)$. 其次, 令 B 是 Hilbert 空间 X 中的无界非负自伴算子. 取

$$T = \begin{bmatrix} 0 & 0 \\ B & 0 \end{bmatrix},$$

则算子 T 为 Krein 空间 $\{K, [\cdot, \cdot]_{\Im}\}$ 的 $\Im$-自伴算子, $W_{\Im}(T) \subset \mathbb{R}$.

另一方面, 选取 $x_0 \notin \mathscr{D}(B)$, 则对任意 $\lambda \in \mathbb{C}$, 向量 $\begin{bmatrix} x_0 & 0 \end{bmatrix}^{\mathrm{T}} \in X \times X$ 不含于 $\mathcal{R}(T - \lambda I)$, 因此 $\sigma(T) = \mathbb{C}$, 结论 $\sigma(T) \subset \overline{W_{\Im}(T)}$ 不成立.

定理 4.4.4　令 T 是 Krein 空间 $\{K, [\cdot, \cdot]_{\Im}\}$ 中的非负自伴算子（可能无界）, 如果 $0 \in \rho(T)$, 则 $\sigma_p(T) \subset W_{\Im}(T), \sigma(T) \subset \overline{W_{\Im}(T)}$.

证明　类似于定理 4.4.3 的证明, 容易证明 $\sigma_p(T) \subset W_{\Im}(T)$. 令 $\lambda \in \sigma_{ap}(T)$, 则存在 $\|x_n\| = 1$ 使得 $(T - \lambda)x_n \to 0$, 这蕴涵

$$[Tx_n, x_n]_{\Im} - \lambda[x_n, x_n]_{\Im} \to 0.$$

由 $0 \in \rho(T)$ 知 $[x_n, x_n]_{\Im}$ 的下极限不等于 0, 于是

$$\frac{[Tx_n, x_n]_{\Im}}{[x_n, x_n]_{\Im}} \to \lambda.$$

故 $\sigma(T) \subset \overline{W_{\Im}(T)}$. 结论证毕. ∎

4.5　线性算子 Aluthge 变换及 Duggal 变换的数值域

令 T 是 Hilbert 空间 X 中的稠定闭算子, 定义对称型

$$\eta[u, v] = (Tu, Tv),$$

则 $\eta[\cdot,\cdot]$ 是非负且闭的. 再令 $|T| = (T^*T)^{\frac{1}{2}}$, 则

$$(Tu, Tv) = (|T|u, |T|v), \quad \|Tu\| = \||T|u\|, \quad u, v \in \mathscr{D}(T) = \mathscr{D}(|T|).$$

此时, 定义算子 $U : \mathcal{R}(T) \to \mathcal{R}(U)$ 为

$$Tu = U|T|u,$$

则 U 是 $\mathcal{R}(T)$ 上的等距算子. 再由 U 的连续性, 可以延拓到 $\overline{\mathcal{R}(T)} \to \overline{\mathcal{R}(U)}$, 仍然记为 U, 则有

$$T = U|T|, \quad \mathscr{D}(T) = \mathscr{D}(|T|). \tag{4.5.1}$$

式 (4.5.1) 称为算子 T 的极分解. 同样地, 令 $|T^*| = (TT^*)^{\frac{1}{2}}$, 则

$$|T^*| = U|T|U^*. \tag{4.5.2}$$

由式 (4.5.1), (4.5.2) 可知

$$T = U|T| = |T^*|U = UT^*U, \quad T^* = U^*|T^*| = |T|U^* = U^*TU^*; \tag{4.5.3}$$

$$|T| = U^*T = T^*U = U^*|T^*|U, \quad |T^*| = UT^* = TU^* = U|T|U^*; \tag{4.5.4}$$

$$\mathbb{N}(T) = \mathbb{N}(|T|), \quad \mathcal{R}(T) = \mathcal{R}(|T^*|). \tag{4.5.5}$$

极分解在算子理论研究中具有重要应用. 然而, 由极分解基础上产生的 Aluthge 变换[91] 和 Duggal 变换[92] 也具有非常重要的应用. 于是, 下面将要讨论上述两种变换的数值域性质.

4.5.1 线性算子 Aluthge 变换的数值域

定义 4.5.1 令 $T = U|T|$ 是有界线性算子 T 的极分解, 则称

$$\widehat{T} = |T|U$$

为 T 的 Aluthge 变换.

下面将给出 Aluthge 变换的例子.

例 4.5.1 令 $T = \begin{bmatrix} 0 & 2 \\ 0 & 0 \end{bmatrix}$, 则 T 的一个极分解为 $T = \begin{bmatrix} 0 & 1 \\ 1 & 0 \end{bmatrix} \begin{bmatrix} 0 & 0 \\ 0 & 2 \end{bmatrix}$.
于是 T 的 Aluthge 变换为

$$\widehat{T} = \begin{bmatrix} 0 & 0 \\ 0 & 2 \end{bmatrix} \begin{bmatrix} 0 & 1 \\ 1 & 0 \end{bmatrix} = \begin{bmatrix} 0 & 0 \\ 2 & 0 \end{bmatrix}.$$

从例 4.5.1 不难发现, T 的数值域和 $\widehat{T}$ 的数值域满足

$$W(\widehat{T}) \subset W(T).$$

此时, 自然提出一个疑问: 对于一般的有界算子 T, $W(T)$ 和 $W(\widehat{T})$ 的关系是什么呢?

定理 4.5.1　设 T 是 Hilbert 空间 X 中的有界线性算子, 则 $W(\widehat{T}) \subset W(T)$.

证明　当 T 是单射且 $\mathcal{R}(T)$ 稠密时, 极分解 $T = U|T|$ 中的 U 是酉算子, 此时

$$U^*TU = U^*U|T|U = \widehat{T},$$

即 T 和 $\widehat{T}$ 酉相似, 于是 $W(\widehat{T}) = W(T)$.

当 T 不单或 $\mathcal{R}(T)$ 不稠密时, $0 \in \sigma_p(T)$ 或 $0 \in \sigma_p(T^*)$, 显然 $0 \in W(T)$. 令 $0 \neq z \in W(\widehat{T})$, 则存在 $\|x\| = 1$ 使得

$$z = (\widehat{T}x, x) = (U^*U|T|Ux, x)$$
$$= (U|T|Ux, Ux) = \|Ux\|^2 \left(T\frac{Ux}{\|Ux\|}, \frac{Ux}{\|Ux\|} \right).$$

从而 $\dfrac{z}{\|Ux\|^2} \in W(T)$ 且考虑到 $\|Ux\| \leqslant 1$, 有

$$z = (1 - \|Ux\|^2)0 + \|Ux\|^2 \frac{z}{\|Ux\|^2},$$

即 $z \in W(T)$. 结论证毕. ∎

4.5.2　线性算子 Duggal 变换的数值域

与极分解有关的另一个重要变换是 Duggal 变换.

定义 4.5.2　令 $T = U|T|$ 是有界线性算子 T 的极分解, 则称

$$\Delta(T) = |T|^{\frac{1}{2}}U|T|^{\frac{1}{2}}$$

为 T 的 Duggal 变换.

例 4.5.2　令 $T = \begin{bmatrix} 0 & 2 \\ 0 & 0 \end{bmatrix}$, 则 T 在极分解 $T = \begin{bmatrix} 0 & 1 \\ 1 & 0 \end{bmatrix}\begin{bmatrix} 0 & 0 \\ 0 & 2 \end{bmatrix}$ 下的 Duggal 变换为

$$\Delta T) = \begin{bmatrix} 0 & 0 \\ 0 & 0 \end{bmatrix}.$$

关于 T 的数值域和 $\Delta(T)$ 的数值域的联系, 与 Aluthge 变换类似. 为了证明主要结论, 首先给出下列引理 (见 [91-92]).

引理 4.5.1 设 A, B 是 Hilbert 空间 X 中的有界线性算子, 则 $W(A) \subset W(B)$(或 $\overline{W(A)} \subset \overline{W(B)}$) 当且仅当对任意 $\theta \in \mathbb{R}$ 有 $W(\mathrm{Re}(e^{i\theta}A)) \subset W(\mathrm{Re}(e^{i\theta}B))$(或 $\overline{W(\mathrm{Re}(e^{i\theta}A))} \subset \overline{W(\mathrm{Re}(e^{i\theta}B))}$).

证明 当 $W(A) \subset W(B)$ 时, 对任意 $\theta \in \mathbb{R}$ 有 $W(e^{i\theta}A) \subset W(e^{i\theta}B)$, 于是 $W(\mathrm{Re}(e^{i\theta}A)) \subset W(\mathrm{Re}(e^{i\theta}B))$.

反之, 对任意 $\theta \in \mathbb{R}$ 有 $W(\mathrm{Re}(e^{i\theta}A)) \subset W(\mathrm{Re}(e^{i\theta}B))$, 令 $\lambda \in W(A)$, 则 $e^{i\theta}\lambda \in W(e^{i\theta}A)$, $\mathrm{Re}(e^{i\theta}\lambda) \in \mathrm{Re}(W(e^{i\theta}A)) = W(\mathrm{Re}(e^{i\theta}A))$, 故 $\mathrm{Re}(e^{i\theta}\lambda) \in W(\mathrm{Re}(e^{i\theta}B))$. 于是, 存在 $\|x\| = 1$ 使得

$$e^{i\theta}[(Bx,x) - \lambda] + e^{-i\theta}[(B^*x,x) - \overline{\lambda}] = 0, \quad \theta \in \mathbb{R}.$$

从而, $\lambda \in W(B)$. 结论证毕. ∎

定理 4.5.2 设 T 是 Hilbert 空间 X 中的有界线性算子, 则 $\overline{W(\Delta(T))} \subset \overline{W(T)}$.

证明 由引理 4.5.1 只需证明 $\overline{W(\mathrm{Re}(e^{i\theta}\Delta(T)))} \subset \overline{W(\mathrm{Re}(e^{i\theta}T))}$ 即可. 事实上,

$$\begin{aligned}
\overline{W(\mathrm{Re}(e^{i\theta}\Delta(T)))} &= \overline{W(|T|^{\frac{1}{2}}\mathrm{Re}(e^{i\theta}U)|T|^{\frac{1}{2}})} \\
&= \mathrm{Conv}(\sigma(|T|^{\frac{1}{2}}\mathrm{Re}(e^{i\theta}U)|T|^{\frac{1}{2}})) \\
&= \mathrm{Conv}(\sigma(\mathrm{Re}(e^{i\theta}U)|T|)) \\
&\subset \mathrm{Re}\overline{W(\mathrm{Re}(e^{i\theta}U)|T|)} \subset \overline{W(\mathrm{Re}(e^{i\theta}T))}.
\end{aligned}$$
∎

第 5 章 Hilbert 空间中线性算子的扩张理论

线性算子扩张的概念最早是由 Halmos[93-94] 提出的, 之后 Nagy, Foias[95] 等进行了系统的研究. 由于算子扩张理论在数值域理论中有重要应用, 这一章我们将简要介绍线性算子扩张的基本概念以及一些特殊的线性算子扩张.

5.1 线性算子的扩张

5.1.1 线性算子扩张的定义及性质

首先给出线性算子扩张的概念.

定义 5.1.1 设 X, K 是 Hilbert 空间, K 是 X 的线性子空间, $S : K \to K, T : X \to X$ 是有界线性算子, 如果对任意 $x \in K$, 有

$$Sx = PTx, \tag{5.1.1}$$

其中 $P : X \to K$ 是正交投影算子, 或等价地对任意 $x, y \in K$, 有

$$(Sx, y) = (Tx, y),$$

则称算子 T 是 S 的一个扩张.

注 5.1.1 关于算子扩张的另一个等价定义是: 设 X, K 是 Hilbert 空间, $S : K \to K, T : X \to X$ 是有界线性算子, 如果存在等距映射 $V : K \to X$ 使得

$$S = V^*TV,$$

则称 T 是 S 的一个扩张. 对于线性空间 $X \oplus X$ 和 X 而言, 把 X 视为 $X \oplus \{0\}$ 的意义下, X 也是 $X \oplus X$ 的线性子空间.

从定义不难发现, 线性算子扩张的概念拓广了线性算子延拓的概念, 线性算子 S 的延拓 T(即 $\mathscr{D}(S) \subset \mathscr{D}(T)$ 且 $T|_{\mathscr{D}(S)} = S$) 定是线性算子扩张, 反之不然. 比如, 令

$$T = \begin{bmatrix} S & S_1 \\ S_2 & S_3 \end{bmatrix},$$

则任意 $\begin{bmatrix} x \\ 0 \end{bmatrix}, \begin{bmatrix} y \\ 0 \end{bmatrix} \in X \oplus \{0\}$, 有

$$\left(T\begin{bmatrix} x \\ 0 \end{bmatrix}, \begin{bmatrix} y \\ 0 \end{bmatrix}\right) = (Sx, y),$$

即 T 是 S 的扩张, 但是 T 不是 S 的延拓. 此外, 当 T_1 是闭线性算子 $T : \mathscr{D}(T) \to X$ 的线性延拓时, 容易证明:

(i) $\sigma_p(T) \subset \sigma_p(T_1)$;

(ii) $\sigma_r(T) \supset \sigma_r(T_1)$;

(iii) $\sigma_c(T) \subset \sigma_c(T_1) \cup \sigma_{p,1}(T_1) \cup \sigma_{p,2}(T_1)$.

但是, 算子扩张不具有上述性质.

下面是算子扩张的一些基本性质.

性质 5.1.1 算子扩张有下列性质:

(i) 如果 $S : M \to M, T : X \to X$ 是 Hilbert 空间 M, X 上的有界线性算子, 则 $S \subset T$ 蕴涵 T 是 S 的扩张;

(ii) 如果 $T : X \to X$ 是 $S : M \to M$ 的扩张, 则 $W(S) \subset W(T)$ 且 T^* 是 S^* 的扩张;

(iii) 如果 $S : M \to M, T_i : X_i \to X(i = 1, 2)$ 是 Hilbert 空间 M, X_i 上的有界线性算子, T_1 是 S 的扩张, T_2 是 T_1 的扩张, 则 T_2 是 S 的扩张;

(iv) 如果 $T_i : X \to X$ 是 $S_i : M \to M(i = 1, 2)$ 的扩张, 则 $\begin{bmatrix} T_1 & 0 \\ 0 & T_2 \end{bmatrix}$ 是 $\begin{bmatrix} S_1 & 0 \\ 0 & S_2 \end{bmatrix}$ 的扩张.

证明 (i) 当 $S \subset T$ 时, $T|_M = S$, 故对任意 $x, y \in M$, 有

$$(Sx, y) = (T|_M x, y) = (Tx, y),$$

从而 T 是 S 的扩张.

(ii) 令 $\lambda \in W(S)$, 则存在 $x \in M, \|x\| = 1$ 使得 $(Sx, x) = \lambda$, 考虑到 $(Sx, x) = (Tx, x)$ 得 $\lambda \in W(T)$, 即 $W(S) \subset W(T)$. 又因为 T^* 和 S^* 分别为 X 和 M 上的有界算子, 且对任意 $x, y \in M$, 有

$$\begin{aligned} (T^*x, y) &= \overline{(Ty, x)} \\ &= \overline{(Sy, x)} \\ &= (x, Sy) = (S^*x, y). \end{aligned}$$

从而 T^* 是 S^* 的扩张.

(iii) 对任意 $x, y \in M$, 有

$$(T_2 x, y) = (T_1 x, y) = (Sx, y).$$

从而 T_2 也是 S 的扩张.

(iv) 对任意 $\begin{bmatrix} x \\ y \end{bmatrix}, \begin{bmatrix} f \\ g \end{bmatrix} \in M \oplus M$ 有

$$\left(\begin{bmatrix} T_1 & 0 \\ 0 & T_2 \end{bmatrix} \begin{bmatrix} x \\ y \end{bmatrix}, \begin{bmatrix} f \\ g \end{bmatrix} \right) = (T_1 x, f) + (T_2 y, g)$$
$$= (S_1 x, f) + (S_2 y, g)$$
$$= \left(\begin{bmatrix} S_1 & 0 \\ 0 & S_2 \end{bmatrix} \begin{bmatrix} x \\ y \end{bmatrix}, \begin{bmatrix} f \\ g \end{bmatrix} \right).$$

从而结论成立. ∎

定理 5.1.1　设 X 是 Hilbert 空间, $T: X \to X$ 是有界线性算子, a, b, c 是复数, 则下列结论等价:

(i) $aI \oplus bI \oplus cI$ 是 T 的扩张;

(ii) $W(T)$ 包含于 $\triangle abc$(这个三角形有可能退化为线段);

(iii) $T = aT_1 + bT_2 + cT_3$, 其中 $T_i \geqslant 0 (i = 1, 2, 3)$ 且 $T_1 + T_2 + T_3 = I$.

证明　(i)$\Rightarrow$(ii). 当 $aI \oplus bI \oplus cI$ 是 T 的扩张时, 由性质 5.1.1(ii) 易知 $W(T)$ 包含于 $\triangle abc$.

(ii)$\Rightarrow$(iii). 不妨设 a, b, c 不共线, 当 a, b, c 共线时证明与不共线证明类似. 令 $\lambda \in \triangle abc$, 则存在 $t_i \geqslant 0 (i = 1, 2, 3)$, $t_1 + t_2 + t_3 = 1$, 使得

$$\lambda = t_1 a + t_2 b + t_3 c,$$

即得

$$\mathrm{Im}((\lambda - b)(\bar{c} - \bar{b})) = t_1 \mathrm{Im}(a\bar{c} + c\bar{b} + b\bar{a}).$$

考虑到 a, b, c 不共线, 易证 $d = \mathrm{Im}(a\bar{c} + c\bar{b} + b\bar{a}) \neq 0$. 于是

$$t_1 = \frac{1}{d} \mathrm{Im}((\lambda - b)(\bar{c} - \bar{b})).$$

同理有

$$t_2 = \frac{1}{d} \mathrm{Im}((\lambda - c)(\bar{a} - \bar{c})),$$
$$t_3 = \frac{1}{d} \mathrm{Im}((\lambda - a)(\bar{b} - \bar{a})).$$

定义线性算子

$$T_1 = \frac{1}{d}\mathrm{Im}((T - bI)(\overline{c} - \overline{b})),$$

$$T_2 = \frac{1}{d}\mathrm{Im}((T - cI)(\overline{a} - \overline{c})),$$

$$T_3 = \frac{1}{d}\mathrm{Im}((T - aI)(\overline{b} - \overline{a})),$$

则 $T_i \geqslant 0 (i = 1, 2, 3)$ 且 $T_1 + T_2 + T_3 = I$. 再考虑到对任意 $\|x\| = 1$ 有 $(Tx, x) \in \triangle abc$ 得

$$T = aT_1 + bT_2 + cT_3.$$

(iii)$\Rightarrow$(i). 令 $V = \begin{bmatrix} T_1^{\frac{1}{2}} & T_2^{\frac{1}{2}} & T_3^{\frac{1}{2}} \end{bmatrix}^{\mathrm{T}}$, 则 V 是等距算子且

$$V^*(aI \oplus bI \oplus cI)V = aT_1 + bT_2 + cT_3 = T.$$

从而 $aI \oplus bI \oplus cI$ 是 T 的扩张. ∎

5.1.2 算子矩阵扩张

为了研究算子扩张理论和数值域理论的联系, 不得不提及对角分块算子矩阵. A, B 是 Hilbert 空间 X, Y 上的有界线性算子, Hilbert 空间 $X \oplus Y$ 上的分块算子矩阵

$$A \oplus B = \begin{bmatrix} A & 0 \\ 0 & B \end{bmatrix}$$

的数值域满足

$$\overline{W(A \oplus B)} = \mathrm{Conv}(\overline{W(A)} \cup \overline{W(B)}).$$

这对于 $W(A)$ 的数值域扩展至正交直和算子的数值域提供了可能. A 的算子矩阵扩张是正交直和的推广, 为 $W(A)$ 的刻画以及构造提供了更好的途径. 就算子 A 而言, 更大空间上的算子矩阵

$$\mathcal{A} = \begin{bmatrix} A & A_{12} \\ A_{21} & A_{22} \end{bmatrix}$$

称为 A 的算子矩阵扩张. 事实上, 对于 Hilbert 空间 X, Y 上的有界线性算子 A, B 而言, 如果满足 $X \subset Y$ 且 $Y = X \oplus X^{\perp}$, 则 B 是 A 的扩张当且仅当 B 具有如下分块形式

$$B = \begin{bmatrix} A & A_{12} \\ A_{21} & A_{22} \end{bmatrix},$$

或者存在等距映射 $V : X \to Y$ 使得

$$A = V^*BV.$$

除此之外, 对于 Hilbert 空间 X 中的有界算子 A, 可以构造其 $X \times X$ 上的正常算子矩阵扩张[96]:

$$\mathcal{A} = \left[\begin{array}{cc} A & A^* \\ A^* & A \end{array} \right].$$

此时可以证明算子矩阵扩张 $\mathcal{A}$ 是正常算子且

$$\overline{W(A)} = \bigcap_{\mathcal{A} \in \mathfrak{N}(A)} \overline{W(\mathcal{A})},$$

其中 $\mathfrak{N}(A)$ 表示 A 的全体正常算子矩阵扩张组成的集合 (见定理 5.2.2).

如果 A 是压缩算子 (即 $\|A\| \leqslant 1$, 其实任意有界算子通过它的算子范数, 让它变成压缩算子), 则不仅有正常算子矩阵扩张, 还可以构造它的一个酉算子矩阵扩张:

$$\mathcal{A} = \left[\begin{array}{cc} A & (I - AA^*)^{\frac{1}{2}} \\ (I - A^*A)^{\frac{1}{2}} & -A^* \end{array} \right].$$

进一步, 如果 A 是自伴的, 则 $\mathcal{A}^2 = \left[\begin{array}{cc} I & 0 \\ 0 & I \end{array} \right]$. 此外, 还可以证明如果 A 是压缩算子, 则

$$\overline{W(A)} = \bigcap_{\mathcal{A} \in \mathfrak{U}(A)} \overline{W(\mathcal{A})},$$

其中 $\mathfrak{U}(A)$ 表示 A 的全体酉算子矩阵扩张组成的集合 (见定理 5.3.2). 因此, 线性算子的算子矩阵扩张对于刻画算子的数值域具有十分重要的应用. 本章借助算子矩阵扩张, 将要讨论 Hilbert 空间中有界算子的正常扩张、酉扩张以及强扩张等问题.

5.2   线性算子的正常扩张

5.2.1   正常扩张的定义

定义 5.2.1   令算子 B 是算子 A 的扩张, 如果 B 是正常算子 (即 $B^*B = BB^*$), 则称 B 是 A 的正常扩张.

定理 5.2.1   每个有界线性算子都存在正常扩张且不一定唯一.

证明   当 A 是有界线性算子时构造如下线性算子

$$\mathcal{N} = \left[\begin{array}{cc} A & A^* \\ A^* & A \end{array} \right],$$

则显然 $\mathcal{N}$ 是 A 的扩张, 且有

$$\mathcal{N}^*\mathcal{N} = \mathcal{N}\mathcal{N}^* = \left[\begin{array}{cc} A^*A + AA^* & (A^*)^2 + A^2 \\ (A^*)^2 + A^2 & A^*A + AA^* \end{array}\right],$$

即 $\mathcal{N}$ 是 A 的一个正常扩张.

另一方面, 取 $\widetilde{\mathcal{N}} = \left[\begin{array}{cc} A & -A^* \\ -A^* & A \end{array}\right]$, 则容易证明 $\widetilde{\mathcal{N}}$ 也是 A 的一个正常扩张, 故 A 的正常扩张存在且不一定唯一. ∎

5.2.2 正常扩张的性质

定理 5.2.2 令算子 A 是有界线性算子, 则

$$\overline{W(A)} = \bigcap_{\mathcal{A} \in \mathfrak{N}(A)} \overline{W(\mathcal{A})},$$

其中 $\mathfrak{N}(A)$ 表示 A 的全体正常扩张组成的算子集合.

证明 由算子扩张的性质可知, 关系式 $\overline{W(A)} \subset \bigcap_{\mathcal{A} \in \mathfrak{N}(A)} \overline{W(\mathcal{A})}$ 是平凡的. 为了证明反包含关系成立, 假设 $\mathrm{Re}(A) \geqslant 0$, 只要证明存在 A 的一个正常扩张 $\mathcal{N}$ 使得 $\mathrm{Re}(\mathcal{N}) \geqslant 0$ 即可. 于是, 当 $\mathrm{Re}(A) \geqslant 0$ 时, 令 $\mathcal{N} = \left[\begin{array}{cc} A & A^* \\ A^* & A \end{array}\right]$, 则 $\mathcal{N}$ 是 A 的一个正常扩张且

$$\mathcal{N} + \mathcal{N}^* = \left[\begin{array}{cc} A + A^* & A + A^* \\ A + A^* & A + A^* \end{array}\right],$$

且对任意 $x, y \in X$, 有

$$\left(\left[\begin{array}{cc} A + A^* & A + A^* \\ A + A^* & A + A^* \end{array}\right]\left[\begin{array}{c} x \\ y \end{array}\right], \left[\begin{array}{c} x \\ y \end{array}\right]\right) = ((A + A^*)(x + y), (x + y)) \geqslant 0.$$

于是, $\overline{W(A)} \supset \bigcap_{\mathcal{A} \in \mathfrak{N}(A)} \overline{W(\mathcal{A})}$ 成立. 结论证毕. ∎

在定理 5.2.2 中闭包去掉以后结论不一定成立, 这个例子是由 Durszt[97] 最先给出的.

例 5.2.1 令

$$A = A_1 \oplus A_2,$$

其中 A_1 是 $L^2(\Delta)$ 上的乘法算子

$$(A_1 x)(z) = zx(z), \quad z \in \Delta,$$

集合 Δ 定义为

$$\Delta = \{\lambda \in \mathbb{C} : |\lambda| = 1, \mathrm{Re}(\lambda) \geqslant 0\},$$

A_2 是 1×1 零矩阵 $[0]$. 很显然 A_1 是正常算子且点谱为空集, 且 A_1 的数值域由谱测度满足 $E_{A_1}(\Delta) = I$ 的所有凸 Borel 集 Δ 的交集组成. 于是

$$W(A_1) = \{\lambda \in \mathbb{C} : |\lambda| \leqslant 1, \mathrm{Re}(\lambda) > 0\},$$

即

$$W(A) = \{\lambda \in \mathbb{C} : |\lambda| \leqslant 1, \mathrm{Re}(\lambda) > 0\} \cup \{0\}.$$

另一方面, 可以证明

$$\{\lambda \in \mathbb{C} : |\lambda| \leqslant 1, \mathrm{Re}(\lambda) \geqslant 0\} \subset \bigcap_{\mathcal{A} \in \mathfrak{N}(A)} W(\mathcal{A}),$$

即 $W(A) \neq \bigcap_{\mathcal{A} \in \mathfrak{N}(A)} W(\mathcal{A})$.

下列推论是显然的.

推论 5.2.1　令 A 是有限维矩阵, 则

$$W(A) = \bigcap_{\mathcal{A} \in \mathfrak{N}(A)} W(\mathcal{A}),$$

其中 $\mathfrak{N}(A)$ 表示 A 的全体正常扩张组成的矩阵集合.

推论 5.2.2　每个有界自伴算子存在可交换自伴扩张.

证明　当 A 是有界自伴算子时, 构造如下扩张

$$\mathcal{N}_1 = \begin{bmatrix} A & A \\ A & A \end{bmatrix}, \quad \mathcal{N}_2 = \begin{bmatrix} A & -A \\ -A & A \end{bmatrix},$$

则显然 $\mathcal{N}_1, \mathcal{N}_2$ 是 A 的自伴扩张且可交换. ∎

5.3　线性算子的酉扩张

定义 5.3.1　令算子 B 是算子 A 的扩张, 如果 B 是酉算子 (即 $B^*B = BB^* = I$), 则称 B 是 A 的酉扩张.

由定理 5.2.2 可知每个有界线性算子都存在正常扩张, 但不一定存在酉扩张. 下面将要回答哪类算子必存在酉扩张的问题.

定理 5.3.1　如果 A 是压缩算子 (即 $\|A\| \leqslant 1$), 则 A 存在酉扩张且不唯一.

证明　当 A 是压缩算子时, 算子 $I - AA^*, I - A^*A$ 均是非负算子且可以定义其平方根算子 $(I - AA^*)^{\frac{1}{2}}$ 和 $(I - A^*A)^{\frac{1}{2}}$. 令

$$\mathcal{A} = \begin{bmatrix} A & (I - AA^*)^{\frac{1}{2}} \\ (I - A^*A)^{\frac{1}{2}} & -A^* \end{bmatrix},$$

则可以断言 $\mathcal{A}$ 是酉算子. 事实上,

$$\mathcal{A}^*\mathcal{A} = \begin{bmatrix} I & A^*(I-AA^*)^{\frac{1}{2}} - (I-A^*A)^{\frac{1}{2}}A^* \\ (I-AA^*)^{\frac{1}{2}}A - A(I-A^*A)^{\frac{1}{2}} & I \end{bmatrix}.$$

考虑到 $A^*(AA^*)^k = (A^*A)^k A$ 和级数

$$(1-x)^{\frac{1}{2}} = 1 + a_1 x + a_2 x^2 + \cdots + a_n x^n + \cdots,$$

其中 $a_1, a_2, \cdots$ 是常数, 把 x 分别替换成 AA^*, A^*A 后即得

$$A^*(I-AA^*)^{\frac{1}{2}} = (I-A^*A)^{\frac{1}{2}}A^*,$$

$$(I-AA^*)^{\frac{1}{2}}A = A(I-A^*A)^{\frac{1}{2}}.$$

于是, $\mathcal{A}^*\mathcal{A} = \begin{bmatrix} I & 0 \\ 0 & I \end{bmatrix}$. 同理, $\mathcal{A}\mathcal{A}^* = \begin{bmatrix} I & 0 \\ 0 & I \end{bmatrix}$, 即 $\mathcal{A}$ 是 A 的酉扩张.

另一方面, 令

$$\mathcal{A}_\theta = \begin{bmatrix} A & (I-AA^*)^{\frac{1}{2}}\mathrm{e}^{\mathrm{i}\theta} \\ (I-A^*A)^{\frac{1}{2}}\mathrm{e}^{\mathrm{i}\theta} & -A^*\mathrm{e}^{2\mathrm{i}\theta} \end{bmatrix}, \quad \theta \in \mathbb{R},$$

则容易证明 $\mathcal{A}_\theta, \theta \in \mathbb{R}$ 是 A 的酉扩张, 即 A 的酉扩张不唯一. ■

定理 5.3.2 令算子 A 是正常算子且是压缩算子, 则

$$\overline{W(A)} = \bigcap_{\mathcal{A}\in\mathfrak{U}(A)} \overline{W(\mathcal{A})},$$

其中 $\mathfrak{U}(A)$ 表示 A 的全体酉扩张组成的集合.

证明 由算子扩张的性质可知, 关系式 $\overline{W(A)} \subset \bigcap_{\mathcal{A}\in\mathfrak{U}(A)} \overline{W(\mathcal{A})}$ 是显然的. 下面证明反包含关系成立. 不妨设 $\mathrm{Re}(A) \geqslant 0$ 且虚轴是 $W(A)$ 的一个支撑线. 令

$$\mathcal{U} = \begin{bmatrix} A & -S \\ T & A^* \end{bmatrix},$$

其中 $S = (I-AA^*)^{\frac{1}{2}}, T = (I-A^*A)^{\frac{1}{2}}$, 则容易证明 $T = S, AT = SA$ 且

$$\mathcal{U}^*\mathcal{U} = \mathcal{U}\mathcal{U}^* = I,$$

即 $\mathcal{U}$ 是 A 的一个酉扩张且

$$\mathrm{Re}(\mathcal{U}) = \frac{1}{2}\begin{bmatrix} A+A^* & T-S \\ T-S & A+A^* \end{bmatrix} = \begin{bmatrix} A+A^* & 0 \\ 0 & A+A^* \end{bmatrix}.$$

于是, 对任意 $x, y \in X$ 有

$$\left(\mathrm{Re}(\mathcal{U}) \begin{bmatrix} x \\ y \end{bmatrix}, \begin{bmatrix} x \\ y \end{bmatrix} \right) = (\mathrm{Re}(A)x, x) + (\mathrm{Re}(A)y, y) \geqslant 0,$$

即

$$\overline{W(A)} \supset \bigcap_{\mathcal{A} \in \mathfrak{U}(A)} \overline{W(\mathcal{A})}.$$

结论成立. ∎

关于酉扩张, 还有一些非常有趣的例子.

例 5.3.1　令 A 是 1×1 矩阵 $[\lambda], |\lambda| \leqslant 1$, 考虑其酉扩张

$$U_\theta = \begin{bmatrix} \lambda & -\sqrt{1 - |\lambda|^2}\mathrm{e}^{\mathrm{i}\theta} \\ \sqrt{1 - |\lambda|^2}\mathrm{e}^{\mathrm{i}\theta} & \bar{\lambda}\mathrm{e}^{2\mathrm{i}\theta} \end{bmatrix}, \quad \theta \in \mathbb{R},$$

则有

$$\bigcap_{\theta \in \mathcal{R}} W(U_\theta) = \{\lambda\} = W(A).$$

事实上

$$\mathrm{Re}(U_\theta) = \begin{bmatrix} \mathrm{Re}(\lambda) & -\mathrm{i}\sqrt{1 - |\lambda|^2}\sin\theta \\ \mathrm{i}\sqrt{1 - |\lambda|^2}\sin\theta & \mathrm{Re}(\bar{\lambda}\mathrm{e}^{2\mathrm{i}\theta}) \end{bmatrix}.$$

当 $\theta = 0$ 时, $W(\mathrm{Re}(U_0)) = \{\mathrm{Re}(\lambda)\}$, 即

$$\bigcap_{\theta \in \mathbb{R}} W(U_\theta) \subset \{z \in \mathbb{C} : \mathrm{Re}(z) = \mathrm{Re}(\lambda)\}. \tag{5.3.1}$$

另一方面, 又因为

$$\mathrm{Im}(U_\theta) = \begin{bmatrix} \mathrm{Im}(\lambda) & -\mathrm{i}\sqrt{1 - |\lambda|^2}\cos\theta \\ \mathrm{i}\sqrt{1 - |\lambda|^2}\cos\theta & \mathrm{Im}(\bar{\lambda}\mathrm{e}^{2\mathrm{i}\theta}) \end{bmatrix}.$$

当 $\theta = \dfrac{\pi}{2}$ 时, $W(\mathrm{Im}(U_{\frac{\pi}{2}})) = \{\mathrm{Im}(\lambda)\}$, 即

$$\bigcap_{\theta \in \mathbb{R}} W(U_\theta) \subset \{z \in \mathbb{C} : \mathrm{Im}(z) = \mathrm{Im}(\lambda)\}. \tag{5.3.2}$$

结合式 (5.3.1) 和 (5.3.2) 即得 $\bigcap_{\theta \in \mathbb{R}} W(U_\theta) = \{\lambda\} = W(A)$.

但是, 有些酉扩张的交集不一定都等于 $W(A)$.

例 5.3.2 令 A 是 1×1 矩阵 $[\lambda], |\lambda| \leqslant 1$, 考虑其酉扩张

$$\widetilde{U}_\theta = \left[\begin{array}{cc} \lambda & -\sqrt{1-|\lambda|^2}\mathrm{e}^{\mathrm{i}\theta} \\ \sqrt{1-|\lambda|^2}\mathrm{e}^{-\mathrm{i}\theta} & \overline{\lambda} \end{array} \right], \quad \theta \in \mathbb{R},$$

则有

$$\bigcap_{\theta \in \mathbb{R}} W(\widetilde{U}_\theta) = \{z \in \mathbb{C} : \mathrm{Re}(z) = \mathrm{Re}(\lambda), -\sqrt{1-(\mathrm{Re}(\lambda))^2} \leqslant \mathrm{Im}(z) \leqslant \sqrt{1-(\mathrm{Re}(\lambda))^2}\}$$
$$\neq W(A).$$

事实上, $\widetilde{U}_\theta$ 的特征值为 $z_{1,2} = \mathrm{Re}(\lambda) \pm \sqrt{1-(\mathrm{Re}(\lambda))^2}\mathrm{i}$. 由于 $\overline{W(\widetilde{U}_\theta)} = \mathrm{Conv}(\sigma(\widetilde{U}_\theta))$, 于是

$$\bigcap_{\theta \in \mathbb{R}} W(\widetilde{U}_\theta) = \{z \in \mathbb{C} : \mathrm{Re}(z) = \mathrm{Re}(\lambda), -\sqrt{1-(\mathrm{Re}(\lambda))^2} \leqslant \mathrm{Im}(z) \leqslant \sqrt{1-(\mathrm{Re}(\lambda))^2}\},$$

即 $\bigcap_{\theta \in \mathbb{R}} W(\widetilde{U}_\theta) \neq W(A)$.

对于定理 5.3.2 而言, 算子的正常性不是必须的, 换句话说, 只要是压缩算子上述结论仍然成立. 为了证明结论首先给出下列引理, 具体证明见文献 [98].

引理 5.3.1 令 A 是压缩算子, 如果存在 $t \in \mathbb{R}$ 使得 $\mathrm{Re}(A) \leqslant tI$, 则存在 A 的一个酉扩张 U 使得 $\mathrm{Re}(U) \leqslant tI$.

当 A 是 1×1 矩阵 $[\lambda], |\lambda| \leqslant 1$ 时, 引理 5.3.1 是显然的. 事实上, 很显然 $\mathrm{Re}(A) \leqslant \mathrm{Re}(\lambda)I$, 且令

$$U = \left[\begin{array}{cc} \lambda & \sqrt{1-|\lambda|^2} \\ -\sqrt{1-|\lambda|^2} & \overline{\lambda} \end{array} \right],$$

则

$$\mathrm{Re}(U) = \left[\begin{array}{cc} \mathrm{Re}(\lambda) & 0 \\ 0 & \mathrm{Re}(\lambda) \end{array} \right] \leqslant \mathrm{Re}(\lambda)I,$$

即存在 A 的一个酉扩张 U 使得 $\mathrm{Re}(U) \leqslant \mathrm{Re}(\lambda)I$.

定理 5.3.3 令 A 是压缩算子, 则

$$\overline{W(A)} = \bigcap_{\mathcal{A} \in \mathfrak{U}(A)} \overline{W(\mathcal{A})},$$

其中 $\mathfrak{U}(A)$ 表示 A 的全体酉扩张组成的集合.

证明 只需证明 $\overline{W(A)} \supset \bigcap_{\mathcal{A} \in \mathfrak{U}(A)} \overline{W(\mathcal{A})}$ 即可. 当 $\lambda \notin \overline{W(A)}$ 时, 考虑到 $\overline{W(A)}$ 的闭性, 存在 $t, \theta \in \mathbb{R}$ 使得

$$\mathrm{Re}(\mathrm{e}^{\mathrm{i}\theta}A) \leqslant tI, \quad \mathrm{Re}(\mathrm{e}^{\mathrm{i}\theta}\lambda) > t.$$

考虑到第一个关系式, 由引理 5.3.1 可知, 存在 $e^{i\theta}A$ 的酉扩张 U 使得

$$\operatorname{Re}(U) \leqslant tI.$$

再由第二关系式可知 $e^{i\theta}\lambda \notin \overline{W(U)}$, 即 $\lambda \notin \overline{W(e^{-i\theta}U)}$. 又因为 U 是 $e^{i\theta}A$ 的酉扩张时, $e^{-i\theta}U$ 是 A 的酉扩张, 从而 $\lambda \notin \bigcap_{\mathcal{A}\in\mathfrak{U}(A)}\overline{W(\mathcal{A})}$. 结论证毕. ∎

由例 5.2.1 可知定理 5.3.3 中的闭包去掉以后结论不一定成立, 但是对于有限维的情形显然成立.

推论 5.3.1 令 A 是有限维的压缩矩阵, 则

$$W(A) = \bigcap_{\mathcal{A}\in\mathfrak{U}(A)} W(\mathcal{A}),$$

其中 $\mathfrak{U}(A)$ 表示 A 的全体酉扩张组成的矩阵集合.

5.4   线性算子的 Berger 强扩张

5.4.1   Berger 强扩张的定义及性质

令 A 是 1×1 矩阵 $[0]$, 考虑其酉扩张

$$U = \begin{bmatrix} 0 & 1 \\ 1 & 0 \end{bmatrix},$$

则易知 U^2 不是 A^2 的酉扩张. 事实上, $U^2 = \begin{bmatrix} 1 & 0 \\ 0 & 1 \end{bmatrix}$. 此时, 自然要问有没有酉扩张使得酉扩张的平方是 A^2 的酉扩张呢? 答案是肯定的. 令

$$U = \begin{bmatrix} 0 & 0 & 1 \\ 1 & 0 & 0 \\ 0 & 1 & 0 \end{bmatrix},$$

则易知 U^2 是 A^2 的酉扩张, 但是 U^3 不是 A^3 的酉扩张. 再另

$$U = \begin{bmatrix} 0 & 0 & 0 & 1 \\ 1 & 0 & 0 & 0 \\ 0 & 1 & 0 & 0 \\ 0 & 0 & 1 & 0 \end{bmatrix},$$

则易知 U^k 是 $A^k(k=1,2,3)$ 的酉扩张, 但是 U^4 不是 A^4 的酉扩张. 这个例子自然引出了下列定义.

定义 5.4.1 算子 B 称为算子 A 的 Berger 强扩张 (或称强扩张), 如果 B^k 是 $A^k(k = 1, 2, 3, \cdots)$ 的扩张. 等价地, 如果存在等距映射 V 使得

$$A = V^* B^k V, \quad k = 1, 2, 3, \cdots,$$

则称 B 是 A 的 Berger 强扩张.

定理 5.4.1 令 B 是 A 的强扩张, 则

(i) B^* 是 A^* 的强扩张;

(ii) $T_i : X \to X$ 是 $S_i : M \to M(i = 1, 2)$ 的扩张, 则 $\begin{bmatrix} T_1 & 0 \\ 0 & T_2 \end{bmatrix}$ 是 $\begin{bmatrix} S_1 & 0 \\ 0 & S_2 \end{bmatrix}$ 的扩张.

证明 (i) 如果 B 是 A 的强扩张, 则存在等距映射 V 使得

$$A = V^* B^k V, \quad k = 1, 2, 3, \cdots.$$

于是

$$A^* = V^* (B^*)^k V, \quad k = 1, 2, 3, \cdots,$$

即 B^* 是 A^* 的强扩张.

(ii) 当 $T_i : X \to X$ 是 $S_i : M \to M(i = 1, 2)$ 的扩张时, 存在等距映射 $V_i(i = 1, 2)$ 使得对任意 $k = 1, 2, 3, \cdots$, 有

$$S_i^k = V_i^* T_i^k V_i,$$

即

$$\begin{bmatrix} S_1 & 0 \\ 0 & S_2 \end{bmatrix}^k = \begin{bmatrix} V_1 & 0 \\ 0 & V_2 \end{bmatrix}^* \begin{bmatrix} T_1 & 0 \\ 0 & T_2 \end{bmatrix}^k \begin{bmatrix} V_1 & 0 \\ 0 & V_2 \end{bmatrix}.$$

于是, 结论成立. ∎

5.4.2 Berger 强扩张的存在性

下列结论说明当 A 是压缩算子时, A 存在酉强 Berger 扩张.

定理 5.4.2 令 A 是压缩算子, 则存在酉强扩张.

证明 令 $T = (I - A^* A)^{\frac{1}{2}}$, $S = (I - AA^*)^{\frac{1}{2}}$, A 的扩张 $U = (U)_{i,j}(i, j = 0, \pm 1, \pm 2, \cdots)$ 定义为

$$
U = \begin{bmatrix}
\ddots & \ddots & & & & & \\
 & 0 & I & & & & \\
 & & 0 & T & -A^* & & \\
 & & & A & S & & \\
 & & & & 0 & I & \\
 & & & & & 0 & \ddots \\
 & & & & & & \ddots
\end{bmatrix},
$$

其中 $(U)_{0,0} = A$, 则由 $TA^* = A^*S$ 可知

$$
(Ux, Ux) = (U^*x, U^*x) = (x, x),
$$

即 U 是 A 的酉扩张. 又因为 U 的非零元除了 A 位于对角线上以外均位于主对角线以上, 故

$$
(U^k)_{0,0} = A^k.
$$

从而 U^k 是 A^k 的扩张. 结论证毕. ∎

从定理 5.4.2 的证明过程不难发现如下推论.

推论 5.4.1　算子 B 是 A 的 Berger 强扩张, 当且仅当 B^k 与形如 $\begin{bmatrix} A^k & * \\ * & * \end{bmatrix}$ 的算子酉相似.

参 考 文 献

[1] Gustafson K, RAO D K M. Numerical Range. New York: Springer-Verlag, 1997.

[2] Toeplitz O. Das algebraische Analogon zu einem Satze von Fejér. Math. Z., 1918, 2: 187-197.

[3] Hausdorff F. Der Wertevorrat einer Bilinearform. Math. Z., 1919, 3: 314-316.

[4] Gustafson K. The Toeplitz-Hausdorff theorem for linear operators. Proceedings of the American Mathematical Society, 1970, 25: 203-204.

[5] Raghavendran R. Toeplitz-Hausdorff theorem on numerical ranges. Proceedings of the American Mathematical Society, 1969, 20(1): 284-285.

[6] 吴德玉, 阿拉坦仓. 分块算子矩阵谱理论及其应用. 北京: 科学出版社, 2013.

[7] Kato T. Perturbation Theory for Linear Operators. 2nd ed. New York/ Tokyo: Springer-verlag, 1984.

[8] Reed M, Simon B. Methods of Modern Mathematical Physics. II: Fourier Analysis, Self-Adjointness. New York/London: Academic Press, 1978.

[9] Reed M, Simon B. Methods of Modern Mathematical Physics. III: Scattering Theory. New York/London: Academic Press, 1978.

[10] Reed M, Simon B. Methods of Modern Mathematical Physics. IV: Analysis of Operators. New York/London: Academic Press, 1978.

[11] Gohberg I, Goldberg S, Kaashoek M A. Classes of Linear Operators Vol. II. Boston/Berlin: Birkhäuser Verlag, 1993.

[12] Hildebrandt S. Über den numerischen Wertebereich eines Operators. Math. Ann., 1966, 163: 230-247.

[13] Narcowich F J. Analytic properties of the boundary of the numerical range. Indiana University Mathematics Journal, 1980, 29(1): 67-77.

[14] Das K C. Boundary of numerical range. Journal of Mathematical Analysis and Applications, 1977, 60(3): 779-780.

[15] Lancaster J S. The boundary of the numerical range. Proceedings of the American Mathematical Society, 1975, 49(2): 393-398.

[16] Sinclair A M. Eigenvalues in the boundary of the numerical range. Pacific Journal of Mathematics, 1970, 35(1): 231-234.

[17] Berberian S K. Approximate proper vectors. Proceedings of the American Mathematical Society, 1962, 113: 111-114.

[18] Zhang H Y, Dou Y N, Wang M F, Du H K. On the boundary of numerical ranges of operators. Applied Mathematics Letters, 2011, 24: 620-622.

[19] Gohberg I, Goldberg S, Kaashoek M A. Classes of Linear Operators Vol.I. Boston/Berlin: Birkhäuser Verlag, 1990.

[20] Goldberg M, Tadmor E. On the numerical radius and its applications. Linear

Algebra and Its Applications, 1982, 42(42): 263-284.

[21] Pearcy C. An elementary proof of the power inequality for the numerical radius. Michigan Math. J., 1966, 13(3): 289-291.

[22] Weidmann J. Linear Operators in Hilbert Spaces. New York: Springer-Verlag, 1980.

[23] Kittaneh F. Numerical radius inequalities for Hilbert space operators. Studia Math., 2005, 168: 73-80.

[24] Kittaneh F. A numerical radius inequality and an estimate for the numerical radius of the Frobenius companion matrix. Studia Math., 2003, 158(1): 11-17.

[25] Dragomir S S. Reverse inequalities for the numerical radius of linear operators in Hilbert spaces. Tamkang Journal of Mathematics, 2006, 39(1): 1-7.

[26] Holbrook J A R. Multiplicative properties of the numerical radius in operator theory. J. Reine Angew. Math., 1969, 237: 166-174.

[27] Deeds J B. A proof of Fuglede's theorem. Journal of Mathematical Analysis and Applications, 1969, 27(1): 101-102.

[28] Suen C Y. The minimum norm of certain completely positive maps. Proceedings of the American Mathematical Society, 1995, 123(8): 2407-2416.

[29] 孙炯, 王忠. 线性算子的谱分析. 北京: 科学出版社, 2005.

[30] Reed M, Simon B. Methods of Modern Mathematical Physics. I: Functional Analysis. New York/London: Academic Press, 1978.

[31] Barra G D, Giles J R, Sims B. On the numerical range of compact operators on Hilbert spaces. Journal of the London Mathematical Society, 1972, 5(4): 109-125.

[32] Stampfli J G. Extreme points of the numerical range of a hyponormal operator. Michigan Mathematical Journal, 1966, 13(1): 87-89.

[33] Li S K. On the spectrum of a hyponormal operator. Tohoku Mathematical Journal, 1967, 17(1): 305-309.

[34] Sheth I H. On hyponormal operators. Proceedings of the American Mathematical Society, 1966, 17(5):998-1000.

[35] Clancey K. Seminormal Operators. New York: Springer-Verlag, 1979.

[36] Putnam C R. On the spectra of seminormal operators. Transactions of the American Mathematical Society, 1965, 119(3): 509-523.

[37] Pincus J D. The spectrum of seminormal operators. Proceedings of the National Academy of Sciences of the United States of America, 1971, 68(8): 1684-1685.

[38] Xia D. On the non-normal operators——semi-hyponormal operators. Science in China Ser A, 1980, 83(6): 123-132.

[39] Halmos P R. Hilbert Space Problem Book. London: Spring-Verlag, 1967.

[40] Radjavi H, Roseenthal P. Invariant Subspaces. Berlin/Heidelberg/New York: Springer-Verlag, 1973.

[41] Bouldin R. The numerical range of a product. Journal of Mathematical Analysis and

Applications, 1970, 32(3): 459-467.

[42] Bouldin R. The numerical range of a product II. Journal of Mathematical Analysis and Applications, 1971, 33(1): 212-219.

[43] Cheng C M, Gao Y. A note on numerical range and product of matrices. Linear Algebra and Its Applications, 2013, 438(7): 3139-3143.

[44] Hardt V, Mennicken R. On the spectrum of the product of closed operators. Math. Nachr., 2000, 215: 91-102.

[45] Hardt V, Mennicken R. On the spectrum of unbounded off-diagonal 2 × 2 operator matrices in Banach spaces. Operator Theory: Advances and Applications, 2001, 124: 243-266.

[46] 钟万勰. 弹性力学求解新体系. 大连: 大连理工大学出版社, 1995.

[47] 姚伟岸, 钟万勰. 辛弹性力学. 北京: 高等教育出版社, 2002.

[48] 冯康, 秦孟兆. 哈密尔顿系统的辛几何算法. 2 版. 杭州: 浙江科学技术出版社, 2003.

[49] Wu D, Chen A. Spectral inclusion properties of the numerical range in a space with an indefinite metric. Linear Algebra and Its Applications, 2011, 435(5): 1131-1136.

[50] Wu D, Chen A. Invertibility of nonnegative Hamiltonian operator with unbounded entries. J. Math. Anal. Appl., 2011, 373: 410-413.

[51] 吴德玉, 阿拉坦仓. 无穷维 Hamilton 算子的二次数值域. 数学的实践与认识, 2009, 39(21): 186-191.

[52] 阿拉坦仓, 海国君, 吴德玉. 无穷维 Hamilton 算子的数值域. 系统科学与数学, 2013, 33(4): 506-510.

[53] 吴德玉, 阿拉坦仓. 无穷维 Hamilton 算子的可逆性及其应用. 中国科学: 数学, 2010, 40(9): 921-928.

[54] 吴德玉, 阿拉坦仓. 无穷维 Hamilton 算子特征函数系的 Cauchy 主值意义下的完备性. 中国科学 A 辑: 数学, 2008, 38(8): 904-912.

[55] 吴德玉, 阿拉坦仓. 非负 Hamilton 算子的可逆性. 数学年刊 A 辑, 2008, 29(1): 719-724.

[56] 黄俊杰, 阿拉坦仓. 无穷维 Hamilton 算子的谱与半群生成定理. 呼和浩特: 内蒙古大学, 2005.

[57] 侯国林, 阿拉坦仓. 无穷维 Hamilton 算子的可逆性与补问题. 呼和浩特: 内蒙古大学, 2007.

[58] 吴德玉, 阿拉坦仓. 无穷维 Hamilton 算子的谱与特征函数系的完备性. 呼和浩特: 内蒙古大学, 2008.

[59] 海国君, 阿拉坦仓. 算子矩阵的补问题和谱. 呼和浩特: 内蒙古大学, 2010.

[60] Kurina G A. Invertibility of nonnegatively Hamiltonian operators in a Hilbert space. Differential Equations, 2001, 37(6): 880-882.

[61] Kurina G A, Martynenko G V. On the reducibility of a nonnegatively Hamiltonian periodic operator function in a real Hilbert space to a block diagonal form. Differential Equations, 2001, 37(2): 227-233.

[62] Azizov T Y, Kiriakidi V K, Kurina G A. An indefinite approach to the reduction of a nonnegative Hamiltonian operator function to a block diagonal form. Functional Analysis and Its Applications, 2001, 35(3): 220-221.

[63] Tretter C. Spectral Theory of Block Operator Matrices and Applications. London: Imperial College Press, 2008.

[64] Langer H, Markus A, Matsaev V, Tretter C. A new concept for block operator matrices: the quadratic numerical range. Linear Algebra and Its Applications, 2001, 330(1): 89-112.

[65] Fillmore P A, Stampfli J G, Williams J P. On the essential numerical range, the essential spectrum, and a problem of Halmos. Acta Sci. Math.(Szeged), 1972, 33: 179-192.

[66] Gustafson K, Weidmann J. On the essential spectrum. Journal of Mathematical Analysis and Applications, 1969, 25(1): 121-127.

[67] Wolf F. On the invariance of the essential spectrum under a change of the boundary conditions of partial differential boundary operators. Indagationes Mathematicae, 1959, 62: 142-147.

[68] Schechter M. Invariance of essential spectrum. Bulletin of the American Mathematical Society, 1965, 71(71): 489-493.

[69] Barraa M, Müller V. On the essential numerical range. Acta Scientiarum Mathematicarum, 2012, 71(1): 285-298.

[70] Bakić D. Compact operators, the essential spectrum and the essential numerical range. Mathematical Communications, 1998, 3(1): 103-108.

[71] Bakić D, Guljaš B. Which operators approximately annihilate orthonormal bases? Acta Scientiarum Mathematicarum, 1998, 64(3): 601-607.

[72] Jerbi A, Mnif M. Fredholm operators, essential spectra and application to transport equations. Acta Applicandae Mathematicae, 2005, 89(1): 155-176.

[73] Stampfly J G, Williams J P. Growth conditions and the numerical range in a Banach algebra. Tohoku Math. J., 1968, 20: 417-424.

[74] Schemoeger C. The spectral mapping theorem for the essential approximate point spectrum. Colloquium Mathematicum, 1997, 74(2): 167-176.

[75] Jeribi A, Moalla N. A characterization of some subsets of Schechter's essential spectrum and application to singular transport equation. Journal of Mathematical Analysis and Applications, 2009, 358(2): 434-444.

[76] Jeribi A, Walha I. Gustafson, weidmann, kato, wolf, schechter and browder essential spectra of some matrix operator and application to two-group transport equation. Mathematische Nachrichten, 2011, 284(1): 67-86.

[77] Markus A, Maroulas J, Psarrakos P. Spectral Properties of a Matrix Polynomial Connected with a Component of Its Numerical Range. Basel: Birkhäuser, 1998: 305-

308.

[78] Lancaster P, Psarrakos P. The numerical range of self-adjoint quadratic matrix polynomials. Siam Journal on Matrix Analysis and Applications, 2002, 23(3): 615-631.

[79] Farid F. On the numerical range of operator polynomials. Linear and Multilinear Algebra, 2002, 50(3): 223-239.

[80] Li C K, Rodman L. Numerical range of matrix polynomials. Siam Journal on Matrix Analysis and Applications, 1994, 15(4): 1256-1265.

[81] Psarrakos P J. Numerical range of linear pencils. Linear Algebra and Its Applications, 2000, 317(1): 127-141.

[82] Maroulas J, Psarrakos P. On the connectedness of numerical range of matrix polynomials. Linear Algebra and Its Applications, 1998, 280(2): 97-108.

[83] Bognár J. Indefinite Inner Product Spaces. Berlin/Heidelberg/New York: Springer-Verlag, 1974.

[84] Bebiano N, Lemos R, da Providência J, Soares G. On generalized numerical ranges of operators on an indefinite inner product space. Linear and Multilinear Algebra, 2004, 52: 203-233.

[85] Tam T Y. Convexity of generalized numerical range associated with a compact Lie group. J. Austral. Math. Soc., 2001, 72: 1-10.

[86] Tam T Y. On the shape of numerical range associated with Lie groups. Taiwanese J. Math., 2001, 5: 497-506.

[87] Bayasgalan T. The numerical range of linear operators in spaces with an indefinite metric. Acta Math. Hungar., 1991, 57: 7-9(in Russian).

[88] Azizov T Y, Iokhvidov I S. Linear Operators in Spaces with an Indefinite Metric. Hoboken: John Wiley and Sons, 1989(Translation from Russian).

[89] Li C K, Rodman L. Shapes and computer generation of numerical ranges of Krein space operators. Electr. J. Linear Algebra, 1998, 3: 31-47.

[90] Li C K, Tsing N K, Uhlig F. Numerical ranges of an operator in an indefinite inner product space. Electr. J. Linear Algebra, 1996, 1: 1-17.

[91] Jung I B, Ko E, Pearcy C. Aluthge transforms of operators. Integral Equations Operator Theory, 2000, 37: 437-448.

[92] Ito M, Nakazato H, Okubo K, Yamazaki T. On generalized numerical range of the Aluthge transformation. Linear Algebra Appl., 2003, 370: 147-161.

[93] Halmos P. Normal dilations and extensions of operators. Summa Bmsil. Math., 1950, 2: 125-134.

[94] Halmos P. Numerical ranges and normal dilations. Acta Sci. Math.(Szeged), 1964, 25: 1-5.

[95] Nagy B S, Foias C. Harmonic Analysis of Operators on Hilbert Space. New York: North Holland Publishing Company, 1970.

[96] Wu P. Unitary dilations and numerical ranges. Journal of Operator Theory, 1997, 38(1): 25-42.

[97] Durszt E. On the numerical range of normal operators. Acta Sci. Math. (Szeged), 1964, 25: 262-265.

[98] Choi M, Li C. Constrained unitary dilations and numerical ranges. J. Operator Theory, 2001, 46(2): 435-447.

索　引